通用航空水上机场
安全风险管理研究

张攀科 罗 帆◎著

本研究受以下基金项目资助：
国家自然科学基金（71271163）
教育部人文社会科学研究规划基金（18YJA630076）

RESEARCH ON SAFETY RISK MANAGEMENT OF
GENERAL AVIATION AIR-HARBOR

·北京·

图书在版编目（CIP）数据

通用航空水上机场安全风险管理研究 / 张攀科，罗帆著.
--北京：中国经济出版社，2022.9
ISBN 978-7-5136-7028-9

Ⅰ. ①通… Ⅱ. ①张… ②罗… Ⅲ. ①航空-水上机场-机场管理-安全管理-研究-中国 Ⅳ. ①V351.22

中国版本图书馆 CIP 数据核字（2022）第 142496 号

责任编辑　牛慧珍
责任印制　马小宾
封面设计　任燕飞

出版发行	中国经济出版社
印　刷　者	北京富泰印刷有限责任公司
经　销　者	各地新华书店
开　　　本	710mm×1000mm 1/16
印　　　张	18
字　　　数	280 千字
版　　　次	2022 年 9 月第 1 版
印　　　次	2022 年 9 月第 1 次
定　　　价	98.00 元

广告经营许可证　京西工商广字第 8179 号

中国经济出版社　网址　www.economyph.com　社址　北京市东城区安定门外大街 58 号　邮编 100011
本版图书如存在印装质量问题，请与本社销售中心联系调换（联系电话：010-57512564）

版权所有　盗版必究（举报电话：010-57512600）
国家版权局反盗版举报中心（举报电话：12390）　　服务热线：010-57512564

前言[①]

  国务院办公厅于2016年发布《关于促进通用航空业发展的指导意见》，明确指出要加快通用机场建设，基本实现地级以上城市拥有通用机场或兼顾通用航空服务的运输机场。根据中国民用航空局统计，截至2020年末，全国在册通用航空机场339个，通用航空飞行量106.5万小时，年均增长8.2%。水上机场将和其他通用机场一样，在我国焕发出新的活力。我国海岸线辽阔，内陆河流密集，兼之拥有诸多大型湖泊，为发展水上飞机提供了良好的条件。地处东南沿海的长三角地区经济基础较好，大型天然湖泊、河流和人工水库众多，加上沿海岛屿星罗棋布，这些水域都为建造水上机场提供了极好的天然条件。

  水上飞机和水上机场因其依赖资源少，成为我国通用航空业的重点发展领域。相比其他通用航空器，水上飞机只需要开阔的水面便可起降，有利于节省稀缺的土地资源，适用于水域资源丰富的内陆和沿海地区。作为通用航空中较为特殊的一类，水上机场的建设要求也具有一定的独特性，不仅需要空军和民航管理部门对低空空域资源的共同审批，又由于涉及水路，水上机场的建设还需要海事部门的审批。国内美亚航空、幸福运通航、华彬通航、宗申天辰通航等已投入水上飞机商业运营，规划在建的水上机场达到上百个，自主研发的大型水上飞机AG600也已经过多轮次多场景试飞，都标志着我国水上飞机的发展进入快车道，水上机场的建设运营有着广阔的前景。

  由于我国民用水上通用航空的发展相对比较滞后，目前国内的水上机场数量不多。为加快培育水上机场市场，释放市场潜力，根据有关单位的调研，国家民航局组织编制了《加拿大水上机场建设与运营》

[①] 国家自然科学基金项目"机场飞行区安全风险演化机理及预警仿真系统研究"（项目批准号：71271163）。

(IB-CA-2016-02)和《美国水上飞机运营经验与案例》(IB-CA-2017-04)两则信息通告,并于2017年1月颁发了《水上机场技术要求(试行)》(AC-158-CA-2017-01)的咨询通告,供国内相关部门、单位和企业在水上机场规划、建设、运营等阶段参考。通用航空水上机场建设规范的研究和制定,对于机场建设过程有很强的指导意义,对建成投入运营后的安全风险防控具有基础性作用。由于从业人员素质参差不齐、安全管理体系不健全、安全资源投入匮乏、飞行器可靠性弱、通航保障条件和作业环境复杂等原因,我国通用航空的飞行事故率和事故征候率远高于运输航空,运行安全面临着严峻挑战。同时,持续的新冠肺炎疫情也对通航企业的运营造成很大负面影响,各类事故频发使水上飞机运行安全问题备受社会各界关注。

  本书围绕通用航空水上机场安全风险管理问题,从机场建设和运营实务视角,关注我国通用航空水上机场建设的现状及问题诊断;从安全风险演化机理视角,以水上机场场务保障及跑道侵入为研究对象,研究水上机场场务保障风险预警指标体系,以及水上跑道侵入风险预警模型。首先,介绍美国、加拿大、印度尼西亚、马尔代夫等国家水上机场建设及运营管理经验,全面调研我国水上机场建设的现状,通过深度访谈和问卷调查分析我国民用水上机场建设的问题,并分析问题的成因。其次,以国内外学者对于水上机场场务保障、预警模型、安全管理措施等方面的研究为基础,结合在广东某海事局及湖北某水上机场的深度调研,识别水上机场场务保障的安全风险,并构建风险预警指标体系。最后,选择典型风险情景水上跑道侵入作为研究对象,基于风险管理、扎根理论、事故树分析、贝叶斯网络、系统动力学、演化博弈论等理论和方法,分析水上飞机起降作业流程及特点,识别、归纳、整理水上跑道侵入风险因素,构建风险因素概念模型;从起降作业层、组织管理层、安全监管层等三个层次分别构建混合概率风险分析模型、组织风险演化模型以及安全监管演化博弈模型,并整合子系统模型以实现侵入风险的动态预警,提出风险管控对策。涵盖以下内容:

  (1)运用扎根理论方法识别了水上跑道侵入风险因素并构建概念模型。梳理和分析水上飞机起降作业流程、各参与主体职责划分以及起降作业特点，结合安全会遇距离模型、信息处理模型、SHEL 模型分析风险影响因素；基于扎根理论，识别飞行员、管制员、机场客观环境、气象水文、设备设施、安全管理等主范畴及所属风险因素，以此为基础构建风险因素体系概念模型。

（2）集成事故树（FTA）/贝叶斯网络（BBN）、关系向量机（RVC）和模糊集理论等多种方法构建了水上跑道侵入作业层风险演化模型。构建了水上跑道侵入事故树模型，并定性分析模型的最小割集、最小径集，确定各底层事件的结构重要度。利用 RVC 和模糊集理论确定 BBN 的先验概率和条件概率，按照风险接受准则构建风险评估矩阵，为决策者提供相应的风险管控参考。

（3）应用系统动力学（SD）构建了水上跑道侵入组织风险演化模型。通过识别组织安全文化、安全管理系统（SMS）和安全绩效三者之间的相互关系建立了水上跑道侵入组织风险演化模型，对安全、生产（业务量）和财务三个绩效目标互相作用下的组织管理系统进行了定性建模和定量仿真分析。

（4）结合演化博弈论和 SD 方法分析水上机场安全监管策略。为了探究水上跑道侵入风险控制中安全监管机构、水上机场及作业层员工等博弈参与主体的稳定策略选择，基于策略组合下的各主体收益函数矩阵，构建了三方演化博弈模型，并对演化博弈过程进行 SD 建模仿真分析。

（5）整合上述子系统构建动态预警模型。通过整合水上机场运行的起降作业、组织安全管理、外部安全监管等各子系统分析模型，构建了水上跑道侵入风险动态预警模型，以某水上机场为例进行预警仿真分析。

本书的创新点体现在以下方面：

（1）针对作业层风险特点，基于风险在系统中的传播过程，集成 FTA/BBN 构建了混合概率风险分析框架。

（2）针对水上机场风险管理的组织子系统，探讨了组织因素是如何影响系统的安全绩效，以系统动力学作为建模工具对组织安全文化、组织安全实践、个人安全绩效三个子系统分别建模并进行模型整合和仿真分析。

（3）将系统动力学与博弈论相结合，围绕外部监管机构、水上机场和作业层员工的安全策略选择，构建了基于收益函数矩阵的三方演化博弈模型，并运用系统动力学对演化博弈过程进行仿真分析。

（4）整合作业层、管理层、监管层子系统模型，实现风险动态预警。

目 录

第1章　研究概述　/ 001

　　1.1　研究背景　/ 001
　　1.2　研究目的　/ 003
　　1.3　研究意义　/ 005
　　1.4　研究内容　/ 007
　　1.5　研究方法　/ 009

第2章　通航水上机场安全风险管理研究综述　/ 011

　　2.1　通用航空水上机场建设的相关研究　/ 011
　　2.2　水上机场安全风险管理的研究　/ 014
　　2.3　水上跑道侵入风险管理的研究　/ 018
　　2.4　风险演化机理的相关研究　/ 023
　　2.5　航空安全风险预警的相关研究　/ 025

第3章　国外水上机场建设及运营管理经验借鉴　/ 029

　　3.1　美国水上机场建设和运营现状　/ 029
　　3.2　加拿大水上机场建设和运营现状　/ 035
　　3.3　印度尼西亚水上机场建设和运营现状　/ 041
　　3.4　马尔代夫水上机场建设和运营现状　/ 042

第4章　我国通航水上机场建设及运营现状分析　/ 046

　　4.1　调研工作概况　/ 046
　　4.2　我国水上机场建设及运营现状分析　/ 047
　　4.3　我国通航水上机场建设及运营存在的主要问题　/ 070

4.4 我国民用水上机场建设问题的成因 / 073

第5章 水上机场安全风险管理的理论基础 / 077

5.1 水上机场相关概念界定 / 077
5.2 风险演化及预警相关概念界定 / 084
5.3 风险演化及预警的基本理论 / 086
5.4 安全风险理论的演进 / 095

第6章 水上机场场务保障安全风险的识别 / 100

6.1 水上机场场务保障安全风险的分类及特征 / 100
6.2 水上机场场务保障安全风险识别方法的选择 / 102
6.3 基于扎根理论的水上机场场务保障安全风险识别 / 103
6.4 水上机场场务保障安全风险影响因素的层次结构 / 111

第7章 水上机场场务保障安全风险预警体系构建 / 115

7.1 安全风险预警指标体系构建的原则 / 115
7.2 安全风险预警指标体系的架构 / 116
7.3 安全风险预警指标的筛选 / 117
7.4 安全风险预警指标的含义及阈值确定 / 120

第8章 水上跑道侵入风险因素的识别 / 128

8.1 水上跑道侵入场景分析 / 128
8.2 基于SHEL的水上跑道侵入风险因素分析 / 136
8.3 基于扎根理论的水上跑道侵入风险因素识别 / 140

第9章 水上跑道侵入作业层风险的演化机理 / 151

9.1 混合概率风险分析模型 / 151
9.2 水上跑道侵入作业层风险演化的FTA分析 / 158
9.3 水上跑道侵入作业层风险演化的BBN建模 / 164
9.4 基于混合方法的侵入风险预警 / 176

目 录

第10章 水上跑道侵入组织风险的演化机理 / 184

10.1 水上跑道侵入组织风险演化建模的目的及依据 / 184
10.2 水上跑道侵入组织风险演化 SD 建模 / 188
10.3 案例选择及变量初始化 / 204
10.4 SD 模型的验证 / 208
10.5 组织风险演化仿真分析 / 210

第11章 水上机场安全监管风险的演化博弈分析 / 224

11.1 水上机场安全的利益相关方 / 224
11.2 演化博弈分析方法 / 225
11.3 水上机场安全监管风险的演化博弈建模 / 227
11.4 水上机场安全监管博弈的 SD 仿真分析 / 232

第12章 水上跑道侵入风险的动态预警模型 / 241

12.1 水上跑道侵入风险动态预警模型的构建 / 241
12.2 水上跑道侵入风险动态预警仿真分析 / 247
12.3 水上跑道侵入风险管控策略 / 250

第13章 总结与展望 / 252

13.1 研究总结 / 252
13.2 研究创新 / 254
13.3 研究展望 / 255

参考文献 / 257

第 1 章
研究概述

1.1 研究背景

近年来，随着我国逐步开放低空空域及连续出台鼓励政策，通用航空产业进入快速发展轨道，成为重要的经济增长点。国务院办公厅于 2016 年 5 月印发《关于促进通用航空业发展的指导意见》，明确了通航产业的战略目标和发展路径，为其快速发展提供了政策支持，明确指出要加快通用机场建设，基本实现地级以上城市拥有通用机场或兼顾通用航空服务的运输机场。根据中国民用航空局（以下简称"中国民航局"，CAAC）统计，截至 2020 年末，全国在册通用航空机场 339 个，通用航空飞行量 106.5 万小时，年均增长 8.2%[1]。随着低空空域管理改革的深入，我国通用航空将迎来新一轮发展热潮，水上机场的建设将和其他通用机场一样，在我国焕发出新的活力。水上飞机和水上机场因其依赖资源少，成为我国通用航空业的重点发展领域。相比其他通用航空器，水上飞机只需要开阔的水面便可起降，有利于节省稀缺的土地资源，适用于水域资源丰富的内陆和沿海地区[2]。在我国土地资源日益紧缺的今天，20 世纪 30 年代曾经辉煌一时的水上飞机重新迎来了春天。

水上飞机与其他固定翼飞机相比，不需要占用大量土地资源的陆地机场；与旋翼机相比，具有较高的经济性和安全性；与船舶运输相比，具有不可比拟的高速性。因此，在临海和水资源丰富的地区有着不可替代的地位和广阔的发展空间。近年来，继美国、澳大利亚、加拿大、泰国、印度尼西亚、马尔代夫等旅游业发达的国家之后，中国成为大力开展民用水上飞机项目的国家。美国、澳大利亚、加拿大、马尔代夫等国水上飞机市场已经相当成熟，需求不会有明显的增长。而中国作为一个新兴市场，对水上飞机的需求强烈。我国海岸线达 18000 公里，流域面积在 1000 平方公里以上的河流近 1500 条，兼之拥有诸多大型湖泊，为发展水上飞机提供了良好的条件。地处东南沿海的长三角地区经济基础较好,大型天然湖泊、河流和人工水库众多,加上沿海岛屿星罗棋布,这些水域都为建造水上机场提供了极好的天然条件。国内美亚航空、幸福通航、华彬通航、宗申天辰通航等已投入水上飞机商业运营,规划在建的水上机场达上百个,自主研发的大型水上飞机 AG600 业已首飞成功,都标志着我国水上飞机的发展进入快车道。

综上,随着中国经济的快速发展,开拓发展水上飞机具有广阔的市场,因此必须加快水上机场的建设,为水上飞机的发展提供保障。作为通用航空中较为特殊的一类,水上机场的建设要求也具有一定的独特性,不仅需要空军和民航管理部门对低空空域资源的共同审批,又由于涉及水路,水上机场的建设还需要海事部门的审批。由于从业人员素质参差不齐、安全管理体系不健全、安全资源投入匮乏、飞行器可靠性弱、通航保障条件和作业环境复杂等原因,我国通用航空的飞行事故率和事故征候率远高于运输航空,运行安全面临着严峻挑战[3-4]。据中国民航局统计,2014—2017 年国内通用航空事故数依次为 6 起、12 起、23 起和 38 起(不包括各类黑飞及瞒报事故),呈逐年递增态势。水上飞机是指能在水面操纵的航空器,是利用水面起飞、降落与停靠的飞机,分为浮筒型、船身型和水陆两栖型,其运行安全风险错综复杂[5]。2015 年 5 月 10 日,湖北荆门一架 A2C 水上运动飞机起飞阶段在漳河水库发生侧翻,致使 2 名游客溺水身亡。2016 年 7 月 20 日,幸福通航一架塞斯纳 208B 型水上飞机执行上海金山飞往浙江舟山的任务,在起飞阶段发生撞桥事故,致使机上 5 人死亡、5 人受伤。2018 年 7 月 4 日,美亚航空一小型水上飞机在海南万宁进行例行训练时,在水库中发生倾覆事故,致使机上 1 人死亡、1 人失踪。这些事故使水上飞机运行安全问题备受社会各界关注,亟须对我国水上机场建设情况及运营安全风险等相关问题进行系统研究。

场务保障对水上机场安全运行至关重要。海上、内河、湖上等不同选址条件下的水上机场标准不同;水上飞机大小类型的差异对水上机场的建设及管理也提出不同的要求;水上飞机在起降航道中容易与航行船只产生冲突;水上飞机相关专业技术人员紧缺,各种因素都对水上机场场务保障的工作质量和效率提出了高要求。尤其是在执行飞行任务期间,确保水上飞机飞行安全,将使水上机场场务保障面临很大的压力。因此,现阶段水上机场场务保障的风险管理能力亟待提高,以便更好地适应内外部环境的变化。

水上跑道侵入风险亟须研究。首先,跑道侵入是陆基机场最重要的危险源之一，水上机场因其位于江河、湖泊、海港等开放水域，往来船舶及漂浮物不确定性强，致使跑道监管难度大，发生跑道侵入事件的概率更高。例如，海南三亚、广州番禺的水上机场都紧邻游艇码头，游艇上下客频繁，水上飞机与游艇交叉作业，形成异质交通流，游艇极易侵入水上飞机起降跑道；类似广州番禺的内河水上机场紧邻主航道，往来作业船舶通行繁忙，极易形成航道冲突。其次，水面交通事故发生率较高，据交通运输部《2014年交通运输安全事故报告》，该年度国内船舶碰撞事故涉及船舶1285艘，占事故船舶总数的71.5%，且船舶下沉快、船员自救难度大，加之气象水文条件复杂，船舶碰撞事故致死率较高。最后，相对于陆基通航机场，水上机场安全管理难度更大：起降水域开放、与船舶等异质交通混杂、气象水文环境复杂、接受海事/空管双重调度等，其运行风险管控难度更大。水上飞机在起降水域滑行阶段，受横风/斜流、风浪/涌浪、能见距离等环境因素影响，容易与过往船舶、漂浮物或其他障碍物的会遇距离过近，进而形成水上航道冲突，若飞行员没有及时采用合理有效的避碰措施，会导致水上飞机倾覆或者与船舶等障碍物的碰撞、剐蹭[5-6]。

基于通航水上飞机发展的现实需要，本研究首先介绍美国、加拿大、印度尼西亚、马尔代夫等国家水上机场建设及运营管理经验，全面调研我国水上机场建设的现状，通过深度访谈和问卷调查分析我国民用水上机场建设的问题，并分析问题的成因。以此为基础，综合运用安全科学、系统科学、风险管理等多学科理论，研究了场务保障安全风险预警指标体系，以及水上跑道侵入风险演化机理及预警模型。通过理论性研究和现场调研，分析在执行飞行任务期间影响水上机场场务保障安全风险的各类因素，识别水上机场场务保障安全风险，从而构建出符合水上机场场务保障实际的安全风险预警指标体系。分析水上飞机起降作业流程及特点，识别、归纳、整理水上跑道侵入风险因素，构建风险因素概念模型；从起降作业、组织管理、安全监管三个层次分别构建混合概率风险分析模型、组织风险演化模型以及安全监管演化博弈模型，并整合子系统模型实现侵入风险的动态预警，提出风险管控对策。

1.2 研究目的

本研究是基于水上机场建设和运营的现实需要而开展的，以期调研和分析我国水上机场的现实问题及成因，构建水上机场场务保障安全风险预警指标体系，揭示水上跑道侵入风险的演化机理，为通航安全风险管理提供理论依据，提升水上机场运行安全管理水平，实现侵入风险预警和有效管控，进一步减少不安全事件的发生、降低通航事故率和事故损失的目的，为企业水上机场的建设及安全运行提供保障，以期为水上飞机行业的发展及监管部门的管理提供依据及建议。

（1）梳理我国水上机场建设运营现状

全面总结美国、加拿大、印度尼西亚、马尔代夫等国家水上机场建设运营管理经验，全面调研我国水上机场建设的现状，通过深度访谈和问卷调查分析我国水上机场建设中存在的问题，并分析问题的成因，为水上机场的建设和安全运营提供直观经验借鉴。

（2）构建水上机场场务保障安全风险预警指标体系

通过识别水上机场场务保障安全风险的影响因素，构建包含场务保障人员、设备设施、环境和管理等多方面的预警指标体系，为管理者部署安全风险管理计划提供了参考依据，有助于辅助相关工作人员有针对性地进行不安全事件或事故征候的防范工作。

（3）揭示水上机场作业层风险的演化机理

通过水上跑道侵入风险因素的识别，明确影响侵入风险的关键因素；基于起降作业层分析，采用事故树定性描述侵入事件发生场景，描述从风险因素、触发事件、中间事件到事故及后果的演化过程，明晰水上跑道侵入事件的致因机理，采用贝叶斯网络定量计算各类事故后果的发生概率，进行风险评估预警。

（4）降低水上机场安全管理风险

基于系统动力学（SD）构建组织风险演化模型，仿真分析在安全、生产、财务等三重绩效目标约束下，组织安全管理承诺如何作用于安全管理实践，并对员工安全承诺和人因可靠性产生影响，有效指导水上机场安全管理实践，降低安全管理决策风险。

（5）优化通用航空安全监管策略

基于演化博弈理论构建水上机场安全监管演化博弈模型，依据收益函数矩阵分析各方稳定均衡策略；采用SD仿真分析安全监管机构、水上机场管理当局及作业层员工在水上飞机起降作业中的安全策略选择，有助于三方形成稳定安全策略，防止监管无效导致的风险。

(6) 实现侵入风险的动态预警

整合作业层、管理层、监管层子系统模型，构建水上跑道侵入风险动态预警模型，仿真分析初始状态及策略干预条件下系统风险变量演化趋势，为科学制定侵入风险管控策略提供依据。

1.3 研究意义

1.3.1 现实意义

水上机场具有占用土地少、建设成本低、投资见效快的特点。在内陆湖泊、高山湖泊、沿江沿海及水网发达地区建设水上机场，一是可以解决陆路交通难通达、陆基机场建设成本高等问题；二是满足陆路交通不发达地区的应急救援、物资调配、森林防火等需求；三是辐射机场周边旅游业、商业等，从而带动地方经济和社会的发展。近些年，伴随我国通航产业的快速发展，许多通航企业已经陆续开展水上飞机运营，取得了良好的经济社会效益。

相对美国等发达国家而言，我国水上飞机起步较晚，相关的法律法规尚不健全，不利于我国民用水上飞机的发展。水上飞机的特殊性，使得水上机场的建设和运营监管涉及民航、海事等不同的部门，存在监管协调困难等问题。目前，我国无论是水上飞机的监管部门还是企业都还在"摸着石头过河"。我国通航企业对水上机场操作规范、管理模式大多采用或借鉴国外的经验，然而在我国环境下，国外经验是否可行仍有待论证。本研究将有助于为我国通航企业水上机场及相关设施的规划及建设提供指导性建议，为审批监管提供依据，从而满足民航管理部门和海事管理部门的监管要求。

同时，当前我国多数水上飞机通航企业处于初创期，既要负责航空器运营管理，又要兼顾机场管理和低空监视指挥，承担着机场、航空公司和空管三方职能，其运行安全管理面临诸多挑战。水上机场位于开放水域，各种类型船舶及大尺寸漂浮物极易侵入水上飞机起降跑道，严重威胁水上飞机运行安全。本研究从起降作业、组织管理和外部监管等层面，研究水上跑道侵入风险演化机理、预警模型及管控机制，将重点关注水上飞机运行安全风险的特殊性，同时兼顾通用航空企业的共性风险因素，预期的研究成果不仅在水上飞机通航企业具有良好的应用前景，而且在其他通航企业安全风险管理中具有借鉴价值。本研究还探讨了水上机场场务保障安全风险预警模型,以及水上跑道侵入风险的识别、分析、评估、预警和管控,有助于保障我国通用航空业的快速健康发展。

1.3.2 理论意义

随着科学技术的持续进步,人们生产生活环境持续发生改变:系统复杂性和耦合性不断增长、新的风险不断出现、人机关系越来越复杂、人员操作要求越来越高、安全理念不断更新[7-8]。科技进步也为降低各类安全事故做了诸多尝试,通过系统冗余及容错设计规避人因差错诱发事故,但同时各类安全事故仍在不断发生,造成很大人身财产损失及经济社会影响。航空安全事故的研究及预防,通常将重点放在如何运用技术手段提升系统安全性。在对许多航空事故和其他安全事故的调查和总结分析的基础上,人们越来越意识到,管理和组织因素才是事故发生的根本原因[9-10],从组织视角研究安全问题被认为是一种趋势。组织系统变量众多,且存在变量间多重回路,组织安全影响机理更为复杂,加大了定义或预测组织行为的难度[11]。鉴于此,多学科交叉研究及系统思考必不可少,还要融合复杂系统理论以及组织理论等研究。

20世纪60年代初,英国Tavistock研究所提出复杂社会技术系统的概念,认为工业组织的生产系统都具有技术、社会的双重属性,通过两者交互作用达成组织绩效[12]。系统的绩效不是取决于个体要素,而是取决于技术和社会表征之间的相互作用,由此"系统安全"的基本思想萌发,即运用一定的技术以及管理手段,在一个项目完整生命周期内系统地、长远地识别并控制危险[13]。水上机场运行体系具有复杂社会技术系统的典型特征。首先,水上飞行器是由集成电子机械控制装置的技术系统,操作复杂度高;其次,水面起降过程受气象水文条件及过往船舶等环境因素影响;再次,飞行员、空管员的操作技能及安全意识直接对起降安全风险产生影响;最后,通用航空企业的安全管理承诺、安全文化(氛围)等安全和组织因素对水上机场安全风险有关键影响。

本研究以水上跑道侵入风险为研究对象,基于复杂社会技术系统视角,采用系统论、控制论、博弈论等理论和方法,从水上飞机起降作业、水上机场安全管理、通用航空业安全监管等层面分别构建风险演化分析模型,并整合子系统模型进行风险预警。从作业层、管理层和监管层三个层面构建风险演化模型,有助于弥补以往安全风险研究对于组织社会属性重视不够的缺点,有助于拓宽通用航空安全风险研究的视角,能够揭示水上跑道侵入风险的演化机理。

同时，随着我国通用航空的发展，越来越多的学者将目光转移到这一领域，学者们主要是借鉴美国的咨询通告并结合实际通用机场的情况从机场建设的可行性、安全性、设计过程等方面进行了阐述。单独针对水上机场建设规范的研究较少，国内学者对游艇码头建设规范的研究居多，虽然为水上机场建设提供了一定的参考依据，但是水上机场与游艇码头并不完全相同。此外，我国很多码头的设计也是参考国外的标准，并不一定适用于我国水上机场的建设。因此，本研究有利于丰富相关的理论成果，研究成果具有一定的理论意义。

1.4 研究内容

本研究以通用航空水上机场安全风险管理为主题，围绕水上机场建设运营及水上跑道侵入风险演化及预警展开研究，在开展广泛调研基础上，对国内外水上机场运营情况进行总结和分析，在系统分析相关研究文献基础上，识别水上跑道侵入风险因素，从起降作业、组织管理、外部监管三个层面，分别构建基于FTA/BBN的作业层风险演化模型、组织风险演化模型、安全监管演化博弈模型，整合各子系统模型和仿真建模工具，构建侵入风险动态预警模型。本研究内容共13章，按内容可分为10个部分，安排如下：

第一部分（第1章），阐述研究目的和研究意义，回顾并述评与水上跑道侵入、风险演化机理、航空安全风险预警相关的国内外研究，提出研究内容、研究方法及拟采用的技术路线。

第二部分（第2章），梳理水上跑道侵入风险理论基础。界定安全风险、跑道侵入、风险演化机理、风险预警等与水上跑道侵入风险研究主题相关的概念，梳理风险管理理论、风险致因理论、风险分析框架。分析安全风险研究范式发展阶段：规范性理论、基于系统状态偏离标准程度的描述性理论、基于系统实际行为的描述性理论等。

第三部分（第3章、第4章），水上机场建设规范分析。介绍国外水上机场咨询通告的实施及经验借鉴：通过分析美国、加拿大、印度尼西亚、马尔代夫等国家水上机场咨询通告的实施情况，归纳相关的经验，总结出我国值得借鉴之内容。我国水上机场建设的现状及问题诊断：介绍我国民用水上机场建设的概况，通过问卷调查对我国民用水上机场建设的现状以及幸福运通航水上机场建设的现状进行分析，总结目前我国民用水上机场建设的问题并分析问题的成因。

第四部分（第 5 章到第 7 章），水上机场场务保障安全风险预警指标体系构建。基于扎根理论识别水上机场场务保障安全风险，揭示水上机场场务保障安全风险影响因素的层次结构，并以该层次结构为基础，采用德尔菲法对预警指标进行筛选优化，将定性指标和定量指标相结合，构建符合水上机场场务保障实际的多层次预警指标体系，采用专家征询法确定了指标的定义和阈值，使其具有针对性和可操作性，其创新性探索可为通用航空领域安全风险评价体系研究提供借鉴。

第五部分（第 8 章），综合运用扎根理论等多种方法识别水上跑道侵入风险因素。梳理和分析水上飞机起降作业流程、各参与主体职责划分以及作业特点；结合安全会遇距离分析水上跑道侵入场景；结合信息处理模型分析飞行员认知失效的影响因素；依据 SHEL 模型从人员与硬件、软件、环境等互动界面分析水上跑道侵入风险因素；基于扎根理论，围绕水上跑道侵入开展资料收集和深度访谈，进行开放式编码、主轴编码和选择性编码，识别人机环管等维度的关键风险影响因素，并抽取理论框架构建风险因素体系概念模型。

第六部分（第 9 章），运用事故树分析和贝叶斯网络方法构建作业层风险演化模型，对风险演化过程进行混合概率风险分析。围绕水上飞机起降作业过程，明确事故因果链和发生场景，构建事故树模型，定性描述风险因素、触发层、事件层、事故层的作用关系，并对事故树的结构特征及底层节点的重要度进行分析。将 FTA 转化为 BBN，利用关系向量分类机和模糊集理论确定先验概率和条件概率，根据风险接受准则构建风险评估矩阵，评估船舶相关、漂浮物相关及综合风险等级。

第七部分（第 10 章），基于系统动力学方法进行水上跑道侵入组织风险演化分析。通过识别组织安全文化、安全管理系统和安全绩效三者之间的相互关系建立组织风险演化模型，对组织安全管理系统进行定性建模和定量仿真分析。对系统初始状态和不同策略条件下人因差错率进行仿真，观测调整安全标准、响应周期、响应强度、初始资源等策略变量对安全绩效的实际作用效率。

第八部分（第 11 章），基于演化博弈论构建水上机场安全监管三方演化博弈模型，分析安全监管机构、水上机场及作业层员工的博弈策略，运用系统动力学对演化博弈过程进行仿真分析。对事故追责力度、外部奖惩强度、安全实现成本及内部监管强度等变量进行调整,实现监管体系的策略优化;同时仿真外部变量调整时,员工违规概率、水上机场落实安规概率、安监机构监管强度等风险因素演化趋势。

第九部分(第 12 章),构建水上跑道侵入风险动态预警模型。将针对水上机场运行的起降作业、组织安全管理、外部安全监管等各模块所建模型进行了整合,构建水上跑道侵入风险动态预警模型,以某水上机场为例进行预警仿真分析,并提出风险管控措施。通过模型仿真,定量分析侵入风险预警等级、安全监管强度和安全管理承诺的变化趋势,描述作业层、管理层、监管层指标动态演化过程,并分析仿真结果,提出侵入风险的管控措施。

第十部分(第 13 章),总结主要研究工作,阐述主要创新点,并对通航水上机场安全风险管理的后期研究进行展望。

1.5 研究方法

本书综合运用安全科学、系统科学、灾害学、管理学等多学科理论,按照作业层、管理层、监管层的组织层次,从起降作业、组织安全管理、外部安全监管三个层次分别建模并整合,开展通用航空水上机场安全风险管理以及水上跑道侵入风险演化机理和预警模型的研究。

依据研究问题的特点及研究方法的适用性,综合选择研究方法。水上机场建设及运营现状分析主要采用问卷调查和深度访谈法,针对水上机场建设现状及运营安全风险,对幸福运、美亚航空、爱飞客等企业相关人员进行了抽样调查,收集了有效问卷,对公司高层管理人员和参与水上机场建设相关人员进行了多次访谈,为后续的研究提供了现实支撑。水上跑道侵入风险因素识别主要选择定性方法,采用最近会遇距离分析、信息处理模型、SHEL 模型及扎根理论方法。因为起降作业层员工行为及相关事件较为直观,其演化分析主要采用集成事故树、贝叶斯网络、关系向量分类机及模糊集理论等多种方法构建的混合概率风险分析模型。组织风险演化分析采用系统动力学构建总体模型,并应用人因差错评估及降低技术(HEART)建立人因差错率子模型。水上机场外部安全监管分析采用演化博弈分析框架,并采用系统动力学开展仿真分析。动态预警模型集合前述多子系统模型及仿真建模方法,并通过 Excel 进行模型间数据交换。

本书的技术路线如图 1-1 所示。

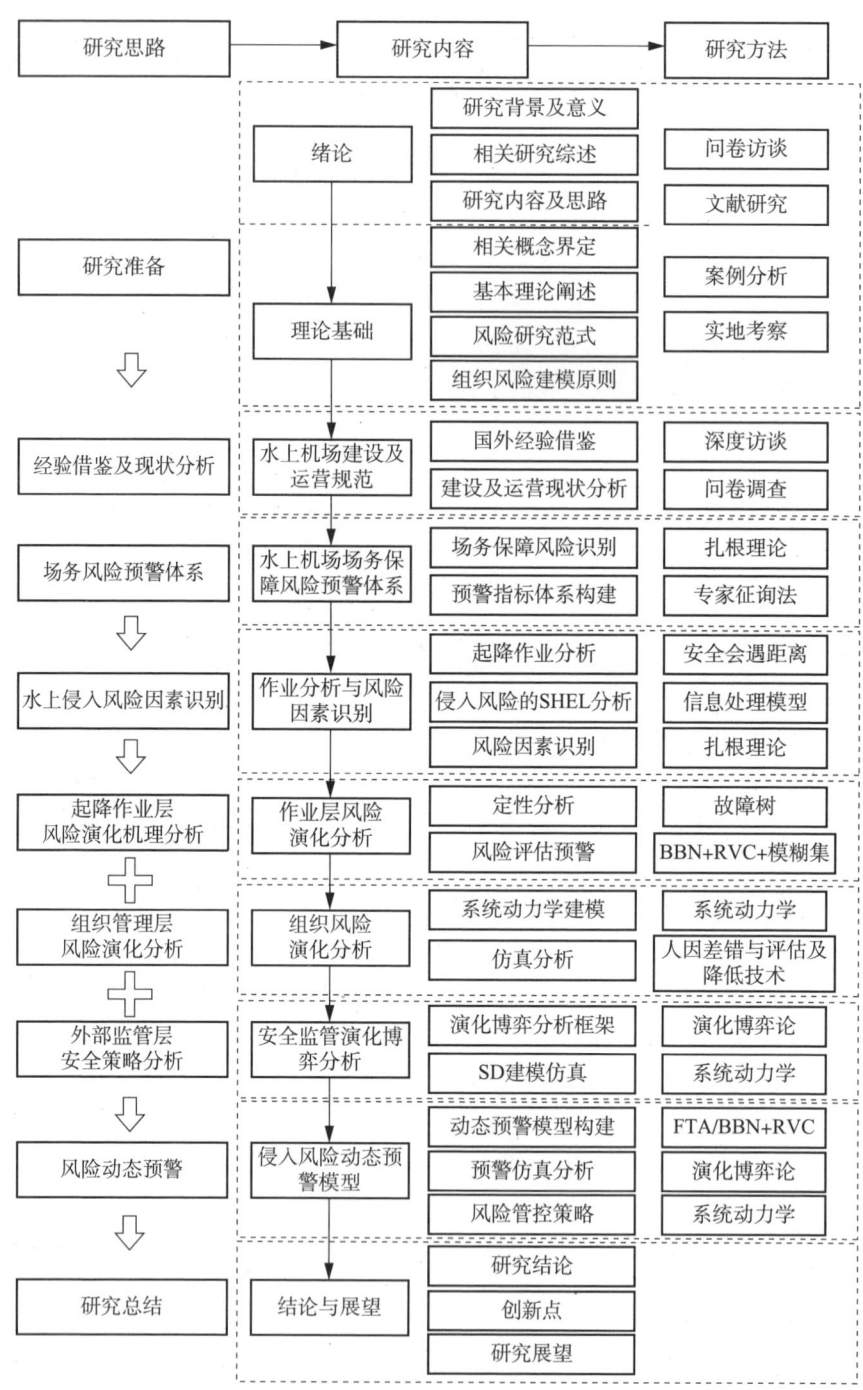

图 1-1 本书的技术路线

第2章 通航水上机场安全风险管理研究综述

2.1 通用航空水上机场建设的相关研究

2.1.1 通用机场建设研究

一些国外学者对机场道面等部分材料的使用进行了研究，Saeed 介绍了一种设计通用航空机场超薄白色罩面的方法，通过实地测试并对结果进行评价，确定了道面的设计参数，并提出设计建议[14]。Mcnerney 分析了得克萨斯州运输部负责的通用航空机场目前的沥青使用和机场建设基本规范，并修改得克萨斯州运输部关于沥青用于建设德克萨斯通用航空机场基本规范，以期使修改后的规范获得联邦航空管理局批准[15]。

Borowiec 研究了机场设计标准，了解其发展背后的原理，从而确定设计标准的界限，探讨放松了的潜在标准，使一些较小的、不太活跃的机场能在不影响安全性和操作能力的前提下负担得起一些其他需求[16]。在通航机场选址方面，Parr 提出一个方法来评估备选的选址方案，从而在提高通用航空机场的行人安全和车流量的同时减少对环境的影响和建设成本[17]。

还有一些国外学者从经济和财务的角度对通用航空机场建设进行了研究，Wolfe 建立了一个三步计算过程来最大限度地减少施工成本[18]，探讨了比较成本和效益的机场投资相关的投资方式的回报[19]。Guzhva 通过调查研究了当前美国通用航空机场的金融环境，结果表明，通用航空机场可以自我维持健康的财务状态，无论它们的位置、跑道长度和其他机场的具体特点如何[20]。Majka 认为欧洲非常适宜使用轻型水陆两栖的飞机，配以中小型机场和天然水域降落场，主要对几种轻型水陆两栖飞机进行了比较分析，并提出了适宜建设水上机场的位置[21]。

2012 年 5 月中国民用航空局颁布了《通用机场建设规范》，对中国通航机场的建设和管理提出了技术要求，一些学者对这一规范进行了解读，就目前民航规章中有关通用机场的定义和分类进行了研究，对其定义内涵和存在的问题进行了分析，提出了我国通用机场定义和分类标准的建议，为通用机场的建设审批标准的制定提供依据[22]。

郭全全等结合卤阳湖通航机场的特点，对《通用机场建设规范》中的参数要求做出相应的调整，确定了飞行区等级，完成了硬地、草地、水上3条跑道的方位、长度和宽度的设计；提出了3种场址布置方案；采用计权等效连续感觉噪声级评定方法，对机场的噪声暴露级位进行了计算和分析，为其他功能区的规划提出了相应的建议[23]。

一些学者结合管理学的理论提出了通航机场建设及管理的建议。冯晓平在论述我国目前通用机场发展现状的基础上，分析了区域通用机场布局和建设应重点考虑的原则和未来通用机场发展应突出的特点；利用生命周期理论和资源基础理论，在调整机场发展思路的基础上，提出了一种基于区域资源的通用机场发展战略框架，指出在整合区域建设资源和运行资源的前提下，实现机场由通用机场过渡为运输机场的发展途径[24]。韦中利以民航华北、东北、华东、中南、西南等五大地区管理局的通用机场建设程序为机场，对五个地区管理局的通用机场建设管理进行了初步的研究，以便为通用机场的建设提供参考[25]。

此外，陈红英从通用飞机的起飞着陆性能考虑，分析了通用飞机起飞着陆性能对通用机场选址的影响[26]。崔洋从气象学的角度，利用气象站的数据对盐池通用机场以及石嘴山沙湖通用机场预选场址的风速、风向频率、温度、降水，以及低能见度、低云、沙尘、雷暴、积雪、大风、冰雹等影响机场场址选择的天气气候条件进行了分析[27]。

2.1.2 游艇码头建设的相关研究

由于水上机场的特殊性，码头的相关研究也对本项目具有启示意义。码头的分类繁多，选取与水上机场相似性较高的游艇码头作为参照对象，查阅了相关学者的研究。

国外很多学者较多关注于码头建设对周围环境的影响，例如对水域中铜离子浓度、水藻等的影响。Bilski研究了人员因素对码头设计的影响，主要包括对用户需求的单位建设、码头的位置布局、配套设施等的影响[28]。在码头建设方面，Hermawan 对印度尼西亚丹戎的一个港口防波堤和码头进行了设计，根据港口的现状分析需要防波堤和码头来保障储波的安全进出，对于防波堤的各项数据进行了设计论证，并估算了建设成本[29]。Barrett 介绍了摩尔黑德港口泊位设施的改进过程和特点，从设计方法、土壤勘探和确定工程参数等方面进行了描述，并对设计施工中的问题进行了总结[30]。Shen 对册子岛原油码头的选址、平面布局设计和水上建筑设计进行了介绍，由于面临着开放的海岛特殊的水文地质条件，对工程中的问题提出了相应的解决方案，为类似工程提供参考[31]。

一些学者结合游艇的区域性发展提出了游艇码头建设的规划或对策建议。邓少辰围绕加快海南游艇码头建设的重要意义，对游艇码头建设的现状和存在问题进行了分析研究，并对加快海南游艇码头建设提出了对策建议[32]。赵彬彬、谢凌峰通过对广东省游艇休闲产业发展的经济背景和自然资源进行分析，结合游艇消费活动的特性，确定广东省游艇码头的选址和布局规划思路，将全省游艇码头总体格局规划为"一个核心区域，东西两翼延伸，多点布局"[33]。文涵、田良以香港地区 76 处公众码头和 12 个俱乐部游艇码头为研究对象，分析了香港游艇码头的发展现状，通过性质、规模等特征对其加以分类，初步分析码头选址的影响因素。结果表明，香港游艇码头呈现较强的集中性，有深湾、白沙湾和维多利亚港三个核心区；香港游艇码头的选址主要受到海岸条件和与周边景区（点）的联动性影响[34]。

此外，对于游艇码头的选址及布局，也有一些学者进行了探讨。田大方、刘岩着重论述了游艇码头的布置原则、总体布置设计要点及工艺系统的选择[35]。陈建勇对比各国游艇码头波浪防护标准，提出游艇码头防波堤设计时，应严格控制港内波浪条件，并从实际条件、景观效果、泊位成本、功能需求等多方面考虑，采用最合理、优化的平面布置及结构形式。总结并推荐游艇码头防波堤几种实用的平面布置方式以及结构形式，参考国外游艇码头设计标准和国内相关研究成果，对游艇码头平面布置进行了探讨，对航行水域、停泊水域、浮栈桥的最小宽度、最小水深进行了设计，对加油码头和污水收集码头、码头陆域等进行了规划[36]。

2.1.3 通航水上机场建设的研究述评

美国等西方国家已经有较为成熟的水上机场建设的标准，对于标准的调整更新等研究并不多见，一些学者对水上机场的选址和前景进行了探讨。在通用航空机场的研究方面，学者们集中讨论了机场道面等部分材料的选取，对于超薄白色罩面、沥青等材料使用的标准进行了研究，还有学者从经济和财务的角度进行了研究。码头建设方面，学者们讨论了集装箱码头、港口等大型码头的建设施工，然而对于本项目而言参考意义有限。此外，国外学者十分关注码头建设对生态环境的影响，对于水域环境、周边动植物等的研究均有所涉足。总体而言，国外学者的研究较少围绕水上机场建设的标准，但是一些西方先进国家如美国、加拿大关于水上机场建设标准的文件值得本研究进行参考，也会在后文中进行具体的分析和解读。

由于我国通用航空的发展，很多学者将目光转移到了相关领域内，尤其是在发布了相关文件后，一些学者对目前通用机场建设规范进行了解读，结合具体机场的建设对于选址、设计等过程进行了阐述，也有学者从管理学的角度对通用航空及通用机场发展进行了讨论。此外，还有学者从气象学等其他相关学科对于通用机场建设的可行性进行了论证。在码头建设方面，主要查找了游艇码头建设的相关文献，一些学者结合游艇的区域性发展提出了游艇码头建设的规划或对策建议。也有很多学者对于其中的技术参数进行了探讨，如对游艇泊位、进港航道等区域提出了计算模型。此外，对于游艇码头的选址及布局，也有一些学者进行了探讨。总体而言，国内学者在相关领域内的研究成果较为丰富，但在机场、码头建设以及进行可行性分析等过程中，大多还是采用国外的相关标准，这从另一个方面体现了项目的重要意义。学者们在相关领域的研究成果，尤其是在游艇码头建设中的问题对策、相关模型等都对本课题的研究具有较大的参考意义。

2.2 水上机场安全风险管理的研究

2.2.1 水上机场场务保障安全管理的研究

国内外学者对于场务保障的概念给出了一些解释。其中，Doherty（2000）在其研究中表示机场场务既包括方方面面的业务以及技术支持，也包括办公场所、货运、餐饮、零售等，其内容是持续变化的[41]。吴峰

(2008)提出场务保障是一个完整的系统,包括一系列为飞行提供服务的保障工作,比如气象、通信、航行管制等[42],张潮等(2014)在其相关研究中也引用了这一概念[43-44]。此外,机场场务保障的内涵从场务工作及流程的内容中也可见一斑。方绍强、卫克等(2008)建立了航空兵场站的飞行保障过程模型,指出飞机起飞前的保障过程包括:加油、通风、充氧、冲氮、挂弹等[45]。叶菁(2011)在现场调研之后,提出在实际工作中的场务工作主要包括巡场、养场、除冰雪三项工作[46]。林强、郭新等(2013)通过调研发现某机场的场务工作主要包含了日常巡视、割草作业、平整碾压作业、除冰雪作业、机坪保洁作业、设备维修保养、清除淤泥工作等[47]。

基于对机场场务保障内涵的剖析,国内外学者对于机场场务保障相关安全风险的影响因素进行了研究探索。在国外,Ahlstorm(2006)认为飞机自带的气象设备、飞行员处理不良天气的实际经验以及机场设施设备情况,都对飞行器在不良气象条件下的起降安全具有重要影响[48]。Wybo(2013)以大型光伏系统在机场中的位置为研究对象,识别出鸟类嵌套进光伏系统、光伏系统维护期间的触点危害、光伏系统中救援干预的难点等危险源[49]。Mulinazzi 和 Zheng(2014)研究发现在通用航空机场,当外界风速达到一定程度时,低空飞行的风力涡轮机在启动时所引起的侧风会使机场跑道的大部分区域处于高危险状态[50]。此外,由于水上飞机水面起降、靠泊的特殊性,小型船舶在港口码头的状态与之具备共同点,因此,查阅船舶靠泊、停泊等相关研究对水上机场场务保障安全风险的探索具有一定的价值。比如 Mazaheri 等(2016)认为对船舶搁浅事故关键风险的识别应基于证据及专家支持,包括来源于实际事故和事故报告的数据证据、专家判断等,并且学者指出船舶引航员是事故风险研究的重点对象[51]。

在国内学术界,针对商业运输航空机场领域的场务保障相关安全风险的影响因素研究较为成熟,张潮、丰婷等(2014)研究了机场场务保障安全风险的关键因素,研究结果发现设备设施保障因素是所有因素中影响程度最大的[43]。杜红兵、吴军(2014)采用 MMEM-ISM 方法对机场 FOD 风险的影响因素进行了研究,研究结果发现其中的直接影响因素包括:未及时修补破损道面、部分规章制度不完善、未及时清理机坪、未建立 FOD 数据信息系统等[52]。在通用机场领域,也有部分学者进行了相关研究。陈现涛、伍毅等（2013）指出通用机场安全保卫建设不充分将会导致其面临恐怖爆炸攻击风险，学者还定量说明了爆炸物对通用航空机场和飞机的实际破坏能力[53]。而在小型船舶领域，王斌（2013）指出在中小型船舶靠泊的过程中，是否能够正确使用锚是船舶能否安全停靠的关键因素[54]。

通过对机场场务保障内涵相关研究的认识，可以发现场务保障是一个完整的系统，本研究沿用吴峰（2008）对机场场务保障内涵的界定[42]，认为机场场务保障包含保障航空器飞行安全的多个方面，包括对航空器滑行、起飞进近、着陆、地面停留等各个阶段的保障。虽然现阶段国内外缺少对通用航空机场、水上机场场务保障的研究，但基于水上机场的基本要素与民航机场有共通之处，以上对于机场场务保障内涵的定义可以经过适当调整后沿用到水上机场中。

对于场务保障相关安全风险的影响因素研究中，现阶段国内外都有一些学者对民航机场、船舶靠泊、停泊过程中与场务保障相关的安全风险影响因素进行了分析。其中对于民航中的商业航空机场的研究最为成熟，研究涵盖了系统分析场务保障风险、复杂天气下飞机起降的风险、大型光伏系统造成的风险、机场外来物风险等，相比较而言，国外学者的研究更关注细节，而国内学者的研究更趋向于系统性。而针对通用航空机场、小型船舶码头的场务保障相关风险研究相对则比较少，其中水上机场的研究更是稀缺。不过在通用航空机场的相关研究中，学者们还是在一定程度上探索了低空飞行、安保建设不足这两个通用航空的特点对安全的影响，这些成果对于本研究具有一定的指导作用。

2.2.2 水上机场安全管理措施的研究

国外学者对于民航机场安全管理措施进行了一定研究。Ahmet E. 等（2010）利用15起飞行事故案例，运用归纳推理方法开发了一个混合决策支持工具，为用户提供各方案解决问题的可能性[56]。Soukour（2012）在其研究中采用了多种算法相结合的方式进行机场保安的协调调度工作[57]。在通用航空机场领域中，Cason 等（2010）指出通用航空机场的安全管理与商业航空机场一样重要，比如通用航空机场安全措施的不完善很容易吸引恐怖袭击分子的造访[58]。而在小型船舶码头领域，Lee 等（2012）研究分析了基于小艇的自动靠泊控制系统，认为自动靠泊控制系统能成功模拟人的行动，有效提高船舶靠泊的安全性[59]。

近年来，国内学者对于机场安全管理措施的研究比较成熟。许桂梅、黄圣国（2010）从技术开发和组织支持两个角度建立了跑道事故风险防御体系[60]。王永刚、杨传秀（2014）为了对不停航施工风险实现实时监控功能，引入了基于 Multi-Agent 的安全风险管理模型[61]。此外，存在部分针对场务保障安全信息系统的研究，比如闫金凤（2009）深入研究了某机场场务管理信息系统的净空、道面和台账库管理系统[62]。汪绪普、罗帆等（2013）在其研究中以机场场务管理为研究对象，建立了相应的安全监控系统的架构[63]。而对于通用机场的安全管理，尧丰等（2010）专门针对低空空域，设计了将 Strut 和 Hibernate 结合的综合管理系统架构模型[64]。沈振、吕人力（2013）提出了符合我国通用航空实际的空管保障措施，并且在设计对策过程中借鉴了美国和澳大利亚的先进措施[65]。杨絮、张忠信等（2013）分析探讨了飞行服务部门保障通用航空飞行安全的措施[66]。胡馨如、张旭等（2015）在经过详细的需求分析后，设计出符合实际的通用机场安全管理信息系统，其中包含了 8 个功能模块[67]。潘卫军、周广军等（2015）指出建立通用机场空管应急保障组织机构，并提出相应的保障方案有助于及时处理各类紧急事件[68]。张凤（2016）基于对我国通用机场航油保障模式的现状及问题分析，提出了针对性的应对措施[69]。此外，有少量学者研究探索了水上飞机的安全风险管控对策，比如彭鹏飞、陶维功（2010）提出了针对水上飞机的海事管理对策[70]。而在小型船舶码头的安全管理中，黄建明（2011）基于现状分析了三峡库区小型船舶安全管理的对策[71]，王丹、莫芝伟（2017）研究探索了北海港小型旅游船舶安全管理手段[72]。

综上，国内外商业航空机场领域的安全管控对策相关研究比较成熟，现阶段学者们更多地从系统的角度进行思考，且逐渐将其与信息系统相结合，比如国外学者提出的混合决策支持工具、国内学者提出的跑道事故风险防御体系，甚至国内有一些学者对机场的场务保障安全信息系统设计进行了相关探索。而在通用航空机场领域，对安全管理措施的探索也逐渐增多，逐渐趋向于系统性思考，大家逐渐意识到通用航空机场安全管理的重要性并不小于商业航空机场，但针对水上机场的安全管理对策研究暂时还较为稀缺，仅有少数学者初步探索了水上飞机的安全管控对策。而关于小型船舶码头的安全管理措施的相关研究也不多，国内学者的研究仍多停留在定性思考的层面，但也可以发现学者对于水上机场等相关领域安全管理的关注度在不断上升。

2.3 水上跑道侵入风险管理的研究

民航管理部门对陆上跑道侵入的概念及分类都有清晰的界定。按照国际民航组织（International Civil Aviation Organization，ICAO）相关文件，跑道侵入是指发生在机场的任何航空器、车辆或人员误入指定用于航空器起飞或着陆的地面保护区的情况[74]。根据跑道运行的特点，飞行器速度高，对侵入避让困难；起降操作复杂，飞行员高度紧张，对侵入感知能力弱；发生概率高，事故损失严重；涉及车辆驾驶员、空管员、飞行员及场务人员，参与主体多，管控难度大[15]。水上跑道侵入在飞行员、空管员、安全员等互动组织过程方面与陆上跑道侵入具有相似性，而在起降环境、水域共享等方面与船舶碰撞具有相似性。因此，本部分从陆上跑道侵入和船舶碰撞两个方面进行文献回顾。

2.3.1 陆上跑道侵入风险的研究

跑道侵入是航空安全管理实践及研究的重点课题，工程技术领域的研究者倾向于通过技术手段规避侵入事件，例如开发场面监控和冲突告警系统、评估无线电通信技术、优化场面平面布局、布设场面雷达及传感器、优化场面灯光及标识等[76]。然而，侵入事件发生的前提是人机环管等维度多种风险因素耦合[77]，不考虑人员和组织因素，单纯的技术防护难以达到预期效果。因此，安全管理专业的研究者更倾向于综合考虑人机环管等各维度风险因素，研究成果主要集中在风险因素识别、风险评估预警、风险成因机理等方面。

风险因素识别的研究，多是通过数理统计方法，分析侵入事件特征数据与影响因素的相关性，确定各因素对侵入事件的影响程度。例如，霍志勤等采用最小二乘法对侵入结果和影响因素进行多元回归分析，结论认为典型差错对跑道侵入存在显著影响，其他影响因素还包括飞行区管理混乱、人员车辆擅自进入跑道、军民合用机场协调不畅、人员缺乏培训、无跑道侵入意识等[76]。张晓全等将侵入事件的严重等级与飞行员差错（PD）、空管人员差错或违规（OE/OD）、车辆或行人违规（V/PD）等三类事故原因做相关性分析，结论认为预防 A、B 类（高风险等级）跑道侵入的关键是要加强行人和车辆驾驶员的飞行区准入管理以及提高多主体间通信质量，预防 C、D 类（低风险等级）跑道侵入的关键是要强化飞行员标准作业规程（SOP）的遵守[77]。罗军等采用 G1 法和专家经验分析法，确定最小接近距离、能见度/跑道视程/云底高、跑道刹车状况、补救措施、通信状况、管制员差错、飞行员差错等事故影响因素的标度和权重系数，构建了跑道侵入严重等级数学算法模型[78]。Adam G. L. 等认为跑道侵入发生的前提是多种风险因素耦合，单一因素无法促成跑道侵入事件[79-80]。据美国联邦航空管理局（FAA）统计，72%的民航跑道侵入与飞行员差错相关，Yu-Hern Chang 采用实证方法筛选跑道侵入中影响飞行员差错的影响因素，最为显著的因素包括：情景意识和注意力、操作差错/过失、通信技能、指令回诵、交叉询问、疲劳控制、应急处置能力、机场照明、跑道标识等[81]。

跑道侵入风险评估方面，通常按照指标筛选、确定权重、综合评价的步骤，采用模糊集理论和 TOPSIS 方法、高斯贝叶斯网络模型[82]、认知可靠性和失误分析方法（CREAM）[83]和事故树分析（FTA）[84]等研究方法。林雪宁将侵入事件影响因素分为可观测的表层因素和不可观测的隐含因素，构建高斯贝叶斯网络模型，利用因素间直接关系及条件概率，评价侵入事件发生概率[82]。高扬等运用 Bowtie 模型评估和判定跑道侵入隐患、可能的事故原因以及后果，分析重点放在风险控制和组织控制的薄弱环节上[83]。Dohyun Kim 等集成层次分析法（AHP）和事故树模型（FTA），将韩国金浦国际机场作为案例，对 15 种跑道侵入风险赋权重，分析评估跑道侵入发生概率[84]。

风险机理研究多采用建模仿真的创新性方法。例如，田洁等基于多 Agent 动态仿真和形式化推理，结合具体案例对跑道侵入事件中个体行为进行危险场景仿真分析[85]；Stroeve 等集成流行病学事故模型和蒙特卡洛仿真技术，始于系统的变异性以及互动性，对跑道侵入过程进行仿真模拟和安全风险评估[86]；Landry 等在识别和监测跑道侵入风险时运用了复杂网络理论，并以案例机场进行了模型验证[87]。

综上所述，目前对跑道侵入研究，多关注飞行员、空管员和场面人员（行人和车辆驾驶员）等一线人员作业层面的差错和违规行为，这些是直接导致侵入事件发生的诱因，但对导致差错和违规行为的安全管理体系、外部监管机制因素及员工心理认识层面因素关注较少。侧重数理统计、综合评价和行为仿真分析，而对跑道侵入缺乏机理性研究，较少分析风险在组织内传递蔓延过程，鲜有对各主体策略选择的分析，没有揭示风险因素对于侵入事件的诱发演化机理。

2.3.2 船舶碰撞风险的研究

船舶碰撞风险是水运交通实践及研究的重点课题，研究较为成熟。研究成果集中在三个方面：一是宏观碰撞风险研究，评估具体水域或航道通航船舶碰撞风险；二是微观碰撞研究，分析船舶之间碰撞风险及避碰策略；三是碰撞事故后果及分级研究，分析船舶特征及风浪等海况特征与船舶碰撞后果的关联性。

（1）宏观碰撞风险

该类研究多基于特定水域或航道的历史交通流量、船舶碰撞事故、港口航道水文等数据，评估和预测该水域或航道船舶碰撞相关指标。主要包括碰撞次数和碰撞率、会遇次数和会遇率、碰撞概率风险等，前两个指标属于统计描述指标，后一个指标侧重基于历史数据的风险预测。船舶碰撞次数是指某一水域单位时间内船舶碰撞平均发生次数，碰撞率定义为单位时间内碰撞船舶与航行船舶数量之比，会遇次数和会遇率也采用相似的计算方法。

宏观碰撞风险研究较常见的方法是定量模型，包括FSA（Formal Safety Assessment）分析法[88-89]、系统动力学[90]、模糊综合评价[91]、人工神经网络法[92]、贝叶斯网络法[93]等。在研究香港水域船舶交通信息的基础上，MARA研究组建立了基于FSA风险分析法的海上交通风险评估模拟模型[89]。曹久华等借助系统动力学方法，对港口通航风险成因耦合机理进行仿真分析[90]。薛伟在研究整理大连港水域船舶碰撞事故资料的基础上，基于模糊综合评价法、粗糙集等方法建立了船舶碰撞事故风险分析模型[91]。以港口水域船舶碰撞风险识别和人工神经网络为基础，杨田学构建了船舶碰撞风险分析框架及对应的数学模型，并通过国内港口样本数据训练模型，最终确定模型的参数；该模型可用于分析评估同类港口船舶碰撞风险[92]。轩少永等收集整理并研究了国内船舶事故数据，利用贝叶斯概率论评估了碰撞事故发生的频率与后果[93]。

(2) 微观碰撞风险

该类研究以会遇两船之间的碰撞风险为研究对象，基于概率理论量化评估本船与周围船舶的碰撞可能性，最具代表性的研究是船舶领域理论（SDT）和概率风险评估方法（PRA）。张金奋基于D-S证据理论融合处理了两船会遇时间和会遇距离增益，获取了每个时刻的决策效果评价结果；在国际海上避碰规则的基本要求下，研究了两条船舶在近距离会遇情况下的避碰时机选择问题，提出了分布式实时避碰决策方法[94]。邱志雄研究了海上船舶碰撞、搁浅的危险性，以及船舶避碰、避浅实践，界定了船舶形成碰撞紧迫局面时间（TCQA）和船舶形成搁浅紧迫局面时间（TCQG）的概念，并建立了数学模型；此外，还制定了船舶碰撞、搁浅危险的判定准则，构建了评价数学模型和监管智能决策支持系统[95]。

为了使操船者在特定水域操船时能够评估实况风险，汤国杰利用大型船舶操纵模拟器上的实操验证了风险评价模型，并建立了风险控制预案[96]。高霞重点关注造成船舶碰撞事故中的人为因素，通过案例样本挖掘"瞭望不全面、航速过快、信息交流不畅、设备使用不当、判断错误、应对失当"等人为因素的因果关系链，确定贝叶斯网络结构，利用案例样本验证了模型有效性[97]。基于会遇和会遇率，日本学者Fujii建立了碰撞风险评价模型[98]。基于FSA数据分析及事件树分析方法，Tamura Yuka等统计出渔船与货船间的碰撞事故数据，并计算碰撞率，以此表示碰撞风险及损失；此法能够推出和人为因素相关的安全评估[99]。

(3) 船舶碰撞事故后果

该研究领域成果较为丰富，其中由于油轮泄漏及LNG船舶泄漏事故频发、危害性大、关注度高，是近些年该领域的研究热点。借助计算机仿真软件，高万龙评估预测LNG船舶碰撞后发生泄漏可能造成的后果，包括事故可能导致的人员伤亡数量[100]。屠艳、任华胜等采用PT Pedersen碰撞模型和DNV风险评估软件Neptune，计算了船舶碰撞事故发生概率以及碰撞后溢油扩散情况[101]。

有学者就船舶碰撞事故影响因素与后果严重程度进行关联分析。薛伟运用粗糙集理论对船舶碰撞事故后果的影响因素进行量化分析[91]。杨田学总结了船舶碰撞的六类后果：人员受伤、人员死亡、环境与社会损失（这四项为间接损失）、船损与其他直接损失（这两项为直接损失），然后将它们量化，接着他又运用"后果当量"的概念，统一了船舶碰撞的直接和间接后果[92]。闫化然基于粗糙集理论，分析了 13 类影响船舶碰撞的因素：风、浪、流、碰撞交角、撞击船特征（大小、种类和速度）、被撞击船特征（种类、速度、船龄）、材料、撞击位置、机械状态等，将对碰撞结果影响最明显的因素筛选了出来[102]。

2.3.3 水上飞机与船舶碰撞风险的研究

水上飞机是指为了能在水面操纵而设计的航空器，接触水面时，其属性为船舶，而脱离水面时的属性为航空器，其起降操作需在特定的水面操作区完成[103]。其操纵特性、运行特征和普通船舶不同，由于起降速度快、起降水域开放等原因，较大的碰撞风险存在于水上飞机和船舶之间。国内外飞行器设计等领域学者对其水上飞机起降性能[104]、波浪水面上降落动力特性[105]、起飞速度适航要求[106]等方面进行了系统研究，这为水上飞机的设计制造及其安全性能提供了技术保障。武汉理工大学翁建军团队在水上飞机与船舶碰撞风险方面的研究具有代表性。翁建军、周阳等结合水上飞机水面滑行及起降过程的动态特点，运用人机工程理论，识别了水上飞机与船舶的碰撞风险因素，确定了各因素之间的相互关系及其影响程度；基于集成 DEMATEL-ISM 方法，构建了四层次的水上飞机与船舶碰撞风险因素多级递阶结构模型[5]。Zhou 等运用元胞自动机描述水上飞机和船舶的混合交通情况，将水上飞机起飞或着陆事件干扰水域交通恢复时间作为关键评估指标，提出了以保障通航效率和起降安全为前提的调度方案[107]。翁建军、秦雪儿等基于船舶跟驰距离模型理论，分阶段（滑行、起飞、降落）分别建立了水上飞机的安全领域模型，用于描述起降过程中水上飞机与船舶间的安全会遇距离，结合水上飞机类型、起降速度、船舶类型等参数，可以推算出水上飞机起降移动的安全区尺度[108]。

2.3.4 相关文献评述

整体上看，国内外学者注重陆上跑道侵入风险的研究，在跑道侵入风险因素分析、风险评估及动态仿真模拟等方面成效显著。在陆上跑道侵入风险分析方面，学者们普遍认为侵入的直接诱因包括飞行员差错（PD）、空管人员操作差错或违规（OE/OD）、车辆或行人违规（V/PD），而飞行区管理混乱、人员车辆擅自进入跑道、军民合用机场协调不畅、人员缺乏培训、无跑道侵入意识、能见度低、跑道标识模糊等是导致这些操作失误或违规的间接因素。船舶碰撞研究较为成熟，形成了较为固定的研究范式，碰撞事故发生概率及碰撞后果是其中的研究热点，多数从水域碰撞历史数据中，计算航道气象水文条件、船舶尺寸类型等因素对碰撞概率和事故后果的影响，进行风险评估和预测预警。

水上飞机既具有通用航空的一般特征，又因其在水面起降而具有特殊性。根据《国际海上避碰规则》，水上飞机与水面接触，视作船舶，要求符合海事法则；一旦离开水面，又被视作航空器，接受航空管制[5,103]。水上机场具备陆上机场的功能，同时也具备游艇船舶码头的特点。水上跑道侵入与陆上跑道侵入在成因机理及事故危害方面具有相似性，但因其处于开放水域，又具有独特性。因水上飞机水面起降阶段被视作船舶，因此船舶碰撞与避碰研究可以为水上跑道侵入研究提供借鉴。目前，水上飞机与船舶异质交通流组织方面只有零星研究成果，分布在碰撞影响因素、交通流组织、会遇距离计算等方面，未见水上跑道侵入风险相关研究。

2.4 风险演化机理的相关研究

演化概念的运用从生物学逐步扩展至管理学、经济学、社会学等学科领域，发展成为演化经济学、演化博弈论、演化动力学等新兴交叉学科；机理是内在工作方式与运行规则的体现。演化机理涵盖了多维度、深层次的原理性探索和规律性分析，因而成为多领域的研究趋势之一[109]。国内外学者主要应用复杂系统理论、演化博弈分析、系统动力学、结构方程模型、SEIRS 传染病模型、多 Agent 建模等方法，针对海上交通安全、通用航空安全、地铁施工安全风险、企业内生性风险、人因系统风险、煤矿安全风险等开展演化机理相关研究。

2.4.1 复杂系统理论的应用

马里兰大学 Mohaghegh 和 Mosleh 的研究成果在该领域具有广泛影响

力,从建模目的、建模视角、建模模块和建模方法四个维度提出了组织风险建模的 13 条原则[110];并将系统动力学与贝叶斯网络结合,构建混合概率风险评估(PRA)模型,用于分析评估机场机务维修风险[111];提出组织安全因果模型中变量的测量方法[102]。齐迹以基于系统突变理论,分析海上交通风险演化、评价、预测的规律,提出了系统特征演化曲线以及海上交通系统的安全、事故、风险演化模式;阐述三种演化模式的形成、相互转化及作用机理[113]。许红军等聚焦通用航空发展的组织特性,分析了通用航空安全体系自组织模式生成的前提条件和动因,剖析了通用航空安全体系自组织演化的内外部动力因素,以及其相互作用方式和过程,从而解构出通用航空安全体系自组织演化的动力学机制——涨落机制、创新机制、选择机制和学习机制,在此基础上,构建了通用航空安全体系自组织演化动力学模型[114]。

2.4.2　系统动力学仿真的应用

王永刚等对航空公司不安全事件的致因过程进行 SD 建模仿真分析,认为要通过加强残留风险管理、强化安全投入、提高飞机维修维护水平等方法减少不安全事件[115]。赵贤利等采用系统动力学与演化博弈理论相结合的方法,研究民航机场跑道安全保障过程中安监机构、民航机场、航空公司三方的演化博弈均衡条件[116]。王帆针对地铁盾构施工的技术、环境及组织管理子系统分别建模,通过整合各个子模型,建立了地铁施工安全风险动态演化模型,系统动力学主要解决组织管理系统内因素(变量)间相互关系并进行仿真分析,总体模型用于分析地铁施工过程中的风险演化规律[117]。潘丹等构建心理危机 SD 仿真模型,分析民航飞行员心理危机的致因机理及缓解措施,认为施行员工援助计划、改善工作环境等可以有效缓解心理危机,且该模型可以动态监测和实时预警飞行员心理危机[118]。

2.4.3　演化博弈方法的应用

演化博弈在航空安全领域有较多应用。王永刚等建立了不完全信息状况下民航安全监管的进化博弈模型,对航空公司和政府安监部门之间博弈关系的策略集进行分析,研究结果表明安全投入、监管成本、航空公司规模等因素对博弈产生重要影响[61]。赵贤利等构建了行业政府、民航机场、航空公司在民航机场跑道侵入风险治理中的演化博弈模型,并采用系统动力学进行仿真分析[116]。程敏等基于有限理性前提下的演化博弈分析框架,就政府安全监管部门对建筑企业监管策略进行建模,借助 SD 模型探讨了科学的建筑安全监管策略[120]。演化博弈和 SD 仿真结合研究安全监管问题,已经形成较为成熟的研究范式。

2.4.4 其他研究方法的应用

何叶荣等在对煤矿安全管理中存在的风险源进行辨识的基础上,利用结构方程模型及主成分分析法,分析风险的演化机理,建立了煤矿安全管理风险演化机理模型,揭示了安全管理监控系统、管理组织、管理模式、管理能力、管理要素等五类 18 项风险因子在风险诱因(管理失范)的促动作用下进行演化的规律[121]。唐辛欣等为更科学合理地结合风险演化规律和传染过程进行风险管控,构建了基于 SEIRS 传染病模型的机场飞行区人为风险传染过程模型,并运用 Matlab 对模型进行模拟仿真[122]。

2.4.5 相关文献评述

从上述文献可以看出,演化机理研究在各类风险研究中相对普遍,研究方法较为多元,研究内容集中在风险因素间相互作用关系、安全风险状态转化过程等方面,尚未形成统一的研究范式。以上成果体现了某些具体领域的风险机理研究,对水上跑道侵入风险特征、演化机理研究,以及在此基础上构建系统化预警管控体系有借鉴意义。

2.5 航空安全风险预警的相关研究

风险预警(Early Warning)通常作为风险管理中识别、评估、预警、管控的一个环节出现,是根据对关键风险指标的预测以及风险等级阈值划设,确定系统风险等级,进行应急响应的序列活动。预警最早应用于军事领域,后逐步拓展至宏观经济、国际政治、气象地质灾害、企业财务危机等领域。近年来,航空安全风险预警的研究及实践快速发展,国内外学者主要从飞行过程、机场保障、空管安全等角度展开航空安全风险预警研究。

2.5.1 飞行安全风险预警的研究

Abbadi 从航空班组关键资源的角度建立了基于高级 Petri 网和有向无

环图的航班延误预警模型[123]。Neal 等以火山爆发特殊情景对机组人为差错影响为研究对象，基于机组资源管理系统、SHEL 模型、人机工程、组织心理学等构建了飞行安全预警模型[124]。董青认为我国民航安全预警体系建设的关键在于关键环节的智能化：风险预测的数字化、日常管理的信息化和预防控制的自动化[125]。罗帆等构建了航空灾害预警指标体系，明确了指标的定义和测量方式，提出了航空灾害模糊综合评价方法[126]。曹卫东利用 Netica 软件工具构建实际航班及其关联的贝叶斯网络，对离港数据进行了延误原因分析和延误预警设计[127]。王岩韬等以决策试验与评价实验室（DEMATEL）结合模糊综合评价法，构建航班运行风险混合预警模型[128]。高杨等建立了终端区飞机飞行冲突风险预测预警模型，模型可对不同条件的通航活动区飞行冲突风险进行预测[129]。

2.5.2　机场安全风险预警的研究

安全风险预警模型主要以预测模型和评估模型为基础。国外学者对于民航机场的安全风险预测、评估及预警模型研究主要集中在商业航空机场中，Ginati 和 Coppola（2010）构建了一个安全风险预警模型，旨在有效控制鸟害对于飞行安全的影响[55]。Tamasi 等（2011）提出了一套定性定量相结合的方法，这套方法用于评估航空安全性和风险，并且在方法中重点突出了重要性、脆弱性两个概念，以及这两个概念的相关性[39]。Barker（2014）基于逻辑回归和贝叶斯逻辑回归构建跑道侵入模型，加强了可能性评估[40]。

Aghahowa Enoma 等围绕机场安全构建了关键绩效指标体系（KPI），认为风险管理重点是认知、识别和审计风险，风险源识别和预警信号的使用是风险管理的重要组成部分[130]。Jonkman 使用语言映射方法和隐式构造框架来研究机场风险问题，认为机场主要风险诱因是经济财务压力[131]。基于贝叶斯逻辑回归方法，Barker 构建了跑道侵入风险预警模型，对跑道侵入风险进行评估[132]。Shi 将粗糙集和信息熵相结合，基于信息熵的属性约简算法，提出了机场飞行区安全风险多层 BP 神经网络预警模型，并用 MATLAB 验证了该方法的可行性[133]。宫宝霖构建了机场安全风险预警模型，并确定了预警标准，提出了风险预警预控对策，开发了预警管理信息系统，实现了对危险源的动态管理和监控[134]。姚前从人机环管 4 个维度设计了机场安全预警指标,基于模糊综合评价法进行评价和预警[137]。刘俊勇等对滑行道安全风险预警进行研究,采用蝙蝠算法优化了小波神经网络,优化后解决了小波神经网络训练过程中训练不稳定及容易陷入局部最优的问题,优化后的模型预警准确率得到提高[138]。梅军飞综合运用贝叶斯网络、熵理论及模糊物元等建模方法,构建了跑道入侵风险预警模型[139]。王本涛基于贝叶斯网络建立了机场飞行区地服人员人为差错风险预警模型,并提出利用马尔科夫链预测模型对关键性预警指标进行趋势预测[140]。潘丹在其博士论文中以民用机场停机坪安全风险为研究对象,综合采用扎根理论、相关分析法、主成分分析法、风险矩阵分析法、最优分割理论等,构建了停机坪安全风险预测预警、评估预警和预警仿真模型[141]。

2.5.3 空管安全风险预警的研究

Ginati A. 等运用欧空局的 Fly Safe 服务系统,分析了飞行过程中飞鸟航空风险防范措施,构建了鸟击风险早期预警模型[55]。Di 等基于航空航天绩效和层次分析法来筛选安全指标,并使用蒙特卡罗法对历史数据的解释结果进行仿真,通过分析评估设备、程序、人为因素对安全绩效的影响,开发了改进的空中交通管理(ATM)评估和预警系统[143]。罗帆等基于空管安全风险预警决策的非程序性和复杂性,构建了空管安全风险 SD 预警仿真模型[144]。刘佳宾从预警指标科学性、安全信息的科学鉴定、警报合理性、安全定性定量管理相结合等 4 个方面提出空管安全预警管理建议[145]。汪绪普基于对空管预警指标和流程的系统化分析,设计了空管安全预警决策支持系统,分为实时、评估、预测和预控四种预警决策模式,能够实现风险监测、实时预警、不安全事件分析、预控预案、风险评估与预测等功能[146]。霍志勤等分析了空中交通安全预警管理的需求和功能,指出安全管理模式从事后管理向事前管理转变,是提高空管系统预防事故能力的当务之急[135]。

2.5.4 相关文献评述

国内外航空安全预警方面的研究和实践日趋成熟,在飞行安全、机场安全、空管安全风险及通用航空安全风险预警方面都取得了有价值的研究成果,部分民航机构已有预警信息系统投入实施应用。包括对机场客流量、货运量的预测,对场务保障全系统、跑道入侵、航空器滑行道交叉冲突、防鸟击风险的评估及预警,采用的方法也涵盖了回归分析、神经网络、贝叶斯网络、模糊综合评价、证据推理、熵理论模型、模糊物元模型等。在民航安全风险预警管理理论层面、预警技术开发方面成效显著。在预警管理方面,侧重于预警指标体系、预警模型的构建,并对预警系统的结构、运行模式、信息流程、预警决策模式进行探讨。在民航安全风险预警管理应用层面,有部分学者构建了民航风险预警管理信息系统,为民航系统的风险控制提供了保障。而在通用机场领域,相关研究则较为稀缺,但是若将研究对象扩大到通用航空领域,仍然有一些研究可对水上机场场务保障安全风险预测、评估及预警模型的选择提供借鉴。此外,针对小型船舶靠泊、停泊过程中的安全风险的预测、评价及预警研究也相对较少。综合比较国内外研究可以发现,国外学者更加倾向于利用以往数据对事故进行预测及评价,而国内的研究方式则更为复杂,且专家的经验在这些方法中都或多或少地占据一定地位。

第3章 国外水上机场建设及运营管理经验借鉴

从水上机场的全球布局来看，主要分布在美国、加拿大、欧洲、印度尼西亚和马尔代夫等国家和岛际区域。以上国家水上航空发展起步早、发展成熟，无论是水上机场数量还是水上航空业务量依然处于上升态势。北美水上飞机主要集中在美加五大湖及沿海区域。在美国，仅阿拉斯加州就拥有137个水上飞机基地。美国将水上机场称为水上飞机基地。在加拿大，水上飞机不仅作为水上旅游活动，更是温哥华、维多利亚与美国西雅图等城市之间的特色交通工具。欧洲的水上飞机旅游集中在欧洲西部海岸及地中海地区，其中位于意大利北部的科莫水上飞机俱乐部是欧洲最大的水上飞机俱乐部。此外，在马尔代夫、迪拜等度假胜地，水上飞机旅游项目也受到了游客的普遍欢迎。国内水上机场的建设是一个新兴领域，加深对国外水上机场建设和运营的认识，将有利于我国借鉴相关经验，并有助于国内水上机场的建设及运营。以下将对几个国家水上机场建设和运营情况进行分析。

3.1 美国水上机场建设和运营现状

3.1.1 美国水上机场总体情况

根据Seaplane Base网站的有关数据，美国共有490个在美国联邦航空管理局（FAA）注册的水上机场，其中，面向公众开放的有210个，仅供私人使用的有282个。美国共有37个州和地区建有水上机场，阿拉斯加州水上机场数量最多，有137个。明尼苏达州水上机场数量次之，有57个。

（1）布局特征

美国的水上机场主要分布建设在海岸线、大型湖泊和河流等水域资源丰富的地区，以及国家公园、岛屿等陆路交通不便地区，总体布局特征为东密西疏（阿拉斯加州除外），并且私人使用的水上机场略多于公共水上机场。

美国水上机场的选址要求是适宜水上飞机起飞、降落、停放的开阔水面区域，比如美国东西海岸线、海湾区域、北美五大湖（苏必利尔湖、密歇根湖、休伦湖、伊利湖、安大略湖）、伍兹湖、霍德湖等湖泊区域，密西西比河、波托马克河、坎伯兰河等重点河流区域，以及安德烈亚诺夫群岛、科迪亚克岛、美属维尔京群岛（领地）等岛屿地区。其中，美国海岸线区域建设的水上机场约200余个，占美国水上机场总量50%以上。五大湖区域水上机场也较为集中，明尼苏达州有57个水上机场，印第安纳州有17个水上机场，纽约州有19个水上机场，且近年水上机场数量仍有递增趋势。

美国阿拉斯加州面积约152万平方公里，是美国最大的州，占美国国土面积的1/5。该州多高山峻岭、湖泊，水上飞机可以降落在山岭湖泊、河流或海港，因此在阿拉斯加州，空中出租车就如同威尼斯的船一样普遍，是居民出行的主要交通工具。阿拉斯加州人口大约有60万，有轻型飞机15万架，平均每四人就拥有一架飞机。由于受到自身特殊地理位置和三面环海的自然环境的影响，阿拉斯加水上机场总体布局较为均匀，主要在沿海岸线、海湾、湖泊和陆上水面开阔的河流进行布局建设。例如阿拉斯加海湾、弗雷德里克海峡、布里斯托尔湾、诺顿湾、科策布湾、育空河、塔纳诺河、伊利亚姆纳湖、别恰罗夫湖、塞拉威克湖等区域均匀布局水上机场。

整体来看，美国私人使用水上机场数量多于公共水上机场，其中仅供私人使用的水上机场282个，面向公众开放的水上机场210个。但是阿拉斯加州情况相反，当地居民居住较为分散，水上飞机是实现当地居民通勤需求的重要交通工具，水上机场是重要的基础保障设施，公共水上机场数量远多于私人使用的水上机场，其中面向公众开放的水上机场有113个，仅供私人使用的水上机场24个。

（2）建设和运营管理

美国水上机场建设主要遵循FAA Advisory Circular Seaplane bases（以下简称150/5395-1）系列咨询通告，按照水上机场布局及相关设施标准进行建设。在FAA管理规定中，对于水上飞机运行安全相关问题约束较多，对于水上飞机飞行员着重强调安全培训，强调水上起降与陆上起降的差异性，编制了专门的水上飞机飞行员操作手册。

美国1999年11月19日发布的AC91-69A号咨询通告，对符合14CFR91

部的用于租赁的水上飞机安全问题提出指导性建议。包括起飞前的检查，对飞机浮筒漂浮状况确认；起飞降落前对乘客的简明指导语，包括水上救生装置、安全带的使用演示及指导等；水上紧急事件的救援及处理，包括当出现乘员落水导致低温症，如何提供紧急施救方法，同时也对水上飞机的水上救生装备做了规范要求。

美国水上机场经营管理体系发展得较为成熟。其所有权一般为政府、私人或企业所有，其中小部分为政府所有，大部分为私人或企业所有，并负责对其进行投资，以此供给专业的水上航空公司或私人使用，私人或企业所有的水上机场基础设施建设一般较为齐全。美国政府对水上机场建设也积极进行补助支持。据统计，有39个面向公众开放的水上机场被列入FAA的《国家一体化机场系统计划》（NAPIA），1992—2013年对水上机场投资补助约2600多万美元。

水上机场作为美国机场体系的组成部分，FAA对其建设运营进行指导和监管，FAA就水上飞机基础设施选址标准制定了指导性意见 *SeaplaneBases*（FAAAC150/5395-1A咨询通告）。同时，水上机场的监管机构也覆盖联邦、州、地方多个层级，包括FAA、美国运输安全管理局（TSA）、航道所有人和各州的航空主管部门等，监管涉及机场建设运营、飞机运营维护和环境影响等多方面。FAA的空中交通管理组织（A-TO）、航空安全局（AVS）、机场管理局（ARP）等多部门联合制定国家空域系统（NAS）管理、飞行员、运营商、机场认证以及安全监管的相关政策。

FAA在水上机场和水上飞机聚集区设立派驻办事机构，较有代表性的部门是飞行标准地区办公室和FAA安全组办公室，负责区内水上机场和水上飞机的安全合规运营，包括飞行试验、运营监管、举办地方安全研讨会和简报会等。FAA每年举办水上航空安全论坛，在缅因州、阿拉斯加州、佛罗里达州等地都举办过大量非正式安全简报会。

3.1.2 美国水上机场典型案例

(1) 美国阿拉斯加州水上机场

水上飞机的另一个重要用途是在某些地区从事定期客货运输业务，成为交通运输体系的重要组成部分。国际上，定期客货运航空公司是水上飞机运营主力军，其飞机使用率相对更高，普遍采用较昂贵的大型飞机。航空公司通常依市场需求提供定期航班服务，采用枢纽或准枢纽航线体系。机队规模较大的运营商充分利用当地点对点客流，选择主要人口中心作为运营基地，并在主要人口中心和偏远的中小型居民点之间开辟转接航班，或在中小型社区间的点对点服务满足客货运需求。

美国阿拉斯加州地广人稀，冬天严寒，地面交通不便，陆路出行成本高，该州三面临海，海岸线长，岛屿众多，很多岛屿居民的出行和日常生活用品补给均靠航空运输来实现。由于陆路交通并不发达，又没有大型机场，因此州内交通业对小型水上飞机的依赖很大。

2017年，阿拉斯加州约有60个社区得到了美国EAS计划的资助，补贴金额2134万美元，其中有16个社区主要靠水上飞机来实现对外连接，实现出行和日常补给。主要运营商有阿拉斯加航空公司（Alaska Airlines）、岛屿航空公司（Island Air）、阿拉斯加水上飞机公司（Alaska Seaplanes），采用的水上飞机也大多为经济型的海狸（beaver）或塞斯纳208等。

阿拉斯加州最大的水上运营基地在安克雷奇（Anchorage）的霍德湖（Lake Hood）。该水上运营基地是世界上最大、最忙碌的水上机场之一。在夏季高峰时段，单日起降最高纪录有800多架次，其繁忙程度甚至超过了旁边的国际机场，如图3-1所示。

该水上机场为一个半天然半人工的湖泊，呈哑铃状，两头水域较宽，中间窄，有四条可供起降的跑道，分别为4540×188米、1370×150米以及两条1930×200米，主要集中在北边的水域，如图3-2所示。

图3-1 Lake Hood水上机场实景图

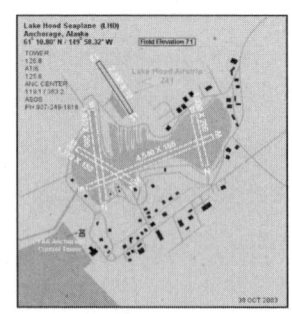

图3-2 Lake Hood基地的交叉跑道

除了私人飞机外，这里也有一些商用飞机起降，由于非常繁忙，机场还专门建有一个水面上的"控制塔"——水上小木屋。

机场停泊的水陆两用轻型飞机有些为私人拥有，大部分为私人经营的空中或水上出租车，提供外来游客搭机到各个岛屿去钓鱼，或到高山赏熊，或在空中旅游鸟瞰麦肯莱山的优美景色。

不少游客先到达安克雷奇国际机场，然后再转乘水上飞机去阿拉斯加其他地方。通常搭乘一次飞机每人的费用大约是550美元，且需至少三人方可成行，包机的费用则为每次1500美元。绝大多数的商用轻型飞机是二人或四人座，也不乏十人座的飞机。

Lake Hood水上飞机基地周围形成了运营维修的集聚区，进一步带动了周边更大范围的产业集聚和配套社区，满足飞行员、业主、相关技术人才等人员的居住商业配套需求。

（2）美国佛罗里达水上机场

水上飞机还能成为一个城市或地区发展的文化特色名片，并由此吸引相关业态的集聚，并最终形成具有水上飞行活动特色的城镇。美国佛罗里达的塔瓦里斯（Tavares）就是这种特色小镇的代表。

塔瓦里斯镇（City of Tavares）投资了近千万美元完善自己的水上机场，并给这个不到15000人的小镇起名为"美国水上飞机城"（America's Seaplane City），着力打造水上飞行文化。

塔瓦里斯位于佛罗里达州中部，人口1.5万，家庭年收入4万美元。城市的水上飞机基地位于多拉湖（Lake Dora），占地50亩（20公顷），水面的起降跑道为914×61米。该机场归属市政府所有，对公众开放，距市中心商业区仅1.85公里，如图3-3所示。

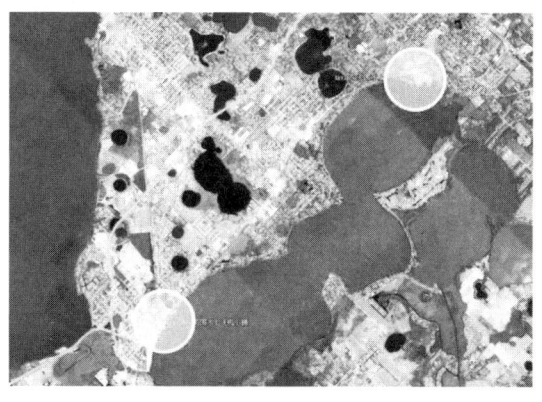

图3-3　美国塔瓦里斯水上飞机特色小镇

这个水上运营基地非常受欢迎,因此,塔瓦里斯也被称为"美国的水上飞机城市"。塔瓦里斯也乐意接受这一昵称,并且投资了近千万美元完善水上机场的基础设施,使其成为水上飞机爱好者的终极目的地,进而吸引高收入者前往城市消费,带动当地经济发展。同时,城市通过一系列社会事件和活动来提高城市的知名度,包括古董展、游艇展,也有许多与水上飞机相关的科普及文化消费场所。

3.1.3 美国水上机场的经验借鉴

美国水上飞机发展起步较早,水上机场的建设和运营已经形成了较规范的标准,并在不断的实践中对标准进行完善,形成了较成熟的水上机场建设和营运模式,我国水上机场建设标准也主要以此为依据参考设定。美国水上机场建设和运营的几点经验可供我国的荆门(湖北)漳河水上机场借鉴。

(1) 系统规划水上机场建设方案

美国的水上机场在建造前会进行合理的需求分析和规划,以保障水上机场建造的可行性和运营有效性。漳河水上机场在开发建设时也进行了需求分析和预测,进行科学合理的规划,以符合相关建设和运营要求,为机场的长久发展奠定基础。

(2) 遵循水上机场建设标准

美国水上机场建设标准包括水上机场选址、离岸设施、岸线设施、岸上设施、水上机场鉴定、建设规划等七个大主题,每个主题下又有不同的小主题,通过这种分类将水上机场建设可能涉及的各方面进行了规范的说明,明确了水上机场建设的各类数据标准。中国民航已参照美国的规范标准制定和颁发了水上机场建设技术要求,漳河机场的扩改建应符合行业规范,从空域、气象、水文等多方面考察以符合机场选址和建设的规范要求。

(3) 符合机场运营管理规范

美国水上机场分为公共机场和私人机场运营模式,且私人机场数量较多,可以满足不同人群的服务需求。美国的公共机场以及私人机场运营管理经验丰富,形成了比较成熟的体系,公共和私人水上飞机机场均按照相关法律法规和营运规范进行运作。因此,漳河水上机场建成后需符合我国水上机场运营管理规范，同时还可适当参考美国水上机场实践案例中有成效的运营管理模式。

(4) 精心营造航空文化

美国水上飞机除了作为交通运输工具外，还作为一种娱乐项目发展旅游业，以带动地方经济和城市知名度。漳河水上机场现状与塔瓦里斯镇参考案例相似，机场旁规划了一个飞机爱好者乐园——漳河爱飞客航空小镇，将打造拥有航空器研发制造与文化创意产业的国内外知名的通航文化聚集地、航空体验、休闲旅游中心。塔瓦里斯是水上飞机爱好者的终极目的地，吸引了大量高收入人群和旅游消费者前来游玩，成为当地一道旅游特色风景线，带动了地方经济和城市知名度。借鉴塔瓦里斯的成功案例，可以将漳河水上机场打造成为包含通航运输、旅游娱乐以及教育研究等提供多功能服务的现代水上机场，开拓丰富的营业项目有利于加快水上飞机民用度，提高市场知名度，营造水上飞机航空文化也将有助于我国水上飞机事业长久的发展。

3.2 加拿大水上机场建设和运营现状

3.2.1 加拿大水上机场总体情况

北美是全球水上机场发展较好的地区，加拿大水上机场数量虽次之，但独具特色、应用广泛。

加拿大国土面积约998万平方公里，860余个岛屿，人口3600余万，加拿大领土面积中有89万平方公里为淡水覆盖。由于加拿大地广人稀，水资源丰富，陆路交通较为不便，为了解决人们交通出行需求，水上飞机扮演着重要的角色，因而水上机场基础设施建设较好。

(1) 水上机场布局

根据加拿大航行公司（Nav Canada）网站和 *CANADA Water Aerodrome Supplement* 相关数据，加拿大共有321个水上机场（Water Aerodrome），并具有 TCLID 代码，NAV 公司为其提供航空情报和导航服务。加拿大的大部分水上机场面向公众开放，其中，面向公众开放的有203个，仅供私人使用的水上机场较少一些。加拿大共有11个省和地区建有水上机场，安大略省水上机场数量最多，有 108 个，不列颠哥伦比亚省水上机场数量次之，有 83 个。加拿大水上机场基本情况如表 3-1 所示。

表 3-1　加拿大水上机场基本情况

省份名称	水上机场数量（个）	不同使用性质的水上机场数量（个）	
		面向公众开放（PL）	仅供私人使用未对公众开放（PR）
阿尔伯塔省（AB）	3	3	0
不列颠哥伦比亚省（BC）	83	63	20
曼尼托巴省（M.B.）	21	19	2
纽芬兰与拉布拉多省（NL）	7	3	4
新斯科舍省（NS）	10	5	5
西北地区（NT）	20	9	11
努纳武特地区（NU）	3	1	2
安大略省（ON）	108	66	42
魁北克省（PQ）	50	21	29
萨斯喀彻温省（SK）	12	11	1
育空地区（YT）	4	2	2
总计	321	203	118

（2）主营业务

加拿大水上机场主要提供短途客货运输以及个性化的水上航空服务，面向公众开放的水上机场通常会进驻 1~2 家水上航空公司，依托水上机场，利用水上飞机开展诸多业务，具体如下：

A. 短途运输。水上机场建设具有便捷性和比较优势，可连接偏远地区和岛屿等陆上交通欠发达的地区，提供短途客货运输、摆渡飞行。

B. 商务出行和包机。水上机场可建设在城市中心水域丰富的地区，为加拿大城市的公商务旅客提供商务出行和包机服务。

C. 空中观光。水上机场可与旅游景点更紧密结合，水上航空公司借助水上机场提供空中观光服务，可以快速形成航空旅游市场。

D. 飞行培训。加拿大水上航空发展环境较好，飞行培训市场较大，每年数以千计飞行人员需要进行培训，水上机场为此提供相关服务。

E. 水上机场为航空爱好者提供飞行场地和保障服务。

F. 维修与托管。加拿大具有一定规模的水上机场均会设置维修设施和配备维修人员，为水上飞机提供维修服务，并且加拿大水上机场均提供水上飞机的托管服务业务。

G. 应急救援。加拿大水上机场承担着海上巡逻侦查、空中灭火支援、搜索与救援应急备降、航空医疗飞行等保障任务。

（3）建设运营情况

加拿大水上机场产权分为政府所有、私人或企业所有，大部分为私人或企业所有，供水上航空公司和私人使用，并且私人或企业所有的水上机场设施要优于政府所有的机场。例如温哥华国际机场水上基地的西码头产权为温哥华国际机场所有，供 SEAIR 水上飞机公司和私人飞机使用，候机楼为亭式建筑，设施简易，东侧码头为港湾航空公司所有，候机楼为两层建筑。温哥华港湾水上机场的西侧浮码头由港湾航空公司建设，中间及东侧浮码头由国际会议中心业主（Ledcor 建筑公司）建设，西侧浮码头的利用率要高于东侧码头。

加拿大水上机场设施通常较为简单，建设成本较低，同时占有较少的土地资源。水上机场和水上飞机的后期运营成本也较低，例如加拿大惠斯勒水上机场只有 5 个机场运营管理人员，实现一人多岗，节约了大量人力成本；港湾航空的飞行员除驾驶飞机外，还兼职配载、航前乘客须知播报、搀扶乘客上下飞机、解系缆绳、加油等工作。

3.2.2 加拿大水上机场典型案例

（1）温哥华港湾水上机场

温哥华的水上机场是加拿大最繁忙的水上机场，主要是固定和非固定航班的客运。这里的一个大运营商就是加拿大港湾航空（Harbour Air Seaplanes），主要负责温哥华及其周边海滨地区，其业务占该区域水上运营市场份额的 80%，也是全球最大的水上飞机营运商。目前，该公司拥有 50 多架水上飞机，年运送乘客总数达 40 万人次以上，高峰时期每天航班达 150 次。

温哥华水上机场位于温哥华市中心附近港湾，是港湾航空公司所使用水上机场中最大、最繁忙的机场，水面区域开阔。水上飞机运行区内运行船只复杂，大型货船、大型邮轮、小型船只等均在水上机场西侧码头停泊，如图 3-4 和图 3-5 所示。

图 3-4　温哥华港湾水上机场卫星图

图 3-5　温哥华水上机场飞机停泊栈桥

图 3-6　温哥华港湾水上机场停泊区

该机场有3个浮码头,最多可同时停放30架飞机,一般情况驻场飞机为13~14架。每块停泊区设两条甲板,中间设联系桥,具体如图3-6所示。

加拿大规定年起降架次6万及以上时需要设置管制塔台。温哥华港湾区域内通用航空的年起降架次超过6万,塔台位于岸上一栋高楼楼顶,由加拿大空管局指挥,塔台位置在162米高处,于1977年建设。该塔台配备有甚高频通信设备,引接了温哥华国际机场雷达及周边另一个雷达的终端数据用于指挥。该机场的天气标准为能见度3公里、云高150米;塔台管制范围为600米以下。在此区域运行的飞机要求安装C模式二次雷达应答机、采用卫星导航。

（2）加拿大维多利亚港湾水上机场

维多利亚是加拿大不列颠哥伦比亚省的省会城市,大都会区人口34.5万,市区人口仅有8万(2011年人口普查数据),水上机场位于维多利亚港湾内（见图3-7）。该机场运行量大,一般一年内有20天左右受大雾或大风恶劣天气影响,机场才会暂时关闭几小时。

该港湾内通用飞机起降频繁，除水上机场外，附近还有两个直升机起降点（其中一个属于海岸警卫队），2007年起降架次已达4.37万架次。因此狭窄的港湾内常有多架水上飞机同时运行，如图3-8所示。

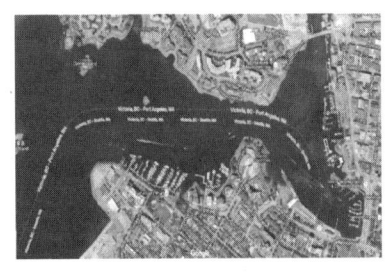 

图3-7　维多利亚港湾水上机场卫星图　　图3-8　维多利亚港湾水上飞机运行实景

维多利亚港各种船只和水上飞机活动非常频繁和复杂，为确保运行安全，交通运输部下辖的维多利亚港务局（同时具备水上和民航交通管理职能）联合多个单位共同研究制定了《维多利亚港交通方案》，明确船只和水上飞机的运行限制及使用规则，并设置了较完备的目视助航设施。为确保该区域内的运行安全，每月召开一次协调会或例会，该会议由维多利亚港务局牵头组织，参加单位有维多利亚港务局、空管局、港湾航空公司或肯摩尔航空公司以及维多利亚港务管理人（非营利组织，相当于维多利亚水上交通行业联合会），有时邀请海岸警卫队参加。

水上飞机在第一次使用维多利亚港起降前必须得到该港机场管理办公室的许可，未经许可不得在该港水面上起降。据称，因为有运行规则且管理较好，维多利亚港水上机场比温哥华港湾总部水上机场飞行难度小，与船的运行冲突较小，安全性有明显提升。

3.2.3　加拿大水上机场经验借鉴

加拿大政府对水上机场建设采取的是放宽式管理，政府的管理更加侧重于提供服务，如出台目视航图和水上机场资料汇编、划定低空空域、设置管制塔台等。加拿大水上机场的建设和运营经验可供漳河水上机场借鉴。

（1）合理规划水上机场

加拿大水上机场的市场需求大，各机场能够有序承运，可见前期规划合理的重要性。新建漳河水上机场之前，应科学地评估水上机场建设和运营的可行性，在符合相关建设和运营要求的基础上，合理规划机场建设方案，促进建设和营运的效益最大化，以实现水上机场可持续地运营。

（2）优化机场人力资源管理

加拿大许多水上机场在运营阶段实施的是一人多岗管理方式，因此可以为运营节省很多人力资源成本。漳河机场可以借鉴加拿大的这种人员分配模式，在一定程度上帮助控制运营成本，简化工作的烦琐性但又不降低工作质量。

（3）丰富机场业务项目

加拿大的水上机场除了提供传统的客货运输和旅游包机服务，还提供包括航空观光体验、飞行培训以及维修和应急救援等，丰富和拓展了机场的功能性用途，最大化机场运营的经济效益和社会效益。改造后的漳河机场是国内最大的通用机场，既可以行驶普通客运飞机，也可以行驶水陆两栖飞机，相较于其他普通机场可以提供更多样的服务。尤其是对于不用占据太多陆地面积的水陆两栖飞机，是一种新的节能型运输方式，若能够肩负更多责任，如应急救援、海上搜救等职责，也将有助于促进国内水上飞机事业的发展。

（4）预防和减少噪声影响

在飞机噪声影响方面，加拿大政府给予了适当的管理，如在机场图上注明了噪声敏感区位置，要求起降航线避开噪声敏感区，并对飞行高度、动力等做了详细规定。我国通用航空公司的水上飞机运行也会给附近居民带来噪声污染，因此，在我国的民用水上机场建设规范中可以借鉴加拿大的防噪声措施，如在环境允许的情况下，尽量从给居民带来噪声最小的方向起飞和降落；降落后尽量不使用反转制动等。由于漳河水上机场目前计划坐落在爱飞客航空小镇内，小镇范围内和周边可能会有居民区以及日常招待的普通游客，因此在运营中对噪声的防控和对公共安全的考虑将有效提高居民的宜居性和游玩舒适性以及安全性。

（5）保障水上交通安全

加拿大维多利亚港湾因为水上交通状况复杂且繁忙，为确保安全，政府专门研究出台了《维多利亚港交通方案》，在该方案中，划设了不同的区，规定了不同类型船舶和水上飞机的航线、航行区域及航行速度，禁止了一些会危害公共安全的行为，如飞行训练、使用帆板等。《维多利亚港交通方案》可以供漳河水上机场建设参考，对于起降频率较高或者水域交通密集的水上航运区域可以参考该相关规定，以保证公共水域的安全。

3.3 印度尼西亚水上机场建设和运营现状

3.3.1 印度尼西亚水上机场建设现状

印度尼西亚的 Part139VolIII 标准手册（MoS），改编自美国 150/5395-1 号水上机场咨询通告，提供了水上运行区、锚泊区及岸线设施的建造标准。因为水上靠泊设施通常被认定为机场，因此应该按照安全监管规则进行认证和注册。印度尼西亚现有两家注册水上机场，可供塞斯纳 208A 和加拿大哈维兰 DHC6 双水獭飞机起降。印度尼西亚水上机场水上运行区域布局如图 3-9 所示，锚泊区域布局如图 3-10 所示。

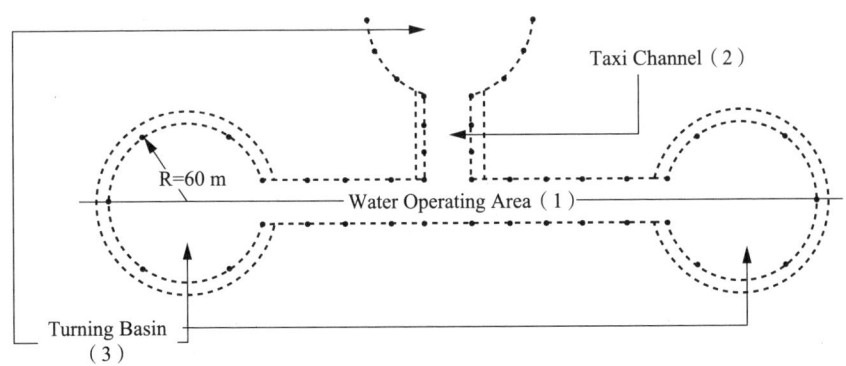

图 3-9 印度尼西亚水上机场水上运行区域布局

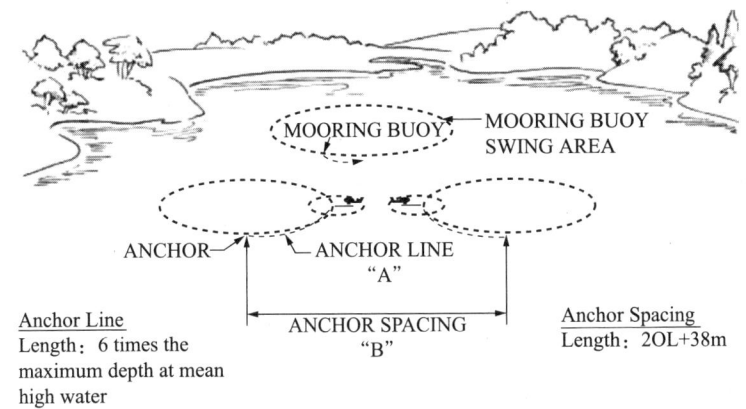

图 3-10 印度尼西亚水上机场锚泊区域布局

3.3.2 印度尼西亚水上机场建设经验借鉴

印度尼西亚在美国水上机场咨询通告的基础上,并根据本国的水上机场特点编制了符合本国水上机场建设规范的资料,规范资料对水上机场建设的相关标准和设备实施进行了阐述,为漳河水上机场建设提供了较好的经验借鉴。

(1) 规范水上机场建设

印度尼西亚水上机场建设的规范资料并没有美国咨询通告中的内容那么全面,但是却有针对性地在必要处进行详细介绍。印度尼西亚的水上机场建设要求主要包括术语、水上操作区域的尺寸规格、滑行道、岸线设施和配套设施五个方面,其中岸线设施又包括下水滑道、斜坡、固定码头、浮动码头、系泊浮筒、照明设备、风向袋等内容;配套设施包括停机坪、飞机库、消防设备、救援设备等内容,并对上述设施的建设标准进行了限定。我国目前构架的水上机场建设技术要求主要基于美国的咨询通告,并在此基础上逐渐补充完善,随着我国水上机场建设经验不断地积累,水上机场建设也越来越规范。漳河水上机场按照国家要求建设标准,并参考国外其他相关建设技术要求完善规范性并提高机场运营的安全性。

(2) 提高消防安全意识

印度尼西亚在水上机场建设方面比较注重消防安全方面的问题,为了有效应对在水上机场发生的突发事件,印度尼西亚在水上机场配备了相应的消防设备及救援设施。此外,还针对不同水上机场在面对不同类型突发事件时可能需要的消防设施不同,在水上机场配备了不同性能和规格的消防设备设施,这充分体现出了印度尼西亚在水上机场建设方面的安全意识较强。然而,我国虽然在水上机场建设规范中也加入了消防设施等配套设备来应对突发事件,但是并没有将设备进行有效分类和整合以便充分利用不同设备应对不同的突发事件,因此,漳河机场在扩改建计划中,可借鉴印度尼西亚的水上机场建设经验,提高水上机场建设安全水平以及对应急事件处理的高效性,以便更快更好更安全地发展。

3.4 马尔代夫水上机场建设和运营现状

3.4.1 马尔代夫水上机场建设现状

马尔代夫是水上航空业与旅游业有机结合的典范。马尔代夫的岛与岛之间并不相连，水上飞机是连接岛与岛之间的重要交通工具。岛上度假和旅游必须乘坐快艇和水上飞机，距离80公里以内的一般使用快艇，80~150公里的快艇与水上飞机都可提供，而超过150公里的只能搭乘水上飞机，平均每隔几分钟就有一架飞机起飞或者降落。

该国水上机场由TMA（Trans Maldivian Airways）和MAT（Maldivian Air Taxi）两家航空公司联合运营。为了解决由马累乘船前往度假岛屿用时长、旅途舒适性差的问题，1993年水上飞机运营公司MAT应运而生。TMA开始使用直升机服务于岛际交通，由于已有的直升机航空服务出现基建问题以及为了提供更优惠的服务，1997年开始引入水上飞机，并于1999年完成了全部机队向水上飞机的过渡。目前，两家公司合计拥有49架水上飞机，其中包括3架DHC-6-400系列飞机，每年飞行的航班超过10万架次，日载客2000人左右，平均客座率88%左右。

马尔代夫水上机场采用"一基地、多起降点"的布局形式，在首都马累紧邻马累国际机场布局水上飞机基地一座，其他岛屿布局水上起降点共65个，形成以水上飞机基地为中心，放射至各岛屿的轴辐式水上飞机航线网络，运行覆盖20~300公里的岛际距离。水上机场作为网络的核心，重点考虑与其他交通方式的无缝衔接，直接承担二次运输功能；水上起降点的布局以需求为导向，同时考虑实际建设条件的限制。

马尔代夫水上机场布局及停泊区分别如图3-11和图3-12所示。每个起降区设置停泊栈桥，可最多同时容纳5架飞机停泊待命。

图3-11 马尔代夫水上机场布局

图3-12 马尔代夫水上飞机停泊区

马尔代夫水上飞机不仅作为一种岛际的交通工具，更是一种高端观光、体验项目，可使用水上飞机开展摄影飞行、度假村转机、私人包机、远足、医疗转运等服务。同时，在水上机场建有A、B、C三座航站楼，包括 23 个贵宾休息室，为部分高端度假村游客、VIP 会员提供高端化、个性化服务。水上航空公司与度假岛屿签订合同，水上航空服务费用包含在度假岛屿的酒店费用中，机票与酒店捆绑销售。马尔代夫的水上飞机基地及起降点作为水上飞机服务保障的必要基础设施，为运送乘客往返于马尔代夫全国各地的岛屿创造了条件，提供了更快、更方便、更舒适的旅行方式，在该国旅游业发展中起到了关键作用。

3.4.2 马尔代夫水上机场建设经验借鉴

马尔代夫的水上机场建设主要是参照美国的咨询通告，并在此基础上视地区情况确定的航行资料，如明确了水上机场建设审批内容，划设了水上飞机起降区域，规定了水上飞机起飞着陆的方向等，对漳河水上机场建设具有较大的借鉴意义。

（1）审批水上飞机起降申请

马尔代夫规定开展水上飞机的起降活动时，需要当地航空当局进行审批，水上飞机不得在黄昏和黎明起降。在执行水上出租任务时，飞行员应向地面提供飞行计划信息，获得空中交通管制许可，水上出租车进入水上飞行区域前要与塔台联系。漳河水上机场可以参考该审批模式，确保机场运营的安全性，提高飞机起降安排的效率。

（2）划设水上飞机起降区域

在划设水上飞机起降区域方面，马尔代夫航空当局在马累国际机场附近划设了 3 个深航道作为水上飞机的起降区域，三条航道分别是北左/南右、北右/南左、东/西，根据当时的天气情况选择相应的航道。划定特定的起降区域可以有效避免水上航道碍航现象的出现，降低水上飞机起降过程中可能存在的安全问题。漳河水上机场目前建成区有划定的水上飞机起降区域，未来若拓建更大水域范围，可以借鉴马尔代夫水上机场标准，以保障水上机场航线的安全性和规范性。

（3）规定水上飞机起降方向

在水上飞机起降方向方面，马尔代夫相关部门规定水上飞机的起飞和着陆方向应尽量配合使用的跑道，北方左边的水上跑道不得抵港，南方右边的水上跑道不得离港。当水上飞机从北方入站时，航线要么是径向以东 020 或者径向以西 335；当水上飞机从南方入站时，航线要么是径向以东

160 或者径向以西 200。我国水上机场建设并没有严格地规定水上飞机的起降方向，主要是根据当时的风向由飞行员选择起飞和降落的方向，方向选择比较自主，缺少备用的水上跑道，当水上飞机的数量增多后，容易产生起降方向冲突的情况，这一点可以借鉴马尔代夫的做法，划设备用水上跑道，将水上飞机起飞与着陆的方向进行对应，降低水上飞机的冲突风险，提高水上机场的容量。

综上所述，美国在水上机场建设规范和标准方面做得比较成熟，加拿大、印度尼西亚和马尔代夫的水上机场建设方面在参考美国咨询通告的基础上，根据自身的国情及水域特点等实际情况构建了适合本国民用企业的水上机场建设咨询通告（或资料），在运行安全和服务保障等方面明确了各自的侧重点。各国的水上飞机的运营模式也在传统的运输功能的基础上拓展了旅游功能，丰富了水上机场的用途。随着水上飞机的发展，不论作为公共机场还是私人机场，丰富功能性对于自身发展以及经济发展都是必要的。以上各国尤其是美国的水上飞机建设与运营经验和模式对于漳河的水上机场的扩改建规划都极具参考价值。

当下，我国通航小镇模式还处在新兴发展阶段，打造运、游、娱、教等集多功能综合体的飞行小镇，最大效用地发挥现代水上飞机的功能价值，形成特色水上飞机文化体系，不仅可以打造独特区域旅游明信片，还将为我国水上飞机发展注入一针强心剂。

第4章 我国通航水上机场建设及运营现状分析

水上飞机虽然已经发展了 100 多年，在国外技术成熟、规范健全，但在我国民用水上飞机才刚刚起步。近几年，水上飞机通航发展迅猛，涌现出像美亚航空、幸福运通航、华彬通航、宗申天辰通航等一批水上飞机通航运营企业，先后在海南三亚、浙江舟山、广东番禺、广东珠海、上海金山、福建福清等地建设水上机场或起降点。

4.1 调研工作概况

针对水上机场建设现状和水上飞机运行安全风险等专题，综合运用问卷调查法、座谈会、个别访谈、现场观察等方法，武汉理工大学与中交二院联合制定了详细的调研计划，拟定了访谈提纲，并设计了调查问卷。调研期间，进行了广泛的座谈，座谈对象涉及幸福运通用航空公司、美亚航空公司、爱飞客俱乐部综合发展体公司、爱飞客发展有限公司、中航通飞公司的相关领导及水上机场基地建设相关人员。此外，在座谈的基础上，对这些单位的相关人员进行问卷调查和个别访谈，现场考察了番禺水上机场、三亚湾水上机场及漳河水上机场。调研情况如图 4-1 至图 4-8 所示。

图 4-1 幸福运番禺水上机场座谈会　　图 4-2 美亚航空公司座谈会

图4-3 与爱飞客综合发展体管理人员座谈

图4-4 与中航通飞公司领导进行座谈

图4-5 参观中航通飞水上飞机组装车间

图4-6 考察美亚航空三亚水上机场

图4-7 观察漳河水上机场锚泊过程

图4-8 体验水上飞机起降和飞行

4.2 我国水上机场建设及运营现状分析

4.2.1 我国水上机场发展的总体情况

我国低空开放政策的逐步落实，为通用航空产业的发展提供了机遇，通用航空被列入我国"十三五"发展规划，在规划期发展迅速。但是，机场资源严重不足仍然是通航产业面临的最大瓶颈。截止到 2020 年 6 月，我国通用机场数为 290 个、起降点数 187 个，其中获得民航局运营许可的仅 72 个，且大多地处偏僻，相比美国的 2 万多个通用机场，差距很大。在我国土地资源日益紧缺的今天，20 世纪 30 年代辉煌一时的水上飞机再次迎来了春天。水上飞机与其他固定翼飞机相比，不需要占用大量土地资源的陆地机场；与旋翼机相比，具有较高的经济性和安全性；与船舶运输相比，具有不可比拟的高速性。因此，在临海和水资源丰富的地区有着不可替代的地位和广阔的发展空间。

我国水上机场建设信息汇总如表 4-1 所示。可以预见，由于水上机场基本建设投入较少，其带来的产业增值、土地增值、通勤效益、旅游效益、海洋效应将数倍于本身的投资效益，不仅能有效地丰富综合交通体系建设，更将促进地方经济的发展。目前，国内水上飞机通用航空蓄势待发，在水上飞机数量、水上起降场数目、飞机起落架次及获批飞行线路数等方面都取得了较大进展。通过对美亚航空公司三亚水上机场的调研以及资料分析，总结问题及经验，为我国水上机场的建设与运营提供借鉴。

表 4-1 我国水上机场建设信息汇总

使用状态	水上机场名称	级别	水上跑道	停机位及满足机型
已建成	荆门漳河机场（水上起降场）	A1	3000m	28 机位，满足西锐 SR-20、小鹰 500 等飞机的起降要求
	上海金山（幸福）水上机场	A2	1450m×150m（05、23 两个方向）	4 机位 70m 码头，满足 U650
	三亚水上机场		直升机、水上飞机飞行的低空观光区有 4976.73km²	美国罗宾逊 R44 雷鸟Ⅱ型直升机、塞斯纳 208-6755 水上飞机、双水獭 DHC-6 水上飞机等
	广州番禺水上机场			塞斯纳 208B 水上飞机
	苏州澄湖通用机场	B 类	570m×60m	国产风羚号水上飞机
	信阳光山龙山湖机场	其他类	1200m	无人机、热气球、动力伞、轻型通航飞机等

续表

使用状态	水上机场名称	级别	水上跑道	停机位及满足机型
在建中	成都（金堂）通用航空机场	飞行区等级2B	800m	24机位
	江苏镇江大路水上机场		1400m×100m	塞斯纳208B和双水獭等水上主力机型
	嵊泗水上机场（机场预计2022年建成）		1400m×100m 1200m×50m	大棕熊100或塞斯纳208B
	福清通用机场（2015年获批）		1200m	塞斯纳208B
	南宁伶俐水陆两用通用机场	飞行区等级1B	1000m×100m	
其他	上海临港航空飞行营地		800m×30m	M2、三角翼等机型
	北海富丽华酒店—涠洲岛西北角中石化码头航线			塞斯纳208B

4.2.2 三亚水上机场的建设及运营分析

（1）美亚航空水上飞机通航发展概况

美亚航空在三亚建设了我国的第一个民用水上机场，其经验可供后来者借鉴。水上飞机引进相对简单，但是，我国对水上飞机的机场及基地布局与建设的经验不足，并且缺乏在水上飞机项目运营方面的规章。随着低空管理改革开放的启动，2011年1月，美亚航空提出开创我国民航水上飞机航空旅游的想法。为此，其先后派工作人员到马尔代夫、加拿大温哥华、美国西雅图等地调研学习，收集有关于水上飞机的信息资料，学习调研设计我国通用航空与旅游、通用航空与短途运输的商业模式，先后带领团队完成水上飞机操作手册、水上飞机课程手册、水上飞机飞行教员指南、水上飞机安全操作、水上飞机飞行员准则、水上飞机基地建设咨询通告的翻译，将翻译的各类手册资料印刷后，送到民航局各相关司及合作单位，向技术主管单位汇报水上飞机项目在我国实施的可行性。

经过长达一年的解释与促进，项目获得民航局运输司、国家海事局、三亚市委、海军航空兵部队、民航中南地区管理局、民航三亚监管局、民航三亚空管站的支持。2012年12月，我国第一个水上飞机机场在三亚市建设完成，先后取得军方水上临时起降点、空域的批准以及民航飞行程序的批准，2013年5月实现了我国民用水上飞机的首飞。

2016年8月，荣盛发展下属公司控股子公司荣盛康旅投资有限公司与晋铎美业（北京）投资公司等签订了《美亚航空项目合作协议书》，公司将通过直接收购、由甲方回购再转让等方式，取得美亚航空控股有限公司（简称"美亚航空"）100%的股权，并分别间接取得美亚航空控股子公司美亚旅游航空有限公司、美亚航空旅游（海南）有限公司74%、80%的股权。上述交易涉及金额6.25亿元，占公司最近一期经审计净资产的3.03%。荣盛发展认为，中国的通用航空产业未来发展空间巨大，即将进入行业的爆发期。同时，通过介入通用航空产业，也能和公司正在积极推进的"大健康"板块中的旅游、休闲等形成良好的协同，加速该板块的快速成型。荣盛发展称，美亚旅游航空有限公司作为经中国民用航空局（CAAC）批准成立的甲类通用航空公司，也是中国首批将通用航空与海岛旅游相结合的公司，在海南岛及周边区域拥有18条经批准的航线，经过多年发展已经有了较好的基础。收购美亚航空后，荣盛美亚航空还计划向航空制造业发展，在合肥建立航空制造类企业。

荣盛美亚航空以三亚为主运营基地，面向海南全岛、西沙群岛等岛礁提供高品质的航空体验，满足高端群体个性化旅游和商务需求，现有19条航线，并提供私人定制飞行。已经获批建设美亚三亚水上机场、美亚万宁水上飞机中心、南山水上飞机起降点、亚龙湾水上飞机起降点等，并正在将飞行领域拓展至南海岛礁，打造更大的飞行网络。

（2）三亚水上机场的建设情况

①三亚水上机场的选址

2012年，美亚旅游航空有限公司提出利用三亚周边海域及内海，建设国家级水上飞机综合试验基地，对水上飞机运营进行全方位试验。以塞斯纳208和DHC-6为主。项目建成后，主要进行航空旅游公务飞行及通勤飞行，同时又可为社会提供紧急救援、通航作业等飞行服务。美亚公司水上机场主要分布在三亚湾、羚羊礁、鸭公岛、万宁、西沙岛等地。主要航

第4章 我国通航水上机场建设及运营现状分析

线包括三亚到羚羊礁、三亚到鸭公岛、万宁到羚羊礁、万宁到鸭公岛。

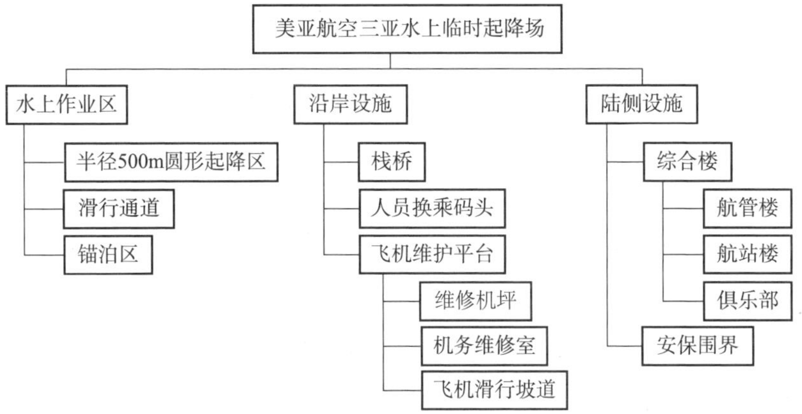

```
                    美亚航空三亚水上临时起降场
        ┌──────────────┬──────────────┐
      水上作业区        沿岸设施         陆侧设施
        │                │                │
    半径500m圆形起降区    栈桥           综合楼
        │                │                │
     滑行通道        人员换乘码头        航管楼
        │                │                │
      锚泊区         飞机维护平台        航站楼
                         │                │
                      维修机坪          俱乐部
                         │                │
                      机务维修室        安保围界
                         │
                      飞机滑行坡道
```

图 4-9 三亚水上起降场项目总体布局构成

②水上机场项目工程设计

A. 总体规划

关于水上机场的规划与建设，国内目前尚无正式的指导材料，主要参考 150/5395-1，将其划分为水上作业区、沿岸设施和陆侧设施三大部分，如图 4-9 所示。其中，水上作业区包括水面操作区、滑行通道和锚泊区，沿岸设施包括栈桥、人员换乘靠泊设施和水上飞机维护平台，陆侧设施包括综合楼及安保围界。

B. 水上作业区

a. 水面操作区

美亚航空研究国外标准和相关文件，并赴加拿大、美国、马尔代夫等水上飞机发达国家和地区考察，获知水上机场起降区为某一固定区域，不同于陆上设置的某条固定方向的跑道，水上飞机运行时根据实时的风向，尽可能在划定的起降区域内选择逆风起降。因此，在不影响船只通航及海事部门已经划设的锚区的前提下，尽可能将水上操作区划设为圆形。水上机场规划的操作区为中心点 1954 坐标（N18°15′19″，E109°28′49″）、半径 500 米的圆形水域（见图 4-10）。

b. 滑行通道

滑行通道应提供飞机可以直接进入到滨岸设施的入口。结合飞行程序及机场净空要求，本项目连接靠泊设施和水面操作区的滑行通道长 1280

米、宽50米。

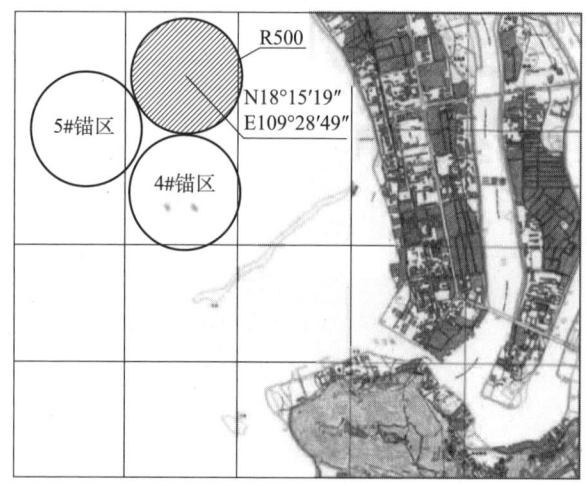

图4-10　水面操作区

c. 锚泊区

锚泊区应能最大程度地起到保护飞机的作用，防止飞机受到高风和大浪的损害。在一定程度上，锚泊地位置应在飞机靠近浮标的操作过程中不进行任何限制。锚泊地位置与漂浮靠泊设施或者坡道之间的距离应在视线范围和呼叫范围之内。

d. 海上浮标

水面操作区内每隔约50米设置一座桔黄色海上浮标，根据国外水上飞机运行成熟经验并结合三亚湾具体环境情况，材质采取普通泡沫塑料，为长60厘米、宽40厘米、高30厘米的长方体状，外罩桔红色防水布，下面采用水泥锚定位。

C. 沿岸设施

a. 栈桥及平台

固定栈桥长165米（陆域15米、海域150米）、宽3米，采用下承钢结构，两侧设栏杆，栏杆高度为1.05米。上部结构及下部基础结构均用钢轨进行焊接形成，桩柱间距5米，桥面铺设防腐木板。固定平台长50米、宽6米，采用下承钢结构，四周设栏杆，栏杆高度为1.05米。上部结构及下部基础结构均用钢轨进行焊接形成，桩柱间距5米，平台面铺设防腐木板。栈桥和平台分为若干段,分段之间通过焊接连接。栈桥及平台所受最大载荷按1300公斤/平方米计算。

b. 漂浮靠泊设施

漂浮靠泊设施随着波浪摆动而摆动,无论是在水位变化细微还是水位变化明显的水域都能达到满意的效果。漂浮靠泊设施用于系泊2架或更多飞机,又被称为"浮靠泊设施"。漂浮靠泊设施设计供4架塞斯纳208系泊,长40米,设计吃水线长38.30米,型宽12.00米,型深1.50米,设计吃水0.60米,肋距0.50米［见图4-11(a)］。浮靠泊设施四周布置橡胶轮胎,用于缓冲水上飞机靠近靠泊设施时所产生的冲击力［见图4-11(b)、图4-12］。每个机位设置飞机缆绳桩、油枪、手持式泡沫灭火器、自来水、救生圈及环保箱(见图4-13)。

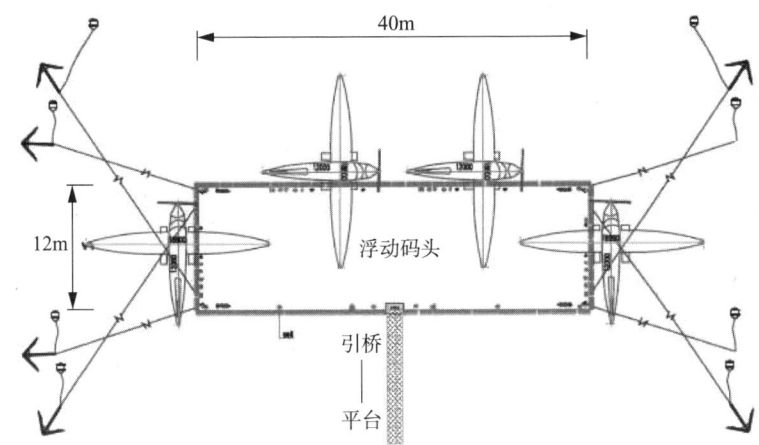

图 4-11(a) 漂浮靠泊设施平面布置

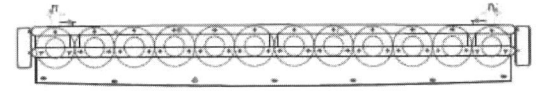

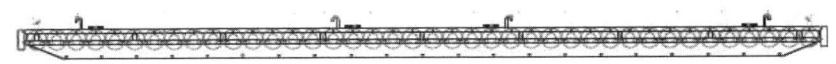

图 4-11(b) 平台四周轮胎布置

 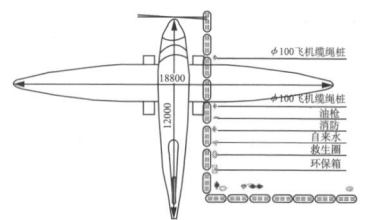

图 4-12　三亚湾水上机场浮靠泊设施　　图 4-13　靠泊设施泊机位置配置

D. 飞机维护平台

三亚水上机场位于三亚湾沿海区域，地址在光明街路口，毗邻凤凰岛，可谓是寸土寸金，新征土地难度很大，因此考虑在近岸部分设置海上固定平台，作为水上飞机维护平台，设置维修机坪、下水道、机务维修室等。平台尺寸 40 米×50 米，机务维修室 50 平方米，设置滑行坡道和 20 米长的人员栈桥（见图 4-14）。

图 4-14　近岸飞机维护平台效果图

③水上机场程序设计及运行风险

美亚航空水上机场起落区域为划设的半径 500 米的圆形水域，但由于距离某军用机场和民航三亚凤凰机场较近（分别为 6 公里和 11 公里），必须考虑相互之间的影响，起飞与着陆方向设计尽可能与两个已经存在的机场保持一致或相近，或在此基础上根据实际情况调整。

虽经过反复调整，但存在以下运行风险：第一，向东进离场与凤凰 RWY26 传统离场程序在飞行高度上潜在冲突较大；第二，向西进离场与凤凰 RWY08 传统离场程序在飞行高度上潜在冲突较大。

（3）三亚水上机场的运营情况

荣盛美亚航空是国内首家以水陆两栖飞机为主力机型开展航空旅游运营的通用航空企业，国内唯一同时拥有 91 部及 135 部运行资质的通航单位，也是唯一开通三亚—三沙航线的水上飞机公司。

公司总部设在中国国际旅游岛海南省三亚市，荣盛美亚航空水上飞机的正式运行，有效带动了我国通用航空旅游产业的发展，打造海南本地高端品牌，促进地方经济发展。水上飞机项目不仅增强海南全岛各景区的游客投放能力，提升海南旅游整体品质，还可服务于政府行政保障、海事救助、应急救援、海洋维权。

三亚湾水上通用机场属于荣盛美亚航空公司，如图 4-15 所示；其趸船码头长 40 米，宽 16 米。该公司有两架 C208 水上飞机，如图 4-16 所示水上飞机正停靠于趸船；图 4-17 是傍晚的趸船码头，图 4-18 是夕阳下的过桥。

图 4-15 三亚湾水上通用机场

图 4-16 水上飞机靠泊

图 4-17 傍晚的趸船码头

图 4-18 夕阳下的过桥

自运营以来，荣盛美亚还积极顺应国家通航发展大趋势，按照"立足海南，辐射全国，拓展国外"的战略思路，积极在海南的"万宁"、庐山的"西海"、武汉的"洪湖"、洛阳的"吉利"以及海外的文莱进行布局，全力打造"海天一色"旅游度假新方式，缔造通航产业新品牌。

三亚水上机场为"旅游观光+"模式，荣盛美亚航空为国内这一模式的先行者。在水上飞机中心运营方面，三亚在2018年已有2架4人座美国罗宾逊R44雷鸟Ⅱ型直升机，2架塞斯纳208-6755水上飞机，并已开展准备购买美国贝尔206L-4型直升机的申请工作，采购的5架19座的双水獭DHC-6水上飞机也陆续交付使用。荣盛美亚航空现已开通19条观光航线，其中定线飞行30分钟的西线天涯海角之旅可沿途观赏"鹿回头"、凤凰岛、东岛、西岛、天涯海角、南山等景点；东线热带风情之旅可观赏蜈支洲岛、亚龙湾、大小东海、"鹿回头"、凤凰岛等景点。飞往西沙、海口、北海、湛江等17条航线均为包机服务。西线天涯海角之旅2000元/人，东线3000元/人，其余17条包机服务航线为3万元/小时，包机全程旅行一般为88800架/次，每架飞机可坐5人，由三亚至西沙包机来回1小时，费用为6万至9万元不等。

美亚航空业务也包括应急搜救，近年来，荣盛美亚航空分别与海南省海事局、三沙市政府、三亚市海事局、海南省应急办、三亚市应急办等部门签署应急保障协议，先后完成了2013年"9.29南海大搜救"、2014年"琼琼海03188"重病渔民救助等搜救任务，2017年参加西沙海上应急演练，2018年荣获"海上搜救先进单位"称号。2020年6月24日，海南省海上搜救中心紧急致函调派荣盛美亚航空调派水陆两栖飞机参与搜救"琼儋渔31209"渔船，荣盛美亚航空正与三亚市政府洽谈合作，参与海南及周边南海区域的应急搜救活动（见图4-19）。

图4-19 "琼儋渔31209"渔船搜救

（4）三亚水上机场的经验借鉴

在2011年8月，三亚水上机场项目开始前，美亚旅游航空有限公司即获得甲类通航筹建资质，是当时亚太地区首家以运行水路两栖飞机为主的通航企业，为水上机场建设提供了基本资质保障。

①开发航空旅游特色服务

2012年3月，美亚航空开启三亚水上飞机商业运营项目，计划在三亚市开展8个商业运营项目，其中包括5个航空服务项目和3个文化体育项目，5个航空服务项目为：水上飞机旅游观光与旅游摆渡；出租飞行、公务飞行、飞机托管业务；中国首家飞机销售6S中心；国际私人飞机会员俱乐部；针对高端私人驾照培训的飞行培训学院。被收购后，荣盛美亚航空水上机场业务仍然以观光旅游为主，抓住三亚自然资源丰富、景色优美、年可飞行日及可供空中游览景观的时间为中国之首等对发展通用航空产业极为有利的特点，打造海陆空立体化的航空旅游服务体系。

荣盛美亚航空将旅游与景观的理念贯穿始终，建设了由岸边伸向海中的一条长长的通道，白色的钢结构，上铺木板，通道尽头设置旅客茶歇区域，再利用成品钢制坡道让旅客下到漂浮在海水中的平台。水面平台既可以供飞机使用，也可以供船舶使用。通过合理的商业策划，并通过各种方式打造出水上飞行的文化，在选址、规划与设计阶段考虑了景观因素，参考并结合游艇，最大化地提升娱乐价值。从三亚水上机场项目运营的历史可以发现，获得甲类通航筹建资质是水上机场项目能够开始建设的基本保障，而充分利用旅游资源和通用航空政策，在中国低空空域管理改革试点区域海南建设水上机场与起降点，在建设初期就与旅游业结合，将自身主要业务定位为航空旅游，成为三亚水上机场能够成功运营的重要因素。

②重视保护自然生态资源

三亚水上机场建设时没有进行大量填海造地，三亚水上机场岸上分别设置有办公楼和候机楼，除必要设施外，飞机燃油供给维修等都在凤凰机场进行，没有占用太多土地资源，最大限度减少了对海洋生态的破坏，是三亚实现从陆地经济向海洋经济发展的重要推手。

③充分发挥应急救援优势

水上飞机相比直升机，在应急救援中更占优势，直升机进行救援时需要保证人在清醒状态下，有能力为自己做系扣安全带等登机前准备工作。而一般紧急情况下，人多半是晕倒或昏迷状态，此时相较于直升机，水上飞机则方便许多。

荣盛美亚航空认为充分发挥水上飞机的救援优势还可以从以下三个方面开展：一是将水上飞机作为游轮的基础应急救援配套设施，在游轮航行中若有人出现紧急情况需要救援，可派遣水上飞机前去固定游览点进行救援活动，不必让整个游轮所有游客都返航或更改航线。此外，相较于直升机的高噪声、高价格，水上飞机性价比更高，作为基础配套设施更为经济；二是与休闲渔业合作，作为休闲渔业的应急保障体系之一；三是在大型河湖区域提供应急救援服务，虽然水上飞机由于海上浪高与自身浮筒吃水限制，不能随意在任意海面起降，但河湖水浪较低，可以为起降提供条件，有了水上飞机的加入，河湖的应急救援将更加高效便捷。

此外，荣盛美亚航空公司还认为应该积极利用水上飞机在南海的优势，作为备战和应急的工具，与政府合作，将水上飞机作为海上巡查的交通工具。目前海上巡查多使用直升机，噪声达到 70~80dB，而水上飞机噪声小，除噪声方面，水上飞机相较于直升机更为经济便宜，故荣盛美亚认为与政府合作，提供海上巡查服务也是一条很有前景的发展路径。

4.2.3 上海金山幸福和舟山嵊泗水上机场的建设与运营

（1）幸福航空水上飞机通航发展概况

幸福航空控股有限公司是中航工业集团直属子公司，负责航空运营唯一的主平台，主要经营运输航空、通用航空、航空产业投资等业务。幸福控股近年积极发展水上飞机产业，构建水上机场网络，现已在上海金山、浙江舟山、福建福清初步建立起辐射江浙沪及东南沿海区域的水上机场项目，并同步建立辐射广东珠三角以及云南的水上机场网络。

幸福航空控股的目标是打造全球规模最大的水上飞机运营公司，也是全球规模最大的通用航空公司。目前，幸福航空已经拥有 40 架塞斯纳 208 水上飞机，规划要达到 150 架塞斯纳和 50 架运 12 水上型飞机的规模。为了与机队的规模增长相匹配，幸福航空控股有限公司不仅将在全国重要城市、旅游景点建设水上飞机场和起降点，其中包括经济发达的一线城市，直通港澳包机航线，以及面向东南沿海、北部湾乃至三沙诸岛的旅游观光航线，幸福航空还计划在东三省布局建设适合冬夏两季运行的水上/雪上飞机运营网络。水上飞机机场将作为全国"县县通"通用机场布局的重要补充，力争在全国东部沿海地区实现半径 300 公里范围内都有水上机场，搭建一小时经济生活圈,助力国家蓝色海洋战略,服务政府公务需要,成为国家应急救援保障系统的重要组成部分。

(2) 上海金山幸福水上机场的建设及运营

幸福航空有限公司旗下上海金山通用航空发展有限公司于2019年7月获得了民航管理局颁发的上海金山水上机场A类许可证。上海金山水上机场为A2类通用机场,水上运行区长1450米,宽150米,具备4个陆上机位、上岸坡道以及70米长的水上飞机停靠码头,满足U650等机型,航线覆盖至千岛湖、普陀山、嵊泗等地,承接水上飞机及无人机开展应急救援、通勤运输、旅游观光、海洋巡察和飞行测试等业务活动。

在水上机场的运营方面,幸福通航作为国内唯一一家运营塞斯纳208B水陆两栖飞机,并且具有CCAR-91、CCAR-145、CCAR-135全资质的运营商,拥有航空基础设施建设及托管运营、航空器托管、商务包机、航空器销售、医疗转运、航空培训等业务。

①上海金山幸福水上机场的选址

上海金山幸福水上机场位于上海市市辖区金山区沪杭公路7741号,原为金山卫海上客运站,水上运行区长1450米,宽150米,具备4个陆上机位、上岸坡道以及70米长的水上飞机停靠码头。2014年6月,幸福航空控股有限公司与上海市金山区新城管委会签约合作,签订《关于在金山区开展水上飞机运营项目之合作协议》,上海金山水上飞机项目正式启动。

②上海金山幸福水上机场岸上设施建设

金山幸福水上机场以既有建筑物改造的形式建设了一个航站综合楼,楼内流程简单,室外存在隔离围界,室内通过手持安检机进行安检。在视线较好的临水岸边设置了一个集装箱观测站,放置了电脑、通信与测量仪器,三面设置了玻璃窗,实现目视观测的功能,且只在有飞行需要的时候才会使用。供油方面,该水上机场不设置加油设备,在其他起降点加油,每次加油均需带出返程的用量。

上海金山幸福水上机场贯穿了以通勤运输为主的集约设计理念,根据现场要求请相关厂商进行定制,码头方面的相关要求与船舶并没有差别,甚至可以水上飞机与船舶同时使用。其在水面只设置了一条漂浮平台,从岸边直接通过坡道进行连接,整个成品价格在500万~600万元。具体见图4-20、图4-21。

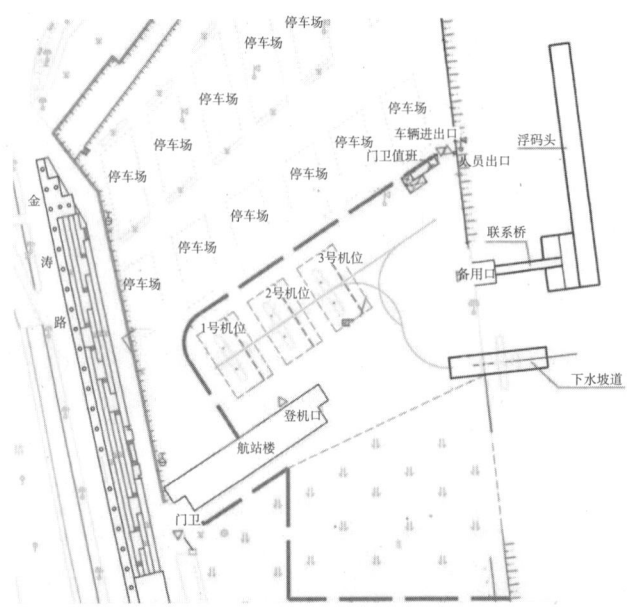

图 4-20　上海金山水上机场岸上设施示意图

图 4-21（a）　上海金山水上机场候机楼　　图 4-21（b）　上海金山水上飞机上岸航道

图 4-21（c）　上海金山水上机场乘客
　　　　　　　上岸通道

图 4-21（d）　上海金山水上机场
　　　　　　　浮动式码头

③上海金山幸福水上机场的运营

上海金山水上机场隶属于幸福运通航旗下,幸福运通航是国内第一家运营点对点水上飞行的公司,于2015年1月通过了民航局华东监管局验证飞行,通过协调舟山地区空管局和军区航管处,开通了舟山—嵊泗和舟山—东极岛—嵊泗2条通勤航线,同时提供4条空中游览航线。未来,将积极尝试开通上海、杭州、湖州、苏州等城市的通勤线路,着力形成水上航线网络。

上海金山水上机场承接水上飞机及无人机开展应急救援、通勤运输、旅游观光、海洋巡察和飞行测试等业务活动。目前的航线目的地是嵊泗和舟山,票价初定是每座500元左右,原计划2015年内引进15架水陆两栖飞机,并在5年内提供50条航线,在长三角形成短途航空出行圈(见图4-22)。

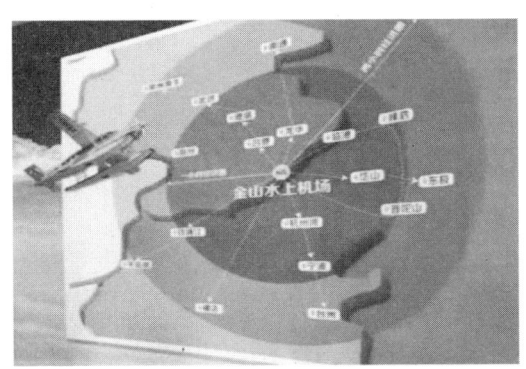

图4-22 上海金山水上机场航空出行圈示意图

④上海金山幸福水上机场的经验和教训

A. 可供借鉴的经验

上海金山幸福水上机场以通勤运输作为水上飞机的主营业务,以通勤工作人员为主要客户群体,在选址、规划与设计方面考虑了通勤交通因素,选择上海金山作为中心向四周发散航空通勤圈,并在通勤运输基础上结合私人定制运输、货物运输、特色飞行体验、驾驶教学培训等功能,形成完善的运输体系,实现运营与收益。在项目建设初期,考虑在保障通勤能力的同时提前计划未来的扩充发展,对岸上设施的建设按相关程序和要求进行,对停车位等辅助设施的建设也具有预见性。

B. 需要吸取的教训

2016年7月20日,幸福运通航B-10FW飞机在执飞上海金山—舟山航线起飞过程中发生事故，飞机上有 1 名机长、1 名副驾驶、8 名乘客，事故造成 5 死 5 伤。据调查，事故原因主要有：飞行员选错起飞方向、飞行员飞行经验不足、水上机场的应急反应程序（ERP）效率不高。从此次事故中可以总结出如下经验教训：

a. 增加飞行标识规范操作程序

在事故当天，飞行活动安排了两架水上飞机，第一架从码头滑出朝 220 度方向起飞，第二架在水面转了几圈后，于起飞 10 分钟后撞上大桥。根据水上飞机的飞行轨迹，飞行员误判方向为最主要的致因因素。如果在飞行区域设置更多飞行标识以便飞行员清晰判断自身位置，在起飞滑行前设定标准操作程序，让飞行员在指定位置和路线滑行，并明确合理分配驾驶员与副驾驶的注意力，充分关注仪表信息与外部情况，就可能极大程度地防止事故发生。

b. 加强驾驶员资质管理

事故中的机长年仅 24 岁，于此次飞行前三年拿到飞行商照；于此次飞行前一年考取水上等级；副驾驶 32 岁，于此次飞行前一年考取水上等级。而参考加拿大港湾航空的要求，从事商业飞行的机长水上飞行的经历严格控制在 1000 小时以上，而金山幸福水上机场当年整体飞行时间不过数百小时，平均每个飞行员年水上飞行时间不过 20 小时。所以驾驶员的资质与经验是保证安全飞行的必要前提。

c. 设置高效应急反应程序

在事故发生后，5 人自行从机舱中爬出逃生，其中 4 人轻伤，1 人重伤；而另外 5 人未能及时逃生，全部不幸遇难。在短时间内高效的应急反应程序能够及时挽救性命。在水上机场投入运营前，如果有高效的应急反应程序，提前定期进行应急演练，充分准备救援设备，加之经验丰富的救援人员，就能有效降低事故伤亡率。

（3）舟山嵊泗水上机场的建设与运营

幸福运通用航空公司嵊泗水上飞机起降点作为舟山范围内首先建设的起降点，于 2014 年 5 月开始开展前期工作，按照《华东地区通用机场建设与使用许可管理暂行办法》中 C 类通用机场标准规划建设该起降点，并参考美国联邦航空局关于水上机场建设的咨询通告，将水上飞机起降点所需水域划分为：起降操作区域、转向区、滑行水道和浮动平台。其中，根据新中心渔港水域净空情况，水上机场起降操作区域设定为南北向，水域长1200米，宽100米，面积0.12平方千米。幸福运通用航空公司预计开通一条每周3~4班"舟山—德清"的往返通勤航线，试运行票价200元，并将在2022年建成嵊泗水上机场。未来，将积极尝试开通上海、杭州、湖州、苏州等城市的通勤线路，着力形成水上航线网络。具体见图4-23、图4-24。

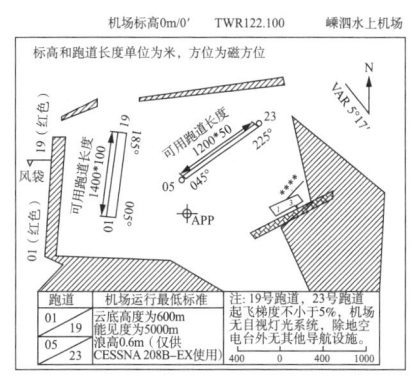

图4-23 嵊泗水上机场示意图

图4-24 嵊泗水上起降场

4.2.4 广东番禺水上机场的建设与运营分析

（1）幸福运通用航空公司水上飞机通航发展概况

幸福运通用航空有限公司是2015年9月在广东省广州市番禺区注册成立的有限责任公司，注册地址位于广州市番禺区石碁镇岐山南路10号首层114（仅限办公用途）。其在广东番禺、广东韶关、广东潮州实现了首飞，在广州番禺等地兴建了水上机场。规划在10年内，以广东省为中心首先建设20个水上机场，逐步在全国布局并完成100个水上机场的建设。广州市番禺区水上机场项目为幸福运通用航空有限公司在广州的第一个水上机场项目。幸福运通航的主要运营业务包括通航包机飞行、空中游览、航空摄影、飞行驾驶执照等。

幸福运通航作为中航工业集团旗下幸福控股全资子公司，是发展通用航空水上飞机业务唯一主平台。2015年广州、韶关、潮州三个水上机场飞机成功首航，是幸福运通航在广东省发展的第一步。2017年12月，幸福运通用航空有限公司与赛里木湖管委会在博乐签订了战略合作协议，标志着新疆水上通用航空项目正式启动。2017年12月10日，幸福运通航有限公司番禺水上基地首个"开放日"由两架塞斯纳208B水陆两栖飞机，每架每次承载着 8 名乘客，进行 20 分钟的飞行体验。

2018 年 1 月 1 日上午 10 时许，随着两架塞斯纳 208-675 型水陆两用飞机在海口秀英港 1 号码头水上飞机临时起降场先后起飞，海口水上飞机空中游览航线正式开通试运营。海口水上飞机空中游览航线由海南港航控股有限公司与幸福运通用航空有限公司共同合作筹建，于 2017 年 7 月开展验证飞行，10 月进行体验飞行，已获得民航局的专家验收和部队空管单位的批准。海口水上飞机试运营期间，主要提供两项旅游产品：空中瞰海口观光线和私人定制包机路线。其中空中瞰海口观光线为固定航线，私人定制包机路线在允许飞行的空域路线内，根据客户需求私人定制飞行体验路线。2018 年 10 月，幸福运通航与北海通航在北海银滩举办首航仪式，广州首架水上飞机塞斯纳 208B 成功首飞。2018 年 11 月 26 日上午，幸福运通用航空有限公司与海南海峡航运股份有限公司、北海通航有限公司共同签署了《海口至北海水上飞机航线项目合作框架协议》，三方将致力于打造北部湾城市群通勤航线及配套通勤产业。2018 年 12 月完成了"海口秀英港—广东番禺"航线的飞行验证。

(2) 广州番禺水上机场的建设情况

①番禺水上机场选址

广州市广东番禺区水上机场位于广州市番禺区石基镇前锋村的外江滩地，市桥水道左岸（见图 4-25）。水上机场码头岸线总长约 273 米，岸线走向 0880~2680。使用岸堤下滩涂作为岸上建筑区，岸线与原岸堤基本平行，距离约 48 米，沿岸线布置三座浮式日字型码头和一个拖机道（见图 4-26），码头前沿前方水域布置一条水上飞机跑道。

图 4-25　番禺水上机场与游艇码头相邻

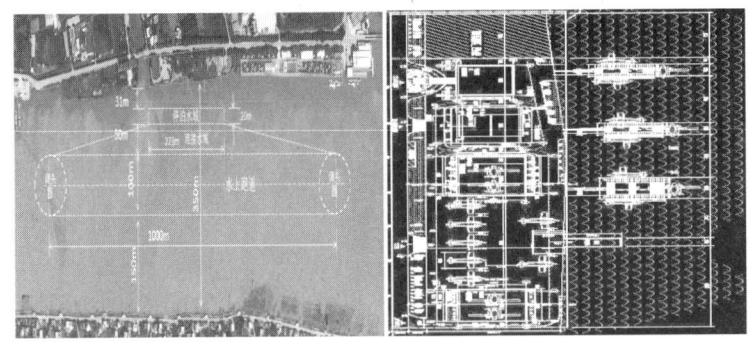

图 4-26　番禺水上机场建设平面图

②水上飞机靠泊设施工程

靠泊设施作为水上飞机的配套设施，主要给飞机提供一个停靠、供给、游客上下飞机的场所。

通常靠泊设施主要分两类，钢骨架式靠泊设施和自由组合式靠泊设施。广州和韶关水上机场采用的是钢骨架式靠泊设施，潮州机场采用的是自由组合式靠泊设施。广州水上机场靠泊设施见图 4-27。

图 4-27　广州水上机场靠泊设施

钢结构靠泊设施是在浮箱的基础上铺设钢架及面板；主骨架为热镀锌钢结构，通过特制的连接与浮箱固定，可以有效加强靠泊设施的稳定性；面板可以采用木板、塑料板或塑木复合材料，木质材料作为表面使靠泊设施更显别致优雅；另外，还可配备水电、安防、系缆、栏杆等附属设施。

考虑水深、潮汐、水流情况和风浪大小等影响因素，同时保证质量和安全，是飞机靠泊设施设计和施工的重要原则。飞机靠泊设施的结构组成主要有桩、浮桥、活动引桥和靠泊设施配件等。

③房屋建设

业务用房建设主要分为基础施工、钢结构平台建设和砌体房屋施工。

A. 基础施工

基础建设为四个混凝土基础，上有四根钢柱，作为房屋的支撑。基础施工主要问题是天气，由于沟槽需要开挖，地基不能水泡，韶关雨水天气影响基础施工的进度。

B. 钢结构平台建设

钢结构平台建设主要包括钢骨架和压型钢板两部分，此两部分建设速度较快，其中钢结构搭设及焊接时间耗费较少，压型钢板平台混凝土浇筑和养护时间稍长。

C. 房屋施工

平台混凝土浇筑完后，房屋开始施工。首先是钢结构屋顶，主梁为刚桁架，屋顶材质为泡沫板；其次是砌体、门窗、粉刷、吊顶、地板铺设、水电线安装等；项目进度和房屋质量要严格符合规划要求。

④番禺水上机场通航安全论证

广州番禺水上机场一期建设竣工后，幸福运公司请广东省航海协会对番禺水上机场进行了通航安全影响论证，主要从通航环境、工程建设合理性、可行性、工程对通航安全的影响、水域通航风险等方面进行了安全论证，得出以下结论：

A. 拟建工程处水域的水文、气象、地质等自然条件满足码头工程建设的要求，工程建设对当地的水文、气象、地质等自然条件基本无影响。

B. 拟建工程的建设符合《广州港总体布局规划》及区域经济发展规划的要求。

C. 拟建工程有关设计参数满足塞斯纳208B型水上飞机起降、滑行和靠泊要求。

D. 拟建工程的水上飞机跑道和掉头水域基本位于市桥水道的中央，水上飞机起降、滑行时会对水域通航安全造成一定影响，但通过采取相应安全保障措施，其影响可控。

E. 对影响拟建工程水域的通航安全各个风险指标进行了分析、评估，并提出了相应的缓解措施。综合各指标的评价及缓解措施，拟建工程的通航风险较低。

(3) 广州番禺水上机场的运营情况

①运营业务

幸福运通航的主要运营业务包括通航包机飞行、空中游览、航空摄影、飞行驾驶执照培训等。2018年11月26日，幸福运通用航空有限公司与海南海峡航运股份有限公司、北海通航有限公司共同签署了《海口至北海水上飞机航线项目合作框架协议》，三方将致力于打造北部湾城市群通勤航线及配套通勤产业。根据该协议，幸福运通航、海峡股份和北海通航将充分发挥各自资源优势，共同打造水上飞机通勤合作项目平台以及琼桂两地通勤起降点和配套通勤产业，包括海口至北海、海口至北部湾城市群、海口至西沙等水上飞机旅游、通勤航线。2018年12月完成了"海口秀英港—广东番禺"航线的飞行验证，该航线投入运营不仅补充了两地交通运营，还丰富了幸福运航空公司的经营业态。幸福运通航将继续深耕以海南岛为中心的华南地区及北部湾地区市场，将通航服务功能与市场需求深度结合，全方位推进该区域的水上通勤航线布局，促进通用航空产业及地方经济发展。

②飞行管理

韶关水上机场位置复杂，位于浈江上游河道湾头水电站旁，场道两边均有高压线，江上浮萍多，且背靠山区，早晚雾气大，能见度不高，这一系列不利因素导致韶关飞行条件异常恶劣，为"首飞"三个点中最差的一个。鉴于此，公司请来富有水上飞机飞行经验的美亚航空公司技术人员到韶关机场，一位负责飞行控制指挥，另一位负责实地勘察和场地管理，两位的工作为韶关首飞圆满成功打下了坚实的基础。韶关水上机场虽然条件最为恶劣，但经过大家的精心准备，指挥和保障同时进行，根据试飞效果改进相关配套措施，从而确保首飞成功。

(4) 广州番禺水上机场的经验与教训

广州番禺水上机场呈带状，布局合理，沿堤建设，滩涂作为岸上建筑区，岸线与原岸堤基本平行，充分利用了岸堤空间。沿岸线布置的三座浮式日字型码头和一个拖机道满足了水上机场所需的基本设施，码头前沿前方水域布置水上飞机跑道。

番禺水上机场原租借番禺游艇会码头作为办公地址，后在旁另外修建了办公楼及水上码头作为水上飞机起降点，2019年10月，游艇会与番禺水上码头及其附属建筑因占用了市桥水道范围，被认定为违建，已拆除建筑面积达 5000 多平方米。由于水上机场码头及附属建筑物未办理相关审批手续，已于 2019 年被拆除，损失很大。由此可见，水上机场在进行基础设施建设时需要对环境进行充分调研，进行环境影响评价，在保证不占用公共设施的前提下，征求公众的意见，按程序向相关部门进行报备与审批，以防番禺水上机场违建拆除的现象再次发生。

4.2.5 荆门漳河水上机场的建设与运营分析

（1）荆门漳河机场发展概况

2014 年 2 月，漳河通用机场改扩建工程获省发改委批复，该项目建设可以满足中航工业特种飞行器研究所研制水陆两栖飞机的需要，同时对于打造荆门航空产业园、完善应急救援体系、促进湖北省通用航空发展有着重要意义。荆门市致力于将其打造为国内规模最大的通用航空机场，经过 3 年多努力除对原有 800 米长陆地、3000 米长水上跑道改造升级，又新建成一条长 1200 米、宽 45 米的陆地新跑道。飞行区等级为 3B，可满足运-12 及以下机型飞行。机场拥有停机坪 10 万平方米，可同时停放 28 架飞机；同时机场还配套有综合楼 4300 平方米、机库 14000 余平方米、塔台航管楼 1300 平方米。在建设规模上，荆门漳河通用机场已成为国内最大的通用机场，也成为国内唯一拥有 2 条陆上跑道和 1 条水上跑道的水陆两用机场，是我国现有唯一具备良好自然条件且满足水上飞机、水陆两栖飞机、地面效应飞机及浮空飞行器试验试飞的基地。

荆门漳河机场定位为华中地区最大的通用航空机场，目前湖北中航通用机场管理有限公司负责机场的运营和管理，同时承担中国特种飞行器研究所的特种飞行器研发试验试飞任务。机场运营业务主要有通航作业飞行培训、农业和林业病虫防治、飞播、航拍、森林救火、应急救援、气象探测、灭火/水上救援、特种飞行器试验试飞以及载客经营（商业跳伞、空中游览、载客运输）等。通过多年的建设，依托荆门漳河机场建立的浮空飞行器试验试飞场将承担越来越繁重的试飞任务。同时，随着海鸥 300、AG600 飞机，以及军用型水陆两栖飞机及新型地效飞行器的陆续研制，试验试飞工作量呈增长态势，机场将面临更繁重的试飞及通用航空运营任务。

(2) 荆门漳河水上起降场的建设现状

①项目选址

荆门漳河水上起降场始建于20世纪70年代末,选址在荆门漳河水库,几十年没有进行过系统维护和技术改造,大量试验和试飞保障设施老化、淘汰。直至2015年,为满足AG600水上试飞的要求,依托荆门市通航航空独特的优势,对漳河机场进行了改扩建。该机场地处中国中部,湖北省地理中心。本场方圆300公里以内共有10个机场。该机场群较成熟,各机场间距离较近,各机场的腹地高度重叠,甚至可以认为其拥有共同的腹地市场。在此区域的航空公司,可以把该区域完全视为同一航空市场进行运营,差异化运力布局。

②机场空域范围

荆门漳河通用机场本场空域为标准气压高度3000米以下。东侧边界距离本场30千米;南侧边界距离本场17千米;西侧边界距离本场17千米;北侧边界距离本场47千米;管制空域面积约为2665平方千米。荆门本场东侧有1号、2号两个临时空域,本场西侧有H9民航航线。

③机场配套设施地理位置

漳河机场的2条陆上跑道、1条水上跑道如图4-28所示。图4-29所示为浮筒(R)、浮标地理位置。

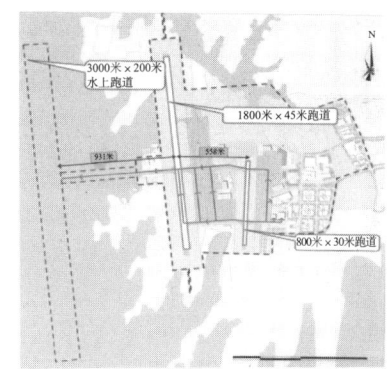
图4-28 跑道的地理位置

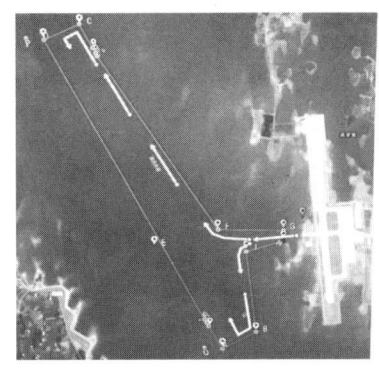
图4-29 浮标和浮筒码头地理位置

实际现有水上跑道为4000米×400米。上下水滑道为430米×35米,纵坡为1∶20,水位在113米时,滑道末端水深8米。上下水滑道至水上跑道间水上滑行道大约800米长,120米以上宽。

④水上起降场的浮筒码头

漳河水上起降场有一个供塞斯纳208、A2C等通航飞机临时停靠的浮筒码头，如图4-30所示。采用的是苏州九翔高分子聚乙烯新型环保材料浮筒，其材料具有抗紫外线、防腐蚀、组装简易、安全稳固、造价合理、经济等诸多优点。每只浮筒参数长×宽×高（0.5米×0.5米×0.4米）。码头面长80米，宽4米；过桥长大约20米，如图4-31所示。

图4-30　漳河水上飞机浮筒码头全貌　　　　　图4-31　过桥

漳河水上飞机浮筒码头有聚乙烯系缆桩。水上飞机如同小船停靠于浮筒码头，人工将缆绳系在系缆桩上，浮筒码头靠水一侧装有旧轮胎作护舷，防止水上飞机碰撞到浮筒码头。漳河水库水流速度不快，风浪较小，几年的使用说明该码头安全可靠，适合小型水上飞机或小船靠泊。

（3）荆门漳河水上起降场的运营情况

2018年1月12日，一架塞斯纳208EX飞机从漳河水库边腾空而起，这是荆门到武汉航班的"第一飞"，标志着荆门第一条通勤运输航线正式开通。几年来的无事故运行表明水上起降场的浮筒码头、滑道、跑道、浮标符合安全规范要求，建设安全可靠。

4.3　我国通航水上机场建设及运营存在的主要问题

为了解我国民用水上机场建设存在的问题，在幸福运通用航空公司和美亚航空公司等水上飞机通航企业进行了现场观察、座谈、个人访谈和问卷抽样调查。共发放问卷120份，回收117份，有效问卷112份，问卷的回收率达到97.50%，问卷的有效率达到95.73%。调查的样本信息如图4-32

第 4 章 我国通航水上机场建设及运营现状分析

至图 4-35 所示。

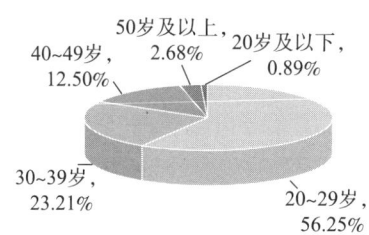

图 4-32 调查对象的年龄分布

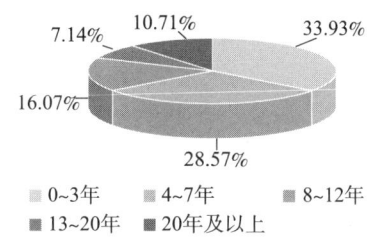

图 4-33 调查对象的工作年限

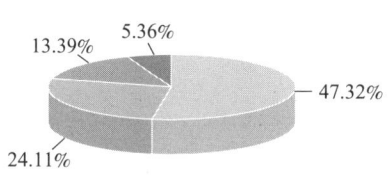

图 4-34 调查对象的职级或职称

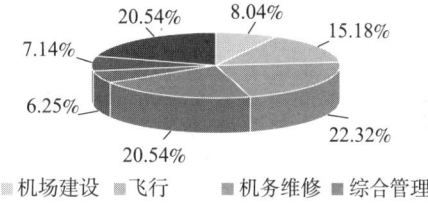

图 4-35 调查对象的部门分布

我国民用水上机场建设存在的主要问题如图 4-36 所示。按照问卷统计结果的选择比率从高到低排列，占第一位的是水上机场建设审批缓慢，占第二位的是水上机场维护成本较高，占第三位的是水上机场规格不统一，占第四位的是水上机场碍航性偏大，占第五位的是水上机场施工管理低效，占第六位的是水上机场选址不适当，占第七位的是水上机场设计不合理。

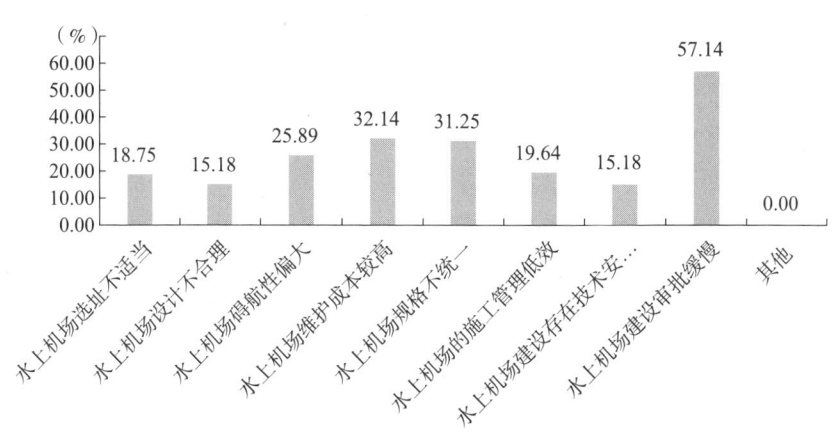

图 4-36 我国民用水上机场建设存在的主要问题

4.3.1 水上机场建设审批缓慢

图4-36显示，有57.14%的人认为水上机场建设审批缓慢是水上机场建设存在的主要问题，水上飞机在水里时是船，但是飞到空中后又是飞机，其特殊性导致水上机场的建设审批需要海事局和民航局共同参与，但是海事局和民航局之间的分工没有明确的界定，对水上飞机的管理也没有统一的行业标准，与幸福运通用航空公司相关人员的访谈中了解到水上飞机涉及水陆空三个相关部门的审批，其中航空部门的管制单位审批易解决，主要由空军审批，主要的问题还是在水上和陆地上的审批。水上审批涉及海事部门、航道部门、水务水利部门，针对海事部门审批需要提交通航论证报告，之前无先例，因此需要做模拟实验，时间长、成本高；美亚航空公司的相关人员也表示，水上机场的管理没有系统统一的观点，民航局只管飞行安全，海事局只管通航安全，海事局和民航局完全不懂水上飞机，两者缺乏行业间的协同，水域划界只与海事局协商，但是水上机场证却无人验证。在申请水上机场建设审批时，相关部门职责不清，导致对水上机场建设的审批出现拖延的现象。

4.3.2 水上机场碍航性偏大

被调查对象中，有25.89%的人认为水上机场建设的问题主要是水上机场碍航性偏大。在调研的过程中了解到，海事局没有给水上飞机划出具体航道，水上飞机的起降航道是由水上飞机的所属单位根据水上飞机的起降要求临时划分的，这会给在这一片公共水域航行的船只带来一定的碍航性，影响其正常航行，相对而言，水库机场和湖泊机场在这方面比海上机场的影响要小一些。如，番禺水上飞机跑道设置在水道中央，长度1000米，宽度100米，掉头圆位于跑道两端，水上飞机在起降及滑行时需清理航道，不允许在水上跑道及附近水域航行、停泊，水上飞机使用水上跑道时对在水道航行的船舶产生碍航。番禺水上机场可停靠塞斯纳208B型水上飞机9架，若9架飞机都投入营运，按每架飞机每天飞行3次计，每天约27架次，则会对水域交通产生碍航性。

4.3.3 水上机场建设维护成本较高

水上机场成本包括建设和维护成本。被调查对象中，32.14%的人认为水上机场建设的问题是水上机场维护成本高。对企业而言控制成本至关重要，但是由于水上飞机是新鲜事物，水上机场的建设没有相应的行业标准指导，企业需要花较大的成本借鉴国外相关的标准，请专业的人员指导设计水上机场，对水上机场选址附近的水深探测成本及其他条件的测评成本很高，这增加了水上机场建设的难度。此外，通航企业的规模并不是很大，加上缺乏运营水上飞机的经验，导致后期的水上机场维护成本过高。此外，问卷调查结果显示，19.64%的人认为水上机场的施工管理低效是水上机场建设存在的主要问题，在与爱飞客公司相关人员的座谈中了解到，在进行水上机场建设施工时，由于缺乏机场建设标准，通航企业在建设水上机场时只能不断摸索，给水上机场施工管理也带来了较大的压力，这也间接推高了机场的建设成本。

4.3.4 水上机场建设规范性差

首先，问卷调查结果显示，31.25%的人认为水上机场规格不统一是水上机场建设面临的主要问题。在实地调研的过程中了解到，不同选址条件下的机场建设标准不同，如海上机场、内河机场、湖泊或水库机场三者所处的水域条件不同，对水上机场的水深、风速、方向等都有不同的要求，不能形成统一的规格。企业在不同水域建设水上机场时不能参照相同的规范条款，这给水上机场建设带来了挑战。其次，水上机场选址不适当。虽然问卷调查结果中只有18.75%的人认为水上机场选址不适当，但是在实际访谈的过程中了解到，水上机场选址不适当也是水上机场建设的主要问题之一。水上飞机对水域的条件要求较高，选址要考虑自然条件、港口环境、交通环境以及安全保障现状等方面，如果有一方面的条件没有达到标准，则不能将该地域作为水上机场的选址。最后，水上机场设计不合理。问卷调查结果显示，15.18%的人认为水上机场设计不合理是水上机场建设问题之一。在访谈的过程中也了解到，水上机场的设计合理性直接影响了水上机场承受台风等自然灾害的能力，会在很大程度上影响水上飞机的运营安全。

4.4 我国民用水上机场建设问题的成因

我国民用水上机场建设问题的成因如图4-37所示。根据问卷统计结果可知，我国民用水上机场建设问题的成因一是国家相关政策支持不到位，水上飞机是个新生事物，各级政府对其政策支持跟不上；二是缺乏水上机场系统规划，将会导致热点区域水上机场重复建设进而造成浪费，而有公共需求的部分区域却难以覆盖，不能实现建设资金投入的经济性和有效性；三是缺乏水上机场建设的行业规范，各家企业各行其是，在后续运营过程中，难以实施统一有效的安全管理体系和规范作业手册，为安全运行造成隐患；四是专业技术人员匮乏；五是相关法规不适合通航特点，现行法规对航道和低空空域管理都做了规定，水上飞机作为飞机和船舶的结合体，水上机场为水上飞机起降、滑行靠泊提供支持，这都没有适用的法规体系，亟须完善规范；六是行业管理机制不顺畅，水上机场的建设既要满足飞机起降要求，又要实现靠泊设施功能，受民航和海事的双重监管，涉及多个部门，体制机制有待于理顺。

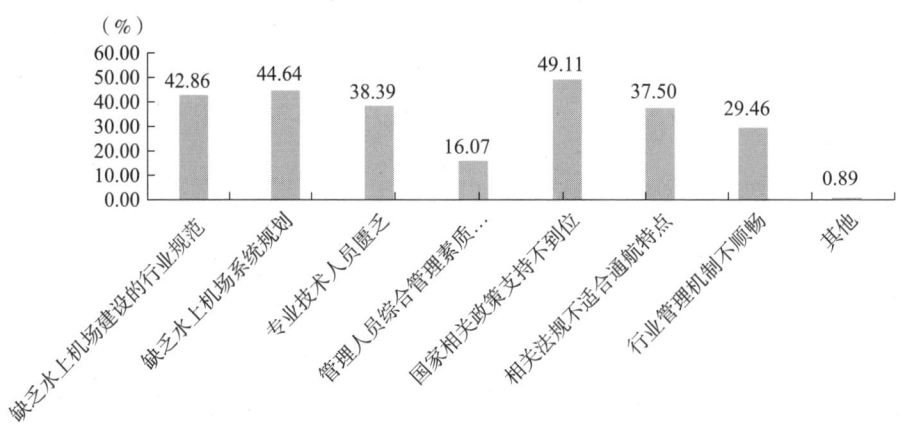

图4-37 我国民用水上机场建设问题的成因

4.4.1 国家相关政策支持不到位

调查结果显示，49.11%的人认为国家相关政策支持不到位是导致水上机场建设问题的主要原因。水上飞机是个新生事物，国家还没有关于水上飞机的相关管理规范，再加上我国的传统思想致使各部门都不愿意对新生事物承担责任，各级政府对水上飞机的政策支持跟不上，这使得水上机场的审批遇到一定的麻烦。实地调研的过程中也了解到，有些地方政府不懂水上飞机，也不愿意加深对这种新生事物的认识，会延误企业水上机场建设的申请时间。其次，国家没有对水上机场发展进行系统规划，也限制了水上机场的发展。问卷统计结果显示，44.64%的人指出缺乏水上机场系统规划是导致水上机场建设问题产生的原因。由于我国水上飞机业务开展得较晚，相关部门还没有对水上机场建设进行系统规划，而是简单地根据发展需要在一些地方规划了临时起降点，这样一来不仅不利于对我国水上机场进行统一管理，规范我国水上飞机的运行，而且容易导致水上机场对航运产生较大的碍航性。

4.4.2 缺乏水上机场建设的行业规范

调查结果显示，42.86%的人支持由于缺乏水上机场建设行业规范导致了水上机场建设出现问题的观点。实地调研的过程中发现，幸福运公司的人员表示由于我国缺乏相应的水上机场建设行业规范，公司的机场建设只得参照游艇码头的建设规范，美亚航空公司的人员则表示，美亚航空的水上机场建设主要参照民航和海事的相关法律规章、海南海事局专门针对水上机场通航的标准、国外的标准等，在此基础上根据自己的经验不断调整建设水上机场。水上机场建设没有行业标准，一般都是自己制定标准自己建，要想解决水上机场建设过程中的问题，必须改变水上相关部门对水上飞机的认知和观念，国家应统一出台联合行业的标准。统计结果显示（见图4-38），72.32%的人认为缺乏水上机场建设行业标准会使市场混乱，存在安全隐患；62.50%的人觉得缺乏行业标准会限制水上飞机的行业发展；

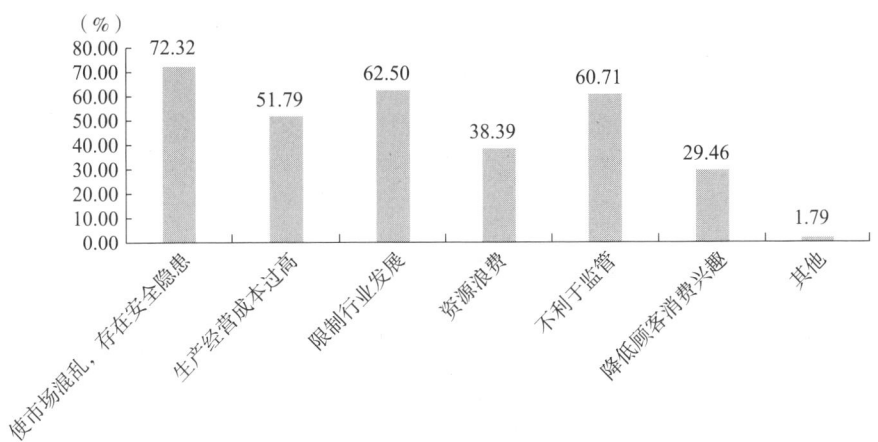

图4-38　缺乏水上机场建设行业规范的后果

60.71%的人认为不利于行业监管；51.79%的人认为缺乏标准会给企业带来较高的生产经营成本。由此可知，缺乏水上机场建设行业规范会给机场建设带来较大的问题。

4.4.3 相关法规不适合通航特点

图4-37调查结果显示，37.50%的人认为相关法规不适合通航特点是导致水上机场建设问题的原因。现行法规对航道和低空空域管理都做了规定，但是水上飞机作为飞机和船舶的结合体，水上机场为水上飞机起降、滑行靠泊提供支持，目前还没有适用于水上飞机通航的法律法规，只能参考船舶的航行规范，但是水上飞机与船舶还存在一定的差别，需要构建一套适用于水上飞机的法规体系和规范。此外，行业管理体制机制不顺畅，水上机场受空中交通管理机关及航道运输管理机关的综合管理，水上机场的建设既要满足一般码头功能，又要实现飞机起降要求，受民航和海事的双重监管，体制机制上存在一定的脱节。

4.4.4 尚未形成专业技术人才队伍

专业技术人才匮乏、管理人员综合管理素质不佳等都导致了水上机场建设问题的产生，严重阻碍了水上飞机通航的发展。调查结果显示，38.39%的人认为专业技术人员匮乏是导致水上机场建设问题的主要原因之一。与相关单位的人员座谈和访谈过程中都了解到，我国民用水上飞机处于起步发展阶段，人们对水上飞机的认识不足，从事相关工作的技术人员也相对比较缺乏。目前，水上机场建设的技术人员主要是从事码头建设的，虽然有一定的技术基础和经验，但码头与水上机场相比存在较大的差异。此外，通用水上航空企业经营业绩不良，发展形势不明，也限制了优秀人才进入该行业。

第5章 水上机场安全风险管理的理论基础

水上机场运行安全体系属于复杂社会技术系统,具有技术系统和社会系统的复合特征。水上飞机等设施设备属于技术系统,具有高可靠性,对浪高、风速、能见度等环境因素具有良好适应性,但社会系统的人员和组织因素却更为复杂,给整个系统带来诸多不确定性。本研究要构建水上跑道侵入的演化分析模型,对一个包含很多因素(变量)的复杂系统来说,如何围绕研究目的,进行合理取舍,并能够应用数学语言表达系统因素(变量)间作用关系,是模型构建成功与否的关键。因此,在建模分析之前,需要界定系统边界,给出合理系统假设。本章首先对安全风险及水上机场相关概念进行界定,然后介绍了主要的风险管理理论、风险致因理论及风险分析建模框架,回顾了安全风险研究的演进。

5.1 水上机场相关概念界定

5.1.1 水上飞机及水上机场

(1) 水上飞机

按照美国联邦航空管理局(FAA)咨询通告的定义,水上飞机是指为了能在水面操纵而设计的任何航空器[154],具有船舶和飞行器的双重属性,接触水面时的属性为船舶,而脱离水面时的属性为航空器,飞行高度一般为600~800米,通常采用目视助航。根据起飞重量,可将水上飞机分为大型、中型、轻型和超轻型;根据航空发动机个数,可分为单发、双发和多发;根据动力推进装置不同,可分为活塞螺旋桨式、涡轮螺旋桨式、涡轮风扇式和涡轮喷气式;根据机体布局不同,可以分为船身式、单浮筒式和双浮筒式[104]。根据可否陆基起降,还分为水陆两栖飞机和单一型水上飞机，水陆两栖飞机在水中起降时与其他类型水上飞机没有区别，因此本研究不做单独区分。

水上飞机发展早于陆基起降的普通飞机，但在20世纪40年代中期后，随着"二战"结束后陆基机场大规模建设和陆基飞机性能大幅提升而逐渐归于沉寂。70年代以后，各国又开始重新重视多用途水上飞机的研发和应用，美国、俄罗斯、日本、加拿大、法国等先后研制了20余个机种，共生产1万余架飞机。目前水上飞机在海上巡逻、反潜、救援、旅游、通勤、航拍等领域应用依然普遍，近些年在国内发展迅速[155]。我国自主研发的水上飞机主要包括A2C超轻型水上飞机、Y-12轻型水陆两栖飞机、海鸥300轻型水上飞机及目前已试飞的蛟龙AG600大型水上飞机，但目前国内运营主要是塞斯纳208、双水獭DHC-6等进口机型。

（2）水上机场

根据国家民航局及美国FAA发布的水上机场建设相关咨询通告，水上机场（water aerodrome）是指起降活动的主体部分位于水上，全部或部分用于水上飞机起飞、着陆、滑行及停泊保障服务的区域，包含水上运行区和岸线附属建筑物与设施[154-155]。水面上划定的用于水上飞机起飞、着陆、滑行的区域被称为水上运行区（water operating area），一般包括水上跑道、跑道端安全区、水上滑行道、掉头区、锚泊区，也包括码头停泊区和斜坡道的一部分[156]。水上起降区（landing and take off area）是指供水上飞机起飞或着陆用的水面区域。水上滑行道（taxi channel）是指供水上飞机在岸线设施和水上跑道之间滑行的通道。掉头区（turning basin）是供水上飞机沿岸线设施和在水上跑道末端掉头或机动滑行的水域。锚泊区（anchorage area）是水上飞机通过锚系留方式停泊的区域。

水上跑道（water runway）是指水面上划定的用于水上飞机沿其长边方向进行起飞与着陆的固定区域[156]。为符合机场称谓习惯，区别于船用航道，通用航空领域一般采用"水上跑道"，而不采用"航道"。水上跑道设置长度要长于水上飞机基准飞行场地长度（seaplane reference field length），也即水上飞机以审定的最大起飞全重，在平均海平面、标准大气温度、无风、平静水面的条件下起飞所需的最小场地长度。

此外，水上机场也可根据水上飞机用户需求，建设停机坪、机库及维修设施、航油供应设施、升降设备、船排、办公设施、公共服务设施、停车场、进场路及场内道路等。同时应根据实际情况建设目视助航设施和消防救援设施，其中目视助航设施一般包括风向标、水上机场识别标识、水上跑道识别标识、水位标识、信息浮标、码头警示标志、危险物标志、机场灯标、岸线泛光照明；消防救援设施包括救援船只、灭火瓶等。

5.1.2 水上机场场务保障

（1）场务保障的概念

基于国内外学者对于机场场务保障内涵的相关研究，可以发现场务保障是一个完整的系统，本研究沿用吴峰（2008）对机场场务保障内涵的界定[42]，认为机场场务保障包括对航空器滑行、起飞进近和着陆阶段、地面停留阶段的保障，涉及保障航空器飞行安全的许多内容，包含但不限于一般意义上的机场场务作业（即飞行区场地管理、维护工作，确保道面及其设备设施的清洁、正常和完好等）。

将以上概念引申到水上机场场务保障中，即水上机场场务保障包含保障水上飞机飞行安全的许多内容，是一项直接为水上飞机飞行服务、保障其飞行安全的系统工程，涵盖对水上飞机滑行、起飞进近和着陆阶段、地面停留阶段的保障，包括水面及陆地部分的场道、车辆、导航、通信、警卫、航行管制、消防、卫生、油料、气象、防鸟害等保障工作，以及水上机场外场设施、设备的维护管理和施工管理等。

（2）水上机场场务保障人员及作业类型

基于水上机场场务保障的概念界定以及对湖北某水上机场的全程跟踪式调查，明确了水上飞机执行飞行任务期间水上机场场务保障的相关工作，具体如下所示：

A. 起飞准备阶段场务保障工作

起飞准备阶段的场务保障工作包括：制订航行计划并向区域管制室进行空域使用申报、向飞行服务室获取环境相关情报信息并提供给机组（包括净空环境、水文环境等）、航油余量检查、相关设备设施检查（包括目视助航设备设施、消防救援设备设施、导航通信设备设施等）、陆上跑道及水上运行区障碍物清除或驱赶、不停航施工管理、根据航行计划放行水上飞机、特情应急等。

B. 滑行阶段场务保障工作

滑行阶段的场务保障工作包括：对水上飞机在陆上及水上跑道的滑行

实施管制、协助机组避让无法清除或驱赶的障碍物、响应机组要求、特情应急等。

C. 起飞进近阶段场务保障工作

起飞进近阶段的场务保障工作包括：对水上飞机的起飞实施管制、与进近管制室的工作交接、防鸟害、响应机组要求、特情应急等。

D. 着陆阶段场务保障工作

着陆阶段的场务保障工作包括：陆上跑道及水上运行区障碍物检查、清除或驱赶、对水上飞机的着陆实施管制、协助机组避让无法清除或驱赶的障碍物、防鸟害、协助飞机靠泊、飞机系留、响应机组要求、向区域管制室报告任务结束、特情应急等。

E. 停泊阶段场务保障工作

停泊阶段的场务保障工作为值班守卫水上飞机安全。

将以上场务保障相关工作进行归纳分类，主要可分为场道保障、导航通信保障、航行管制、情报服务、消防救援、能源保障、警卫保障、防鸟害八大作业类型，具体如表5-1所示。

表5-1 水上机场场务保障作业类型

编号	作业类型	含义	具体工作举例
1	场道保障	对水上飞机飞行区的场地管理、道面维护，包括陆上部分和水上运行区	对陆上跑道和水上运行区的障碍物检查、清除或驱赶、不停航施工管理等
2	导航通信保障	为水上飞机的飞行提供导航通信服务	利用雷达对飞行进行导航、利用甚高频或对讲机与机组建立通信
3	航行管制	对水上飞机的放行、滑行、起飞着陆进行交通管制	对水上飞机的着陆实施管制、协助机组避让无法清除或驱赶的障碍物
4	情报服务	为机组提供飞行所需情报信息	向飞行服务室获取环境相关情报信息并提供给机组
5	消防救援	在不安全事件发生时提供消防救援服务	飞机与障碍物碰撞后的特情应急
6	能源保障	为水上飞机飞行提供航气航油等能源服务	航油余量检查、安排到航油供应点加油
7	警卫保障	为水上机场提供警卫服务	夜间值守有水上飞机停泊的码头
8	防鸟害	为水上飞机安全飞行提供鸟害防治活动	进行驱鸟活动、修捕鸟网等

第5章 水上机场安全风险管理的理论基础

以上场务保障作业类型在水上飞机执行飞行任务期间均有相对应的工作团队负责，具体包括以下四支团队：

A. 机场管制塔台

水上机场管制塔台的职责在于：为使在机场内和机场附近的空中交通安全、有序和迅速地流通，必须对在其管制下的水上飞机提供情报及发布空中交通管制许可，以防止在其管制下的水上飞机与水上飞机之间，水上飞机与地面车辆、航行船只之间及水上飞机与地面障碍物之间发生碰撞。简单来说，水上机场管制塔台负责场务保障中导航通信保障、航行管制、情报服务三大作业类型，具体工作包括：与区域管制室、进近管制室的空域申报、交接等沟通工作，向飞行服务室获取情报信息并提供给飞机，负责飞机的放行、地面与水上滑行，以及飞机的起飞降落等。但通过调研发现，并不是每次水上飞机执行飞行任务期间，水上机场管制塔台都会发挥作用。原因在于现阶段我国水上飞机领域尚属于新兴产业，无论是水上机场，还是通用航空公司的管理水平，以及飞行员的技术水平等都存在不成熟之处，因此每一年大部分通用航空公司的水上飞机都有较长时间处于训练阶段。而租用于训练的水上机场或临时起降点每一日的飞行流量往往都较少，这些机场的塔台一般并不参与飞行管制，而由航空公司的现场指挥中心替代负责。

B. 现场指挥中心

据上所述，在水上飞机训练阶段，所属航空公司将会组建现场指挥中心以替代所租用水上机场或临时起降点塔台，负责与区域管制室、进近管制室的空域申报、交接等沟通工作，向飞行服务室获取情报信息并提供给飞机，负责飞机的放行、地面与水上滑行，以及飞机的起飞降落等工作。此外，现场指挥中心还需要负责制订飞行训练计划、航油使用计划等，即现场指挥中心除了负责场务保障中导航通信保障、航行管制、情报服务三大作业类型外，还需负责能源保障作业。

C. 场道保障团队

场道保障团队负责场道保障作业类型，对水上飞机飞行区进行场地管理、道面维护，包括陆上部分和水上运行区。在水上飞机执行飞行任务期间，负责相关设施设备检查（包括目视助航设施、消防救援设施、通信设备、导航设备等），陆上跑道及水上运行区障碍物检查、清除或驱赶，不停航施工管理等。而在水上机场日常管理工作中，场道保障团队还需负责道面及其设备设施日常清洁、维修，保证其正常和完好等，由于现阶段各水上机场飞行流量有限，大部分水上机场存在长时间无飞行计划的现象，场道保障团队的日常工作会产生的水上机场场务保障安全风险有限，因此本研究仅考虑水上飞机执行飞行任务期间的场道保障作业。

D. 其他后勤保障团队

由于水上机场飞行流量及管理水平有限，其部门设置远远不如一般民航机场繁多细致，工作人员相对也较少。根据实地调研发现，除以上人员外，还有一支团队在水上飞机执行飞行任务期间，对飞行安全发挥至关重要的作用，其岗位职责并未进行详细分类，工作内容也较为繁多。本研究将该团队称为其他后勤保障团队，主要负责消防救援、警卫保障、防鸟害三大作业类型。

（3）水上机场场务保障安全风险的界定

美国学者 Haynes 在 1895 年首次提出风险的概念，他认为风险代表着损失的可能性，不确定性可以拿来评判风险的危害程度[73]。风险存在于安全、金融、财务、管理等多个方面，其概念也会存在不同理解。比如在航空领域，国际民用航空组织（ICAO）指出风险是造成一系列问题的可能性及后果的严重性，其中这些问题包括：人身损害、设备故障、物资损失或者达到预期效果的能力下降等，美国联邦航空管理局（FAA）则指出在系统可靠性最差的情况下，危险源预期产生影响的严重性和可能性叫作风险。虽然对风险存在着许多不同的理解，但总体来说，可以将风险总结为以下三种要素：潜在的损失、损失的大小、损失的不确定性。而安全风险则是进一步缩小了风险的研究对象，是风险作用于人的生命安全方面的探讨。

根据前文对水上机场场务保障的概念、所涉及人员及作业类型的界定，结合安全风险的定义，本研究将水上机场场务保障安全风险界定为：在水上飞机滑行、起飞进近、着陆及地面停留阶段，水上机场的场务保障团队在场道保障、导航通信保障、航行管制、情报服务、消防救援、能源保障、警卫保障、防鸟害等各项作业中存在的一系列关乎飞行安全的风险，即水上机场场务保障所导致的不安全事件、事故征候或事故等危害性后果的可能性。

5.1.3 水上跑道侵入相关概念

(1) 跑道侵入

跑道侵入具有明确的时间和空间特征，按照 2006 年国际民航组织（ICAO）的定义，跑道侵入（runway incursion）是指在机场中发生的任何涉及错误的出现在用于飞机起飞和降落的地面保护区表面的飞机、车辆以及行人的事件[157]。起降地面保护区包括机场的跑道、滑行道位于适用的跑道等待位置和实际跑道之间的部分、跑道中线两侧各 75 米范围内的土面区、ILS 敏感区、ILS 临界区和跑道端安全区。FAA 更倾向于按照时间产生的危害定义跑道侵入，认为任何发生在机场跑道范围内，可能危害航空器起飞及着陆活动的事件，都属于跑道侵入范围。

监管机构根据侵入的诱因及后果严重性对跑道侵入事件进行了划分。例如，管制员、飞行员、车辆驾驶员及机场人员是侵入事件通常涉及的三方主体，FAA 按照各主体失误类型及主要责任归属将跑道侵入分为三种类型：飞行员差错（PD，违反标准作业规程）、空管人员差错或违规（OE/OD）、车辆或行人违规进入起降区域（V/PD）等。ICAO 根据跑道侵入的严重程度，将其分为 A~E 共 5 类事故。

(2) 水上跑道侵入风险

与陆上跑道有所区别，水上跑道一般不属于禁入区，不具备排他性，只有在水上飞机起降阶段，该区域禁止其他飞行器、船舶等进入，因此水上跑道侵入具有时间和空间双重限定。ICAO 及相关机构没有专门定义水上跑道侵入，本研究参照陆基机场跑道侵入的概念，对水上跑道侵入进行定义：船舶、航空器、漂浮物等在水上飞机滑行、起飞、进近、着水阶段进入指定用于水上跑道、滑行道、掉头区等水上运行区的不安全事件。

水上跑道侵入风险是指水上飞机水面起降滑行阶段，由于受到人机环管等相关因素作用，导致船舶、航空器、漂浮物等进入水上运行区的可能性和后果严重性的综合。水上跑道侵入风险是水上起降安全的潜在风险表征，是侵入事件和碰撞事故的根源，控制风险可以有效降低水上跑道侵入事件发生概率及相关事故损失。

5.2 风险演化及预警相关概念界定

5.2.1 风险管理的内涵

随着安全管理体系（SMS）理念的引入，2013年7月，国际民航组织（ICAO）通过整合完善既往有关安全管理相关条款，发布了新的《国际民用航空组织安全管理手册（SMN）》（第三版Doc9859），对国际民航组织各缔约国及服务提供者的安全运行提出新的统一标准和要求[147]。而在此之前的各版本《安全管理手册》就早已提出了航空安全管理的理念：可以通过设计惩罚制度和完善管理办法来降低不安全事件的发生，管理层的安全目标多设置为零事故的目标。相比其他行业而言，航空业在全球范围内的安全水平首屈一指，但即使是目前完善的安全管理办法也只是相对完善，航空业依然存在诸多不安全因素。

（1）安全与风险

民航安全管理手册将安全（safety）定义为，将风险控制在可控范围之内的一种状态，使得人员伤害或财产损失降至可接受水平及以下则为安全，也即安全是指已识别风险的可控和可接受状态[148]。

事故（accident），按照美国国家安全委员会（NSC）定义，是指造成人员伤亡或财产损失的不期望事件或事件序列，该事件导致伤亡或损失的程度被称为事故后果，事故通常是指事件本身而不涵盖后果。

危险（hazard）是指系统的一种不期望状态，如果不采取措施对其加以控制，将导致事故的发生[149]。

风险（risk）通常是指某一危险发生频率与发生后果的组合，风险评估矩阵由可能性、严重性两个维度构成[11]。

风险接受准则（risk acceptance criteria）是指定义一个既定系统最大风险接受等级的定性或定量表达[150]，通常可根据接受准则划分风险等级。

安全与风险是系统相对状态的概念，来自个体和组织对系统所处状态的评估，进而诱发一系列的管理和控制措施。

风险影响因素也称为风险因素，是指能够对系统风险等级（可能性或严重性）产生作用的系统要素（变量或者表征变量的指标）[151]。

以"水面能见度"为例，该因素对采用目视助航水上飞机起降安全影响很大，"水面能见度"可以视作起降安全的"风险因素"。若依据行业规范设定水上飞机起降能见度阈值为"不得低于500米"，能见度为300米时风险因素转化为一种"不利状态"，视作一种"危险"（hazard）事件。此危险事件发生后，系统"风险"（risk）较高，如果不采取有效措施，有可能引起水上跑道侵入事件，进而诱发水上飞机碰撞"事故"（accident）。

（2）安全管理与风险管理

安全管理是指在安全理念和组织战略指导下，以各种制度措施、操作流程、工作手册等形式，使系统实现远离不可接受风险状态的管理过程[152]，通过安全管理系统（SMS）得以实行[153]。与安全管理相对应的是风险分析、评价、预警和管控等概念。

风险分析是指通过各种规范化方法揭示风险形成机理的结构化过程，包括风险识别和风险描述[150]，包括各类定性或定量方法，风险演化机理分析属于风险分析范畴。

风险评价是指将风险分析结果与一定的准则或标准进行比较，以确定系统状态的危险等级，为采取管控对策提供参考[150]。常见评价准则包括风险接受准则、风险评估矩阵、客观等级阈值法或其他决策准则。

安全管理与风险管理所要达成的组织目标高度一致，前者是组织日常管理职能，属于组织成员要遵循的作业程序和标准；后者是预测预防职能，属于前馈控制手段。

5.2.2 风险演化机理的内涵

演化经济学的兴起带动了风险演化的研究，国外进行风险演化相关研究是基于生物进化论思想的提出。生物学上演化又称进化，是指族群里的遗传性状在世代之间的变化[159]。机理是指事物所遵循的内在的逻辑和规律，一定的系统结构中各要素在一定条件下相互联系、相互作用的运行规则和原理。对风险演化机理的定义应不仅限于字面定义，而应全面分析风险演化涵盖的范畴。综观学者们对于风险演化机理的研究方法涵盖复杂系统理论、演化博弈分析、系统动力学、结构方程模型、SEIRS传染病模型、多Agent建模等方法，研究范畴涵盖海上交通安全、通用航空安全、地铁施工安全风险、企业内生性风险、人因系统风险、煤矿安全风险等。本研究对风险演化机理的界定是随着时间的推进风险因素在系统内发展演变的相互关系和运行机制，包括风险因素识别、风险蔓延、演化网络、演化动力学以及演化博弈等研究范畴。

5.2.3 风险预警的内涵

通过文献研究发现，目前学术界对预警（Early Warning）的阐释主要包括三种：《辞海》上对预警的概念进行了阐释，预警有警告的意思，提前发出警告，提醒被告知人警惕；预警是对各影响因素的现状的评估和未来的预测，从空间和时间上确定警情的程度，包括重警、中警、轻警、无警，根据警情程度提出控制措施；预警是对风险因素进行预测和评价，预测其发展趋势，衡量未来警情的严重程度，根据衡量结果采取针对性的措施，以控制风险，减少风险的危害[160]。

整合以往的研究，将风险预警（Eisk Early Warning）界定为：通过研究和管理经验识别风险因素，将风险因素量化为指标，进而对现状进行评价、对未来进行预测，找到关键的警情因素，根据度量值发出预警信号，管理人员采取措施规避甚至消除风险，以将损失降至最低。风险预警是组织根据内外部环境的变化，对潜在的风险进行监测、预测、评估和报警的管理活动，是一种预防风险所导致的事故、提高组织的风险管理水平和效率的重要措施。具体来说，就是在风险状况发生之前，基于经验或者风险发生规律，再结合科学适当的方法及手段技术，获取风险发生的可能性预兆，然后发出告警信号，让组织在风险发生之前进行心理和行为上的准备，从而尽可能避免风险的发生或者减少风险可能造成的危害。

5.3 风险演化及预警的基本理论

5.3.1 风险管理理论

风险管理理论在许多领域都得到了非常广泛的应用，包括：社会经济、公共危机应急、建筑行业安全、航空安全等，许多学者也对风险管理进行了定义，包括Williams等认为风险管理是指通过一系列手段，以求用最低成本将风险导致的损失控制在最低水平的管理方法，这些手段包括风险识别、评估及控制[142]；Cristy 认为风险管理是企业对风险进行控制所付出的努力，目的在于保护企业的能力和资产[37]。综合来看学者们的认识，可以发现风险管理是根据风险发生的普遍规律，识别有可能造成损失的风险因素，并采取适当的方法对其进行评估，最后利用多种管理手段对风险加以控制，从而尽可能降低风险因素发生的可能性或者造成后果的严重性的全过程。将定义引申到安全风险管理中，可以认为安全风险管理就是通过识别生产经营活动中存在的一系列有可能造成生命财产安全受到威胁的风险因素，并运用定性或定量的统计分析方法确定其发生的可能性和造成后果的严重程度，并据此确定风险控制的优先顺序和相应的对策，从而达到改善安全生产环境、减少或者杜绝安全生产事故的目的。

风险管理不同于预警管理，也不同于应急管理。预警管理是根据监测到的风险信号对未来的风险开展预测和报警；而应急管理则强调风险发生后的处置、协调和救援问题。某种程度上而言，风险管理包括预警管理和应急管理，三者在逻辑上有相互关联。风险管理是安全管理中最为核心的部分，是识别、分析、评价和控制风险的过程。风险的不确定性、严重性和发生场景构成了风险三要素。风险的不确定性在数学概念上表达为发生概率（可能性），损失可能发生也可能不发生，风险的后果严重性表达为事故相关损失。风险管理是一个循环执行链，风险识别后需要监测风险演化，揭示事故因果链条并描述风险产生场景，评估事故后果及可能性，采取有效措施实施风险管控，最后仍旧需继续进行新风险因素的识别，风险管理是一个动态的、循环的过程[158]。

风险管理包括风险识别、风险评估、风险控制三个方面。风险识别是指对可能造成损失的风险因素进行识别与分析。现阶段的风险识别方法有很多，包括定性识别法（头脑风暴、鱼骨图、扎根理论等）、定量识别法（灰色关联法、蒙特卡罗法、归因分析法等）、集成识别法（系统动力学、层次全息模型分析、影响图分析等）。风险评估是指采用合适的评估方法，综合评估风险事件发生的频率及其可能导致的损失严重性，然后将评估出的风险水平与预先设定的风险阈值相比较，从而确定风险能否接受的过程。现阶段常用的风险评估方法包括风险矩阵法、贝叶斯网络、熵理论、模糊综合评价、灰色关联度等。风险控制是指控制风险评估结果显示为不可接受的风险的过程,包括采取手段降低风险事件发生的频率,或者采取措施降低风险事件所导致损失的严重性。不同环节有不同的研究方法,具体如图 5-1 所示。

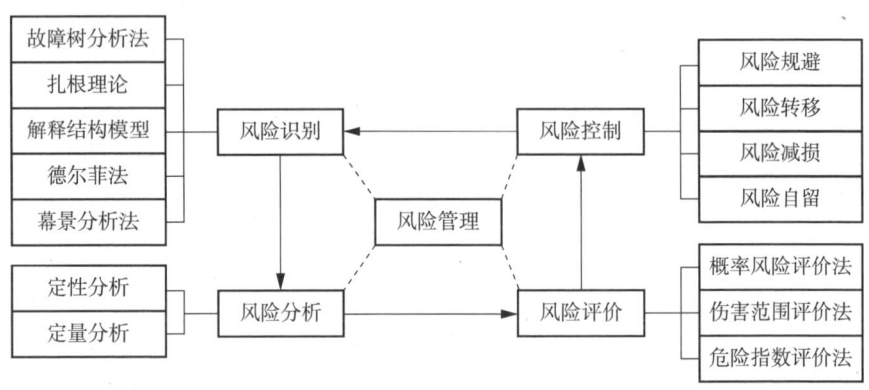

图 5-1　风险管理闭环及适用方法[158]

风险管理遵循四个原则:全面风险管理流程渗透到各环节、关注重点领域的高风险、合适的决策层来做风险决定、收益大于代价时接受风险,即全面性原则、重要性原则、适应性原则及成本效益原则。

5.3.2　风险预警理论

安全风险是风险作用于生命安全方向的探讨,那么安全风险预警便是对生产运营活动中对人的生命财产安全产生威胁的一系列因素的监测、预测、评估和报警管理活动。在航空领域,一旦发生机场安全事故,所导致的人员财产伤亡的严重性是不可估量的,因此保障航空安全的关键在于事前预警而不是事后补救,因此保障航空器飞行安全的一系列工作中不可或缺的关键点在于做好安全风险预警管理工作。

(1) 风险预警的功能

安全风险预警的主要目的在于避免或者减少不安全事件或事故的发生,其功能主要包括预警功能、矫正功能和免疫功能三个方面。预警功能是指通过监测以及分析对风险发生有影响的内外部因素,识别可能出现的安全风险,通过预测预警模型和评估预警模型进行计算,然后根据预警结果发出相应的预警信号等一系列操作,最终确保系统安全运行。矫正功能是指在告警发出后,主动性地采取预控对策,从而纠正安全风险的前兆以及安全风险的诱导因素,从而使得系统从不安全状态转为安全状态。免疫功能是指能够预测并且快速识别与导致不安全事件或事故征候发生的因素具有类似性特征的因素,并采取切实可行的对策,从而阻止这些因素进一步发展。

(2) 风险预警的内容

为了实现安全风险预警的功能,需要根据组织的预警目标,收集相应的资料,对各种不同的可能导致风险发生的影响因素进行监测、预测及评估,并根据结果判定这些风险偏离预警线的程度,进而发出预警信号,并采取相应的措施,主要包括安全风险识别、安全风险监测、安全风险预测、安全风险评估、发出警示并实施预控对策五个方面。其中,安全风险预测与安全风险评估需要以安全风险监测到的数据为基础。

具体来说,实施安全风险预警活动之前首先需要进行风险识别,辨识风险源,然后根据辨识出的风险源,建立预警指标体系。其后,利用不同的风险预警方式对预警指标实施管理。常见的安全风险预警方式分为监测(实时)预警、预测预警与评估预警。其中监测(实时)预警、预测预警是针对对安全风险具有重要影响的单指标做出的管理行为。监测(实时)预警是指对这些重要单指标进行重点实时监测,当某一个重要单指标超过阈值时,即发出实时预警信号,以便采取预控措施,当这些预警指标发生异常时,不管其他指标是否正常,都会严重影响安全风险,需要进行告警。同时,为了防患于未然,需要对这些重要单指标的发展趋势进行预测,预见未来可能增大的风险,一旦通过预测发现某一个重要单指标具有超出预警线的可能性,立即发出预警信号,并采取相应的措施,即对这些关键性单指标进行预测预警,在预测预警环节需要应用预测精度及可靠性高的预测模型。此外,除了监测单一指标,还需要对预警指标体系中各指标之间的耦合关系进行综合测评,明确安全风险所处的警级,做出预警反应,也就是评估预警,在综合评估预警中往往需要应用合适的综合评估模型。

风险预警流程如图5-2所示。

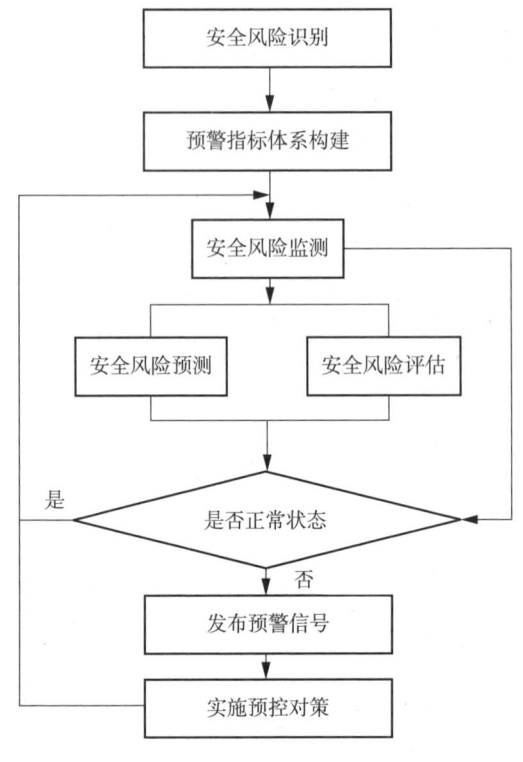

图 5-2 风险预警流程

5.3.3 风险致因理论

经典的风险致因理论包括 SHEL 模型和 Reason 模型，这两类模型在航空事故、事故征候或其他不安全事件的分析中具有重要地位。此外，随着学者们对安全风险本质的深入思考，基于系统论和控制论思想，深化发展描述性风险分析理论，构建了系统理论事故模型（STAMP）和系统迁移模型，该类模型的应用和研究日趋广泛。

（1）SHEL 模型

1972 年 Elwyn Edwards 教授提出了 SHEL 模型，作为复杂系统中的主要构件及其相互关联的分析框架，包括软件（software）、硬件（hardware）、环境（environment）、人员（liveware）等，以及诸构件对系统安全状态的影响[161]。SHEL 模型中软件即制度、文化等管理因素，硬件即机器设备因素，环境即系统运行的外部限制因素，人员即与系统运行相关的人为因素。其中人员作为人机系统能动性来源,与其他要素进行互动关联,学者通过要素间关联关系开展复杂系统分析。

与 SHEL 模型相似的"人—机—环"模型将事故归因为人员、机器设备和环境,其中人员包括作业层员工、管理人员、技术人员等;机器设备包括与工作相关的生产设备、计算机、物料等;环境指现场环境、管理规章制度等。后来,学者们将管理因素单列出来,提出"人—机—环—管"模型;也有学者将 SHEL 模型扩展为 M-SHEL 模型。

(2) Reason 模型

1991 年,英国学者 James Reason 在其专著 Human error 中首次提出事故序列模型,称为 Reason 模型[162],该模型也被称为"瑞士奶酪"模型,因为其在航空事故调查与分析领域具有良好的适用性,被国际民航组织(ICAO)推荐为民航事故处理的理论框架模型。Reason 模型是以 SHEL 模型为基础提出的,其优势在于提出了事故的动态演化以及隐性差错概念。

Reason 模型认为事故致因随着时间不断演化,除了自身存在的反应链以外,组织不同层面的漏洞都被穿透,则不安全事件发生(见图 5-3),强调了组织缺陷是诱发不安全事件的重要原因。Reason 模型在用于航空事故人为因素分析方面具有优势,单一的隐形差错或不安全行为并不一定导致事故的发生,只有各个层级的隐形差错在同一组织层面出现组织缺陷集时,不安全事件就会失去有效的断链控制。事故树/事件树模型较好地体现了 Reason 模型的思想,通过树状模型,定性描述多个根事件耦合叠加触发事故链条,产生连锁反应,并导致最终事故的发生的风险演化过程。借助贝叶斯网络模型,可以实现 Reason 模型的定量分析,确定事件网络各节点的概率风险分布。

(3) 系统迁移模型

Rasmussen 基于系统论和控制论,提出系统迁移模型[164]。该模型认为在高度竞争市场环境下,很多事故并不是技术失效和人为失误叠加所造成的巧合,而是组织受到经济性绩效指标压力,导致组织行为系统性地向事故状态迁移。系统迁移模型如图 5-4 所示,系统状态空间分为失控区域、危险区域和安全区域[165],系统中个体行为持续作用,会使得系统状态在三个区域间迁移。组织中个体的行为受到管理、资源和安全等约束,同时

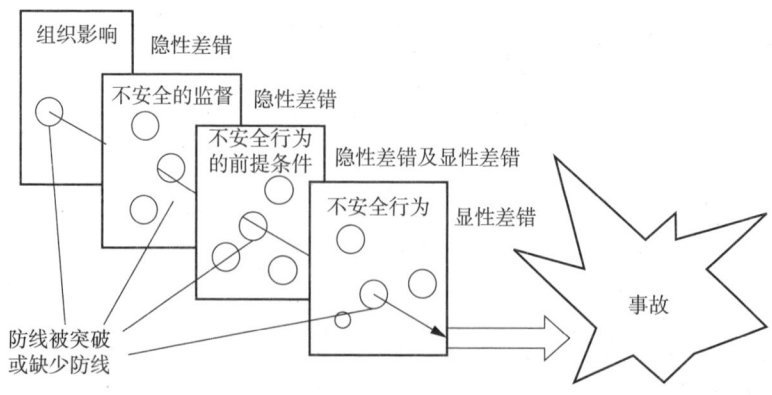

图 5-3 Reason 模型图示[141]

又有绩效考核目标要求，围绕外部约束和目标引导，组织提供了"效益梯度"，个体提供了"效率梯度"，两个梯度共同作用下，系统会逐渐向安全边界靠拢，直到及时察觉并采取措施，如果没有及时察觉或察觉后没有采取有效措施，系统会继续越过"容错空间"导致事故发生。因为两个梯度的作用，系统总会出现滑向失控区域的趋势。

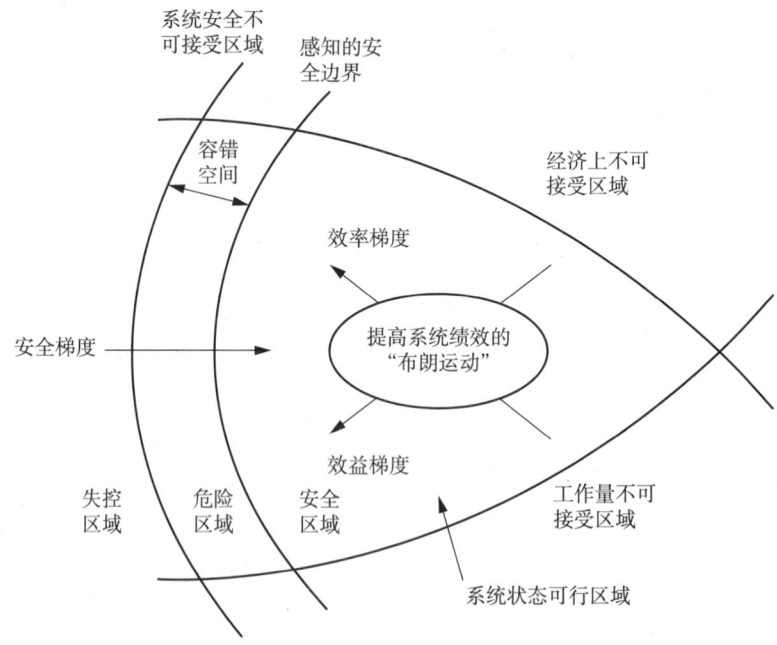

图 5-4 组织活动向边界自然迁移[166-167]

为了防止系统向失控区域滑动，Rasmussen 提出了两种思路：一是增加系统的鲁棒性，也即增加状态空间中的"容错空间"，可以有效延缓向失控滑动的速度，但无法从根源上杜绝事故发生；二是通过安全培训等营造良好的"安全文化"，增加组织的边界意识，增强边界的可见性，使得管理者和员工能够感知并有效应对安全边界，尽早发现事故苗头并采取有效措施。与传统安全管理实践中强调通过严格遵守 SOP 来保证系统安全的思路不同，事故迁移模型认为应该通过安全培训及良好的企业文化，以增加危险边界的可见性及应对措施的有效性。

（4）系统理论事故模型（STAMP）

事故原因分析通常从损失开始进行回溯，找出若干条事件因果链，再梳理链条中的失效事件，这样的事故分析思路将复杂系统简单化，有可能会导致一些重要诱因被忽略。鉴于此，Nancy Leveson 基于系统论和控制论建立了系统理论事故模型（STAMP），将系统看作复杂的技术社会系统，认为事故是复杂系统中各个要素相互作用（如人员、技术、环境之间的影响）所产生的一种涌现现象[8]。安全由分层控制结构中各层之间的控制回路实施适当的安全约束来保证，当某一组件失效、部件之间交互错误、受到外部干扰时，如果缺少适当的控制行为，则可能导致事故的发生，这样安全就变成了控制问题，风险诊断和事故分析主要是找出控制缺陷。

Leveson 认为系统处于变动环境中，为了实现环境的变化会进行动态调整组织目标，系统安全的本质是确保和维持适应过程的安全状态[168]。Leveson 认为系统的约束、反馈回路和控制层级构成了控制结构，据此，从控制论的角度将事故原因分为三类：①安全约束不足，关乎系统安全的关键作业行为缺乏监管，如缺少必要的监督人员进行起降水域的现场安全巡视，这里监督人员实际上就是一种控制器，能够有效规避违规行为；②控制行为的执行不足，即虽有控制器，但控制器无法做出有效控制，如现场监督人员由于能力、态度等原因对危险行为应对无效；③反馈不足或缺失，即没有做到闭环控制，控制效果无法得知，通常是监督人员虽下达了某些安全指令，但未对执行效果进行跟踪分析[169]。

5.3.4　风险建模框架

基于复杂社会技术系统安全风险分析的认知，Mohaghegh 和 Mosleh 提出了系统安全风险组织建模理论框架[110],描述了建模过程及模型特点。该理论框架以第三代描述性安全风险理论为基础,目的在于识别模型的基本单元、因素及因素连接[170]。国内也有学者对该原则体系进行推介,阐释了该原则体系在地铁施工安全风险建模中的应用[117]。该理论框架分为建模目的、建模视角、建模模块和建模方法4个维度13条规则(见图5-5),结合理论框架对水上飞机运行体系进行分析,有助于明晰建模思路。

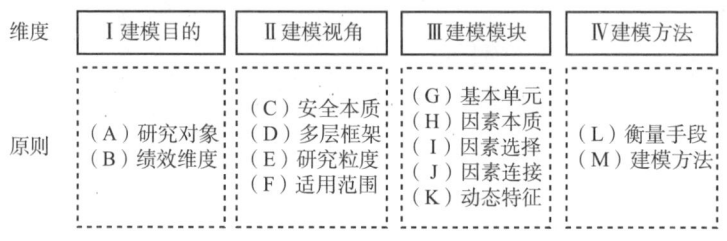

图5-5 安全风险分析建模的理论框架[110]

该理论框架规则(A)认为界定研究对象是系统建模的起点,本书的研究对象为水上跑道侵入风险,风险的基本特征是不确定性和不期望性,因此构建的分析模型应能反映该类风险的这两个特征,此外,模型还应该能够描述事故的发生"场景",也即在何种条件下,因素之间如何作用会诱发事故。

规则(B)认为安全并非企业组织的唯一或首要绩效目标。在很多组织系统中,把"安全"作为追求财务绩效过程中的伴生产物,将安全视作维持正常生产活动获得利润过程中的约束和限制条件,在生产和财务压力增大时,安全往往被摆在次要的位置上[171]。企业组织决策者如何均衡安全、财务、生产等绩效目标,是保证复杂社会技术系统取得良好绩效的关键。

规则(C)认为对安全本质的思考贯穿安全研究与实践,安全通常被认为是一种适宜的系统状态,安全程度取决于系统状态偏离标准状态的程度[172]。复杂组织系统中绩效指标是多因素相互作用而产生的涌现,因此对于水上机场运行系统安全建模,更宜采用基于组织实际行为的建模思路[173]。

规则(D)认为组织理论与组织分析中将组织系统进行纵向层次划分和横向模块划分是较为成熟的范式,通常将组织从纵向分为宏观(环境)、中观（组织）和微观（个体）三个层面[174]。宏观层面通常研究组织与外部环境的互动关系；中观层面主要研究组织经营战略和组织结构等，侧重于企业整体的制度安排及内部治理结构，包括组织文化、经营绩效、运营策略及制度规章等；微观层面主要关注组织中个体及团队行为，例如职业倦怠、工作满意度、安全承诺、偏离行为等。

规则（I）认为因素（变量）选择关系到系统模型的规模和复杂度，因此进行因素选择要处理好精简和完备这对矛盾。水上飞机起降安全保障体系包括人机环管等多维度风险因素，要依据研究目的和实践限制对因素（变量）进行取舍，要在能较好描述系统安全风险场景的同时，突出系统的关键风险因素。

规则（J）认为因素间的连接反映的是因素间的相互作用关系，技术因素及环境因素间作用关系较为明确，因素间连接容易描述；组织社会因素间作用关系较为模糊，既往研究中往往通过实证方法和统计分析工具（结构方程模型等）来确定因素间的连接。

规则（K）认为静态组织安全框架不能反映系统的动态特征，系统的动态特性体现在时间维度上的演化，系统建模要能够描述各类因素（变量）随时间的状态变动。水上飞机水面起降及其安全保障是一个复杂过程，系统的动态特征可以通过因素间的反馈回路及延迟来实现，例如"安全培训"需要一定周期才能实现员工"安全承诺"的提升，这个周期就是系统延迟。

规则（M）认为选择建模方法要考虑研究对象特征和建模方法适用性，尤其针对多层次复杂系统，需要整合多种方法。例如水上飞机起降运行体系是一个类技术系统，有严格的操作规程，其组织保障体系是较为宽松的社会系统，应该采用不同的建模方法。

5.4　安全风险理论的演进

伴随着科技进步，安全风险研究取得了长足进步，Rasmussen 将风险分析理论和模型分为三类[166]，Mohaghegh 依据研究范式的演进过程将之划分为三代[13]。缑变彩等对 Mohaghegh 的分类方法进行了系统阐述：第一代规范性理论，突出系统的深度防御和冗余防护；第二代系统状态偏离的描述性理论，以事件序列理论和流行病学理论为代表；第三代基于系统实际行为的描述性理论，以人为灾难理论、常态事故理论、高可靠性组织理论为代表[167]。对安全风险研究范式进行回顾有助于明确本研究的建模思路。

5.4.1 规范性理论

行为决策领域将风险判断和决策的理论分为两类：规范性理论和描述性理论。其中，规范性理论旨在解释系统中个体在理想条件下，应当如何推理、判断和进行决策，其核心是：最优化理论和无限理性假设，也即决策者的选择是以备择方案效用最大化为标准。规范性理论假设决策者是无限理性的，能够掌握系统的完整信息，能做出符合最优化原则的决策[175]。

风险分析的规范性理论，假设系统主体掌握系统状态及运行机理的完整信息，能够有无限理性建立差错风险的防御体系。其主要体现的是一种"深度防御"的思想，系统设计者可以建立多层技术、管理防御，通过多层级的检查审核，阻断风险在组织中的传播路径，通过增加系统冗余，以及严格执行SOP，适度牺牲效率和效益，以降低系统风险。然而类似打补丁的冗余设计也会带来诸多隐患，首先系统冗余导致系统复杂性上升而掩盖事故早期特征，其次系统会在运行一定时间后出现功能退变和状态偏离，"防御措施"会使得系统主题对危险的感知变慢[173]。此外，系统冗余增加，也使得系统构建和运行成本上升，在经济性绩效压力较大时，决策者往往会放弃某些系统防护，从而导致风险增加。伴随着对基于完全理论的规范性理论研究的深入，学者们发现了诸多系统违背规范性理论模型的偏差现象[175]。为解释这些系统偏差，研究者提出了描述性理论，旨在有限理性基础上描述系统状态的偏离。

5.4.2 基于状态偏离的描述性理论

描述性理论通过描述决策者（系统主体）实际上是如何进行思考来解释系统偏差。状态偏离理论属于描述性理论，认为系统正常状态各参数会限定在一定阈值范围，当有触发事件或者外部干扰时，系统状态会偏离标准（正常）状态，当相关参数超出阈值范围，便会导致系统事故发生。状态偏离程度及产生偏离的可能性可以表征系统的风险度或稳定性。状态偏离理论具体又可以分为事件序列理论和流行病学理论，两者都描述了触发或扰动事件在系统中的蔓延路径，都假定事件间有明确的因果路径。

(1) 事件序列理论

该类模型假设底层事件会通过触发有因果关系的关联事件,而在系统中逐层传播,并最终导致事故的发生。其代表性模型有多米诺骨牌模型[176]和能量理论[173]。骨牌模型认为事故是一系列事件状态的转换,能量理论则认为事故是由于防护不足导致能量意外释放所致。

事件序列模型分析的难点在于确定序列事件间的因果关系,通常通过归纳法或演绎法,借助事件树及事故树等分析工具定性描述事件之间的逻辑联系。1975年,Norman Rasmussen研究并提交给美国原子能委员会的WASH-1400《反应堆安全研究：美国核动力厂事故风险评价》报告中[177],建立了概率风险评估PRA技术框架,基于该方法对核电厂进行安全风险评估,并逐步推广到更广泛的领域,使得事件序列理论得到了广泛认可。

(2) 流行病学理论

与事件序列理论类似,流行病学理论也是基于事件间因果关系,将事故比喻成疾病传播,认为事故是由多因素耦合导致风险防御体系失效进而诱发事故[178]。譬如起降水域能见度差、飞行员操作疏忽、管制员指令错误、飞行器技术故障、防御措施失效等多重事件在某一时间节点并发叠加,会使得系统安全防御体系失效,诱发水上跑道侵入事件。与前述事件序列理论不同,风险流行病学理论采用事件网而不是线性链条描述风险蔓延过程。

最具代表性的流行病学模型是前文所述的瑞士奶酪模型[162],其研究对象以组织事故（也称作系统事故）为主,而时间序列模型以分析个体事故（也称职业事故）为主[9]。组织事故是由于个体层面出现的外在缺陷与组织管理层面的潜在缺陷重合时,被某一偶发事件触发后导致的事故。复杂社会技术系统中,随着技术进步及冗余防护措施的普及,技术系统可靠性得到了极大提升,组织事故逐步成为主要事故类型[167]。

然而,两种状态偏差理论,都是基于事件因果关系描述系统,这种思路的局限性主要表现为[8]：①事件描述的局限性,人机系统中人员和组织因素较难用事件进行界定,事件通常是将因素状态化之后的表述,例如"工作负荷过大"飞行员判断力会严重下降,而负荷是否处于"过大"状态则难以界定;②复杂系统的因果关系模糊,难以进行清晰界定,尤其对多要素共同作用导致风险涌现的过程难以进行清晰描述。

5.4.3 基于系统实际行为的描述性理论

在认识到第二代状态偏离风险理论的局限和不足之后,学者们提出了基于系统实际行为的描述性理论,具有代表性的包括人为灾难理论、常态事故理论、高可靠性组织理论等,这些理论模型对安全管理实践以及风险致因机理研究有着很深的影响。

人为灾难理论是将人为因素和组织因素看作对技术系统稳定状态的扰动,无论组织系统中个体的出发点有多好,正常规范的组织过程都有可能是对技术系统扰动,都有可能会破坏技术系统的安全目标[179]。该理论对后续工业安全管理实践有深远影响,导致工业过程中自动化技术的广泛应用,可以利用技术系统的高可靠性排除人为和组织因素扰动带来的风险。

常态事故理论认为系统安全程度取决于两个重要特征:交互复杂程度和耦合程度,复杂度可以表征系统中所包含变量的数量,以及变量间联系及变量间反馈回路的数量,耦合度是指系统中某一变量的改变对其他变量的影响程度,是对系统中变量关联程度的度量[180]。常态事故理论认为在高度复杂和紧密耦合的系统中,安全事故的发生是不可避免的正常状态,因为它们是无法预见和预防的。由于人类认知的局限性不可能穷举和预见系统所面对的所有可能性,因此事故才被称为常态事故。

高可靠性组织理论关注重点不在于事故是如何诱发的,而在于组织需要具备哪些特征才能确保复杂系统的安全[181],与常态事故理论的悲观看法相反。能够确保安全状态的组织被称为"高可靠性组织"。该理论认为组织在实现高绩效的同时,若要从本质上限制事故的发生,通常要具备以下特点[182]:第一,在组织各个层面实现安全与生产并重,并在行动上得到贯彻;第二,采用集权和分权相结合的管理方式;第三,强化组织学习能力;第四,广泛采用系统冗余以构建深层防御体系。

基于第三代理论,研究者构建了一系列分析模型,主要代表有三个:

Leveson 将组织视作控制系统,认为事故是控制不当的结果,基于系统论、控制论建立了 STAMP 模型[8],并采用 SD 方法从组织宏观层面,描述和仿真分析组织特征、动态过程对于安全绩效的影响。其分析更关注社会组织系统中事故的社会层面因素,缺乏技术层面的风险分析[183]。

Mohaghegh 建立了社会技术风险分析模型（SoTeRiA）[13]，同样采用 SD 方法对组织安全管理中社会层面进行建模，采用事故树（FTA）和贝叶斯网络（BBN）等对组织安全管理的技术层面建模，然后再整合社会系统和技术系统。SoTeRiA 采用混合方法：①用 SD 建模来描述组织，对其中各类安全管理活动或影响因素及其因果关系回路进行分析仿真；②用事件序列图和 FTA 定性分析技术层面的事故风险场景；③用 BBN 建模分析组织因素对技术层面风险因素的影响。

此外，还有 Stroeve 等构建的 TOPAZ[174,185] 模型，分析空管人员及飞行员等对于航空事故的影响，采用基于 Agent 的动态风险建模和蒙特卡罗仿真技术相结合。与 STAMP 和 SoTeRiA 不同，该模型的分析处于个体层面，更适宜采用主体动态建模仿真技术。

综上所述，为适应对水上飞机起降安全这类复杂社会技术系统进行系统安全分析的需求，本研究采用描述性风险理论，结合水上机场安全运行特点，尝试从复杂社会技术系统视角提出适合水上跑道安全分析的系统安全风险模型，采用 SD、FTA、BBN、演化博弈等多种建模技术，从不同组织层次进行建模分析。水上跑道起降作业体系由飞行员、管制员、安全员等多方参与，在一定气象水文条件下，进行人机互动及与外部船舶交通流的互动，因果关系较为明确，操作流程标准化程度较高，适合于事故树分析和人因差错评估及降低技术等解析方法进行定性描述，集合贝叶斯网络进行定量分析。水上机场组织保障体系是一个复杂、开放且因素间因果关系不明确、因素耦合度高的社会系统，需要采用系统动力学、演化博弈、建模仿真等系统分析方法。因此，本研究作业层分析采用传统概率风险分析法，组织管理层和监管层采用系统分析法，并整合上述子系统模型进行风险预警。

第6章 水上机场场务保障安全风险的识别

6.1 水上机场场务保障安全风险的分类及特征

6.1.1 水上机场场务保障安全风险的分类

水上飞机执行飞行任务期间，对飞行不安全事件或事故征候产生的可能性或后果严重性有促进作用的所有水上机场场务保障相关因素都可以称为水上机场场务保障安全风险。水上机场场务保障安全风险的分类可以按作业类型和水上机场场务保障相关因素的危险等级来进行划分。

（1）按作业类型分类

水上机场场务保障安全风险按作业类型具体可分为场道保障安全风险、导航通信保障安全风险、航行管制安全风险、情报服务安全风险、消防救援安全风险、能源保障安全风险、警卫保障安全风险、防鸟害安全风险八类。①场道保障安全风险是指场道保障作业过程中产生的安全风险，比如未及时清除水上运行区内移动物体所带来的安全风险；②导航通信保障安全风险是指导航通信保障作业过程中产生的安全风险，比如导航通信设备故障所带来的安全风险；③航行管制安全风险是指航行管制作业过程中产生的安全风险，比如未向区域管制室进行空域使用申报就放行水上飞机所带来的安全风险；④情报服务安全风险是指情报服务作业过程中产生的安全风险，比如未及时向机组通报水位变化所带来的安全风险；⑤消防救援安全风险是指消防救援作业过程中产生的安全风险，比如消防救援设备不齐全所带来的安全风险；⑥能源保障安全风险是指能源保障作业中产生的安全风险，比如未及时向现场指挥中心和机组通报航油余量不足所带来的安全风险；⑦警卫保障安全风险是指警卫保障作业过程中产生的安全风险，比如守卫水上飞机夜间停泊的值班时间擅离职守所带来的安全风险；⑧防鸟害安全风险是指防鸟害作业过程中产生的安全风险，比如水上飞机起飞前未进行驱鸟活动所带来的安全风险。

（2）按危险等级分类

水上机场场务保障相关因素按照对飞行安全的危害程度可以分为高危水上机场场务保障安全风险、中危水上机场场务保障安全风险和低危水上机场场务保障安全风险，具体定义及举例如表6-1所示。

表6-1 按水上机场场务保障因素的危害程度分类

危险等级	高危场务保障风险	中危场务保障风险	低危场务保障风险
范围	存在对水上飞机飞行安全有严重危害的水上机场场务保障因素	存在对水上飞机飞行安全有一定危害的水上机场场务保障因素	存在对水上飞机飞行安全有较小危害的水上机场场务保障因素
举例	在禁飞条件下放行飞机；浮动式码头位置不符合停泊要求；场务保障人员特情应急能力低下	基层保障人员培训少；浮标偏离航道；鸟害	未及时清除陆上跑道或水上运行区上的树叶、纸张等外来物

6.1.2 水上机场场务保障安全风险的特征

（1）涉及人员的广泛性

水上机场场务保障安全风险涉及文化素质、工作经验、能力水平差距较大的各类人员，主要包括：机场塔台管制员、现场指挥人员、陆上跑道与水上运行区维护及保洁人员、救援人员、飞机牵引人员、协助飞机靠泊及乘客货物上下机的人员等。这其中包含了管理人员、基层操作人员、高专业技能的人员、知识水平较低的人员等，涉及范围广泛。

（2）涉及区域的广泛性

鉴于水上机场场务保障涵盖对水上飞机滑行、起飞进近和着陆阶段、地面停留阶段等方面，场务保障风险所涉及的区域遍布整个陆地部分和水上部分的飞行区。不同区域的风险发生频率和造成后果的严重性都不同，并且各个区域的风险可能会存在相关性。

（3）影响因素的复杂性

水上机场场务保障安全风险的影响因素涉及人员、飞机及设施设备、环境和管理等多个方面，因素多且繁杂，且各因素之间可能存在复杂的相互作用关系。

(4) 数据的难获取性

由于水上飞机属于新兴行业，许多水上机场投入使用的年份尚短，因此在场务保障风险方面积累的数据较少，且部分数据处于不成熟阶段，尚未公示，因此在进行水上机场场务保障安全风险的定量分析时，难以获取数据这一问题将会造成很大影响。

6.2 水上机场场务保障安全风险识别方法的选择

在对水上机场场务保障的内涵、人员及作业类型等有了基础的认识之后，为了研究水上机场场务保障安全风险预警模型，首先需要对水上机场场务保障安全风险进行识别。目前国内外存在较多风险识别方法，可归类为定性识别法、定量识别法和集成识别法，具体如表6-2所示。

表6-2 识别方法的比较

分类	代表方法	优缺点
定性识别法	头脑风暴、情景分析法、鱼骨图法、风险源清单法、扎根理论法等	①优点：基于经验和原始资料的风险识别，能够适应风险变化的动态性，服务于挖掘潜在风险源 ②缺点：主观性较强
定量识别法	灰色关联法、蒙特卡罗法、投入产出法、归因分析法等	①优点：在大量数据和操作者较高知识技能的支持下，风险识别过程及结果较为客观 ②缺点：需要大量数据作为支撑，计算分析过程往往较为复杂
集成识别法	系统动力学、约束与假设分析法、层次全息模型分析等	①优点：结合了定性识别和定量识别的优势 ②缺点：需要大量数据的支撑，方法较为新颖，在不同行业中此类方法的适用性有待考量

由于水上飞机的行业特性，现阶段关于水上飞机不安全事件的数据较为缺乏，不适合采取定量分析法和集成识别法对水上机场场务保障安全风险进行识别。而定性识别法却又被普遍认为主观性较强，不够严谨。但实际上，这是一种对定性研究的误解。比如扎根理论法作为一种定性研究方法，通过扎根于经验数据，经过一系列规范、科学、严谨的程序建立理论，并且整个过程能够被追溯检查、循环反复推导，因此整个理论的构建过程都是科学可信的，是目前学术界较为肯定和推崇的定性研究方法。因此本研究考虑到数据的缺乏，结合水上机场场务保障安全风险影响因素的

复杂性特征，以及扎根理论法所具备的科学严谨的研究过程，认为采用扎根理论识别水上机场场务保障安全风险是恰当的。

6.3 基于扎根理论的水上机场场务保障安全风险识别

20世纪60年代，芝加哥大学的斯特劳斯（Anselm Strauss）和哥伦比亚大学的格拉斯（Barney Glaser）创建了扎根理论（Grounded Theory，GT）方法体系。在两位学者的专著《扎根理论的发现：质化研究策略》中指出扎根理论实质是一种在研究过程中扎根于经验资料，逐渐形成完整理论的方法论[38]。扎根理论主要通过开放式译码、主轴式译码和选择式译码三个步骤完成数据分析与处理。

6.3.1 资料的收集与整理

在使用扎根理论法对风险进行识别之前，需要对相关资料进行收集整理，包括深度访谈、调研现场观察、文件资料、事故案例等。前期通过参与水上飞机相关企事业委托项目，收集了一些重要文件，包括《水上机场技术要求（试行）》《加拿大水上机场建设与运营》《海南海事局水上飞机管理规定》《中华人民共和国海事局水上交通管制管理办法》《水上飞机训练与运行要求》等，并在此基础上对相关单位进行了跟踪式现场调研，对许多业务相关人员进行了深度访谈，包括在2017年2月对广东某海事局工作人员进行了调研。

访谈对象包括高层领导、执法部门中层领导及基层执法人员，访谈重点在于从水上飞机监管方之一的角度了解水上机场场务保障安全风险相关内容，此次访谈共通过文字记录及录音整理出8份访谈记录；2017年6月对湖北某水上机场进行了调研，访谈对象具体包括：空管员、总飞行师、通航公司高层领导、基层场务保障人员等，通过与不同岗位工作人员的深度洽谈，对实践工作了解更全面，也更好地将理论与实际工作进行了结合，这次调研访谈共通过文字记录及录音整理出18份访谈记录，还获取了包括机场塔台月度隐患排查资料、塔台岗位说明书、操作指引等重要文件资料。

在事故案例方面，现阶段我国水上飞机事故的曝光率较低，本研究仅通过中国民用航空网、民航资源网等新闻网站收集了2017年7月20日上海金山码头"首航"事件中的两起不安全事件，通过深度访谈了解到2016年5月漳河水上机场一起与场务保障安全风险有关的不安全事件，此外，也通过查询加拿大运输安全局等外文网站收集了一些与场务保障安全风险有关的事故案例。

6.3.2 安全风险影响因素的开放式译码

开放式译码需要对原始资料进行客观、开放的初步探索，在研究过程中保证各类数据信息是自然呈现的，本研究以水上机场场务保障安全风险影响因素为扎根主题，逐字逐句地分析上述所收集到的所有资料信息，并完成原始资料概念化、范畴化等工作。

（1）概念化分析

将分别来自深度访谈、调研现场观察、文件资料、事故案例的原始资料记录进行开放式译码中的概念化分析，并且对于资料中重复的概念进行了删减，最终得到70个概念，具体如表6-3、表6-4、表6-5、表6-6所示。另外，这4个表格中的原始资料记录分别来源于上文资料的收集与整理中所述的26份访谈记录、调研现场观察、文件资料、事故案例。

表6-3 来自深度访谈记录的开放式译码

原始资料记录	概念化
部分受访人员表示由于每天都从事同样的工作，对工作缺乏热情，容易产生逆反心理	a1 部分工作重复度高，人员缺乏热情
部分受访人员表示操作规章制度过于复杂，在实际工作中并不会完全按照操作规章制度的顺序一一执行	a2 规章制度的可实践性不高 a3 违反规章制度
受访人员表示现这个水上机场因为建在远离城市、海拔较高的风景区里，生活非常不方便，去一趟城里大概要花2小时，附近也没什么居民，环境比较艰苦，而且自己去过的好些水上机场都是建在类似这些地方	a4 工作环境满意度低
整个团队需要每隔一段时间转场训练或者到不同地方参加一些商业活动，比如前段时间去苏州参加过表演，平时能回家的时间比较少	a5 生活不稳定，难以兼顾家庭
整个团队中其实压力最大的是我们这些团队领导，平时要负责现场指挥，一旦发生事故，最大责任一般都是我们担负，而水上飞机又是风险很大的一种机种，技术水平很高的飞行员很少，我们做现场指挥的就要操心很多	a6 工作压力大

第6章 水上机场场务保障安全风险的识别

续表

原始资料记录	概念化
没有看过民航局下发的这个《水上机场技术要求（试行）》，对文件中规定的水上机场、跑道等标识标志不太清楚，可能公司的管理人员有看过，但是没有给我们这些基层工作人员安排过这类培训	a7 不熟悉机场的相关标识标志 a8 缺少基础知识培训
部分受访人员表示没有参与过救援行为，对应急预案以及附近能借助的力量都不太清楚	a9 特情应急能力不足
负责维护场道中一些设备设施的人员工作中最关键的失误在于设备设施维修不达标	a10 设备设施维修不达标
平时一般不会对锚泊区内的水底障碍物（如树桩、水草等）进行检查	a11 未及时检查水底障碍物
在水上飞机获准着陆时，会发现有船只闯入水上运行区，需要指挥人员与船上的负责人沟通，如果沟通无果，只能让飞机盘旋等待	a12 与区域内航行船只沟通无效
在水位下降时，浮动式码头需要整个往水面方向推一下，如果不这样，会造成锚泊区水位不符合水上飞机最小水深要求，水上飞机会触底，损坏飞机底部	a13 浮动式码头位置不符合停泊要求
因为很多水上飞机建在海拔较高、远离城市、水多树多的地方，信号比较差，包括雷达信号、对讲机信号都比较容易受到干扰	a14 导航设备受到信号干扰 a15 通信设备受到信号干扰
因为水上机场一般建在公共水域旁，旁边一些围界只是很普通的金属材料，有的时候会被旁边居民弄破跑进来，比如这片水域就是本地著名风景区，一到夏天，就会有很多市民过来游泳，包括斜坡道附近，码头附近都会有很多人，我们一般也很难管，毕竟这是公共水域	a16 围界破损 a17 外来人员侵入飞行区
如果是在海边的水上机场，由于在咸水中金属腐蚀严重，锚索就会易腐蚀，内陆的水上机场一般就不会出现这种问题	a18 锚索因腐蚀而毁坏
这个机场浮动码头上的系留装置也是塑料制品，虽然比一般塑料坚固，但也有发生过松动的情况	a19 码头上的系留装置不稳固
水上运行区内的浮标是用于标识飞机起降航道以及与近岸其他水上用户的边界，但是有时候会因为风浪太大或者被撞过等原因偏离航道，会影响到飞机的降落	a20 浮标偏离航道
部分受访的飞行员表示在降落的时候，因为一些标识标志老旧了，比如有些浮标颜色就已经很淡了，没办法看清楚地上或者水上的标识标志	a21 机场、跑道等标识标志不清晰
这个水上机场没有救援用船，2015年5月份发生过水上飞机滑行阶段因飞行员遭遇侧风且操作不当导致侧翻，后来临时调用附近酒店的快艇过去救人，结果工具又没带够	a22 不利的风（包括侧风、顺风、风切变等） a23 消防救援设备不足

续表

原始资料记录	概念化
夏天太阳光过强的时候,容易造成飞行员眩光,因为水上飞机是目视飞行,所以这点影响很大	a24 阳光刺眼
水面本身容易起雾,或者遇到大雾天气,都会造成能见度降低,飞行员和塔台视线都会受到干扰	a25 能见度低
许多水上机场都还在建设中,包括跑道边上就会看到有施工队正在施工	a26 不停航施工
水上飞机通过斜坡道入水或上岸,到了冬天斜坡道就容易结冰,就算是南方也有这种情况,两栖式水上飞机从斜坡道上滑进水里的时候极容易打滑不受控制	a27 斜坡道结冰
大部分受访海事局工作人员表示虽然现在已经把水上飞机监管列入工作职责中,但平时很少会去做这项工作,也就是说还没有完全执行起来	a28 海事局监管不到位
其实很多不安全事故都发生在黑飞中,飞行许可证都没有,如果没有出现特大型事故,有关部门也不会发现	a29 民航局监管不到位
部分管理人员表示公司有建立应急预案,但是里面的内容比较虚,没有专门针对某个地方进行设计,比如周围有哪些外部力量可以借用之类的都不会涉及,事故真的发生的时候主要还是靠我们这些在场的人员随机应变	a30 应急预案内容不完善
从来没有参与过救援应急的演练,一般只训练飞行员,我们做保障工作的做好飞行员的配合就好了,我们做应急演练的意义也不大,只要飞行员注意好飞行安全就行	a31 缺少救援应急演练 a32 安全意识淡薄
在训练阶段,我们与机场就是租赁关系,机场方面一般不会对我们的飞行进行监管,飞行指挥、空域使用申报什么的都是我们自己负责	a33 机场管理部门监管不到位
公司没有安排基层保障人员的培训,我们一般都是老兵退伍下来,或者原来在民航工作退下来的,主要根据经验工作	a34 基层保障人员培训少
关于安全管理的制度,中国民航局出过《民用机场运行安全管理规定》,里面有包含一点通用机场的内容,公司里应该也有出安全管理制度,但是没有细化到场务保障这个层面	a35 安全管理制度不完善
平时公司有对飞行员的资质进行定期检查、考核,像我们做保障工作的人员,不像飞行员专业要求那么高,所以平时几乎不会考核我们的资质	a36 资质审查制度不健全

第6章 水上机场场务保障安全风险的识别

表6-4 来自调研现场观察记录的开放式译码

原始资料记录	概念化
在为期数月的训练阶段一般只有一个场务保障团队对多架飞机的所有飞行进行保障工作，夏天的工作时间需要避开阳光最刺眼的时段，因此往往需要凌晨4点开始工作，10点左右再安排补休	a37 工作时间特殊，生物钟紊乱
当飞机开车进入斜坡道后，保障人员才对斜坡道旁的施工团队进行驱赶	a38 对飞行区不停航施工疏忽监管
当游艇侵入跑道端安全区时，保障人员未进行驱逐	a39 未及时驱除水上运行区内外来物
飞行员发出操作请求时，现场指挥人员因为在跟其他人讲话，没有及时回应	a40 与飞行员沟通不畅
现场指挥中心的高层领导包括总飞行师和航空公司领导代表，在一架飞机航行中出现两人都使用对讲机与机组对话的情况，且意见不一	a41 场务保障团队内部沟通不畅
按规定风向标需确保在300m高度及水上运行区的任何位置清晰可见，但是这个水上机场的风向标就是立在码头边一个3m高左右支架上的小风袋，飞行员在水上滑行时有一段距离是看不见风袋的	a42 风向标设置不符合要求
灭火瓶、救生圈、救生绳索等全部堆放在水边一个小房间里，经观察，发现有些灭火瓶已经过期，救生圈老化严重	a43 消防救援设备故障
现场指挥人员使用对讲机与机组进行联系，对讲机偶尔会发生故障或者信号受到干扰，发出"嗞嗞嗞"的声音，导致与机组沟通中断或讲话不清晰	a44 通信设备故障 a15 通信设备受到信号干扰

表6-5 来自文件资料记录的开放式译码

原始资料记录	概念化
在月度安全隐患排查治理中有发现塔台管制员与飞行员通话时使用错误专业用语	a45 对专业用语掌握不到位 a46 业务培训效果不佳
在月度安全隐患排查治理中存在有部分管制员通话语速偏快的现象	a47 未把握好通话语速
在月度安全隐患排查治理中存在部分领导巡视与检查力度不够的现象	a48 上级领导监管不严格
在月度安全隐患排查治理中发现塔台无席位交接本	a49 场务保障工作条例不完善
温哥华港湾水上机场东侧码头基本不投入使用，因为受海水、风、船只等影响，风浪较大，并且ledcor建筑公司设计的码头甲板至水面的高度偏大，浪大时飞机横摆易擦伤机尾	a50 风浪较大

续表

原始资料记录	概念化
维多利亚港内水域狭窄，交通高度繁忙，水上飞机、大型远洋轮船、中小型船只和人力浆船等同时运行	a51 水上运行区交通复杂
惠斯勒绿湖水上机场因冬季有冰冻期，该机场只在4—11月开放	a52 水面结冰
列治文水上基地距温哥华机场边界200m，处于空中交通流错综复杂的环境。水上飞机起降与温哥华机场的飞机在同一空域，管制由温哥华机场塔台统一指挥	a53 进近空域交通复杂
由于水上飞机水上起降的特性，所在水域的水流、水位、波高、波动情况等会严重影响飞行。比如静止的水面条件将增加水上飞机的起飞难度，而水面波动太剧烈的环境同样不适于飞机运行	a54 水流速度快 a55 水位变化大 a56 波高过小或过大
在大风、浪涌水域，尤其是台风天等恶劣天气中，锚泊区的木栅栏易破损	a57 锚泊区防护装置破损 a58 极端恶劣天气
确定水上机场的场址时，还要考虑到是否有吸引成群鸟类栖息的因素。要避免使用曾经鸟群长期栖息过的水上区域和航道	a59 鸟害
个性心理因素包括侥幸心理、紧张心理、习惯心理、求快心理、厌倦心理、逆反心理、自负心理、麻痹心理等	a60 心理状态不佳
生理因素主要体现在身体不能适应任务要求，感觉疲惫或受疾病影响	a61 身体素质不好

表6-6 来自事故案例记录的开放式译码

原始资料记录	概念化
2016年7月20日，上海金山码头B-10fy和B-10fz两架水上飞机由于码头上安放的防撞球不足而碰撞	a62 未及时检修设备设施
2016年7月20日，上海金山码头B-10fw飞机在起飞2分钟后撞上旁边的沪杭公路大桥	a63 进近区域障碍物复杂
2005年9月1日，加拿大魁北克一架浮筒式德哈维兰DHC-2海狸水上飞机在越过山脊时遭遇强烈的上升气流，中度到重度的湍流和风切变导致飞机失速而撞山	a22 不利的风（包括侧风、顺风、风切变等） a64 乱流（包括湍流、上升/下降气流等）
1999年9月26日，加拿大一架德哈维兰DHC-2海狸水上飞机在获得温哥华港口控制塔降落的许可证后，在降落过程中，飞行员听到撞击声，感受到飞机抖动后才意识到一艘小型游艇的存在	a39 未及时驱除水上运行区内外来物 a65 未及时告知机组水上运行区内外来物状态

续表

原始资料记录	概念化
2015年12月11日，加拿大Wasaya航空公司的一架塞斯纳208B水上飞机被派遣到预测结冰的水域中执行飞行任务，尽管该型号飞机被禁止在已知或预测结冰条件下飞行，后该飞机因水域中冰块的积累大幅降低了飞机的性能，造成飞机失速失去控制。根据事故报告，2015年1月已完成塞斯纳208B水上飞机在已知或预测结冰条件下操作的风险评估，但Wasaya航空公司没有实现所有的缓解策略	a52 水面结冰 a66 在禁飞条件下放行飞机 a67 未制定应急响应策略

（2）范畴分析

范畴分析是指进一步处理和提炼层次较低的概念，将相互之间有联系的概念归类在一起。提炼总结上述获得的70个概念，得到以下17个范畴，如表6-7所示。其中，a2无法与其他概念关联，故剔除。

表6-7 水上机场场务保障安全风险影响因素开放式译码得到的范畴

范畴	概念内涵	
A1 工作满意度	a1 部分工作重复度高，人员缺乏热情 a5 生活不稳定，难以兼顾家庭 a37 工作时间特殊，生物钟紊乱	a4 工作环境满意度低 a6 工作压力大
A2 工作绩效	a3 违反规章制度 a11 未及时检查水底障碍物 a39 未及时驱除水上运行区内外来物 a65 未及时告知机组水上运行区内外来物状态	a10 设备设施维修不达标 a38 对飞行区不停航施工疏忽监管 a62 未及时检修设备设施 a66 在禁飞条件下放行飞机
A3 专业素质	a7 不熟悉机场的相关标识标志 a32 安全意识淡薄 a47 未把握好通话语速	a9 特情应急能力不足 a45 对专业用语掌握不到位
A4 培训管理	a8 缺少基础知识培训 a46 业务培训效果不佳	a34 基层保障人员培训少
A5 团队沟通	a12 与区域内航行船只沟通无效 a41 场务保障团队内部沟通不畅	a40 与飞行员沟通不畅
A6 飞行场区设备设施	a13 浮动式码头位置不符合停泊要求 a18 锚索因腐蚀而毁坏 a57 锚泊区防护装置破损	a16 围界破损 a19 码头上的系留装置不稳固
A7 导航通信设备设施	a14 导航设备受到信号干扰 a44 通信设备故障	a15 通信设备受到信号干扰
A8 飞行场区环境	a17 外来人员侵入飞行区 a27 斜坡道结冰	a26 不停航施工 a51 水上运行区交通复杂

续表

范畴	概念内涵	
A9 目视助航设备设施	a20 浮标偏离航道 a42 风向标设置不符合要求	a21 机场、跑道等标识标志不清晰
A10 消防救援设备设施	a23 消防救援设备不足	a43 消防救援设备故障
A11 气象环境	a22 不利的风（包括侧风、顺风、风切变等） a25 能见度低 a64 乱流（包括湍流、上升/下降气流等）	a24 阳光刺眼 a58 极端恶劣天气
A12 运行监管	a28 海事局监管不到位 a33 机场管理部门监管不到位	a29 民航局监管不到位 a48 上级领导监管不严格
A13 应急管理	a30 应急预案内容不完善 a67 未制定应急响应策略	a31 缺少救援应急演练
A14 制度建设	a35 安全管理制度不完善 a49 场务保障工作条例不完善	a36 资质审查制度不健全
A15 水文环境	a50 风浪较大 a54 水流速度快 a56 波高过小或过大	a52 水面结冰 a55 水位变化大
A16 净空环境	a53 进近空域交通复杂 a63 进近区域障碍物复杂	a59 鸟害
A17 身心素质	a60 心理状态不佳	a61 身体素质不好

6.3.3 安全风险影响因素的主轴式译码

上述得到的关于水上机场场务保障安全风险影响因素都是相互独立的范畴，还没有充分揭示范畴间的关系。因此主轴式译码的关键在于探索范畴之间的关联，发现并且建立主范畴与其他范畴之间的各种逻辑关系。对水上机场场务保障安全风险影响因素进行主轴式译码，其形成的主范畴以及主范畴的关系内涵定义如表 6-8 所示。

表 6-8 水上机场场务保障安全风险影响因素主轴式译码的主范畴及关系内涵

编号	主范畴	影响关系的范畴	关系内涵
1	人员保障因素	A1 工作满意度；A2 工作绩效；A3 专业素质；A17 身心素质	人员个体层面的身心素质、工作满意度、专业素质、工作绩效都是风险分析的重点
2	组织管理保障因素	A4 培训管理；A5 团队沟通	团队沟通、培训管理都是组织层次的概念

续表

编号	主范畴	影响关系的范畴	关系内涵
3	设备设施保障因素	A6 飞行场区设备设施；A7 导航通信设备设施；A9 目视助航设备设施；A10 消防救援设备设施	水上机场需要必备的设备设施以保障水上飞机安全飞行
4	环境保障因素	A8 飞行场区环境；A11 气象环境；A15 水文环境；A16 净空环境	水上飞机目视飞行对环境要求度高，需要气象、水文、净空、场区各方面环境的配合
5	运行管理保障因素	A12 运行监管；A13 应急管理；A14 制度建设	运行管理因素是机场动态管理中的关键因素

6.3.4 安全风险影响因素的选择式译码

选择式译码是处理范畴与范畴之间关系的过程。关键在于找出核心范畴与次要范畴，核心范畴对所有次要范畴是具有唯一的统领性的。通过对主轴式译码过程中形成的 5 个主范畴的分析，对水上机场场务保障安全风险影响因素进行选择式译码，最终得到的核心范畴是人员保障因素、设备设施保障因素、环境保障因素以及管理保障因素，如图 6-1 所示。

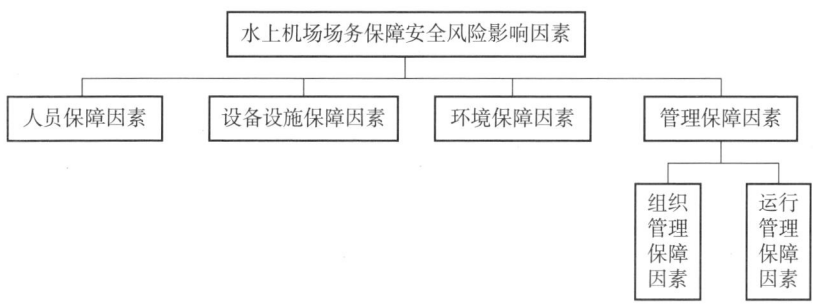

图 6-1 水上机场场务保障安全风险影响因素的选择式译码

6.4 水上机场场务保障安全风险影响因素的层次结构

考虑到通过扎根理论所获得的水上机场场务保障安全风险影响因素主要用于对水上机场场务保障安全风险水平的确定，需要将影响因素转化成易测量的指标形式。因此，在基于扎根理论对水上机场场务保障安全风险影响因素进行识别后，结合专家意见和实际情况将二级因素指标化，使这些影响因素在实际使用中具备一定的可测性,最终得到的水上机场场务保障安全风险影响因素的层次结构如表6-9所示。

表6-9 水上机场场务保障安全风险影响因素的层次结构

维度	一级因素	二级因素	二级因素指标化
人员保障因素	身心素质	心理状态不佳	心理健康不正常人数占比
		身体素质不好	身体检查不正常人数占比
	专业素质	不熟悉机场的相关标识标志	对机场相关标识标志的熟悉度
		对专业用语掌握不到位	专业用语掌握度
		未把握好通话语速	未把握好通话语速的频次
		特情应急能力不足	特情应急能力
		安全意识淡薄	安全意识
	工作满意度	工作环境满意度低	工作环境满意度
		部分工作重复度高,人员缺乏热情	工作热情度
		生活不稳定,难以兼顾家庭	工作生活平衡度
		工作压力大	工作压力感知度
		工作时间特殊,生物钟紊乱	生物钟紊乱频次
	工作绩效	对飞行区不停航施工疏忽监管	对飞行区不停航施工疏忽监管的频次
		未及时告知机组水上运行区内外来物状态	未及时告知机组水上运行区内外来物状态的频次
		未及时驱除水上运行区内外来物	未及时驱除水上运行区内外来物的频次
		未及时检查水底障碍物	未及时检查水底障碍物的频次
		在禁飞条件下放行飞机	在禁飞条件下放行飞机的频次
		未及时检修设备设施	未及时检修设备设施的频次
		设备设施维修不达标	设备设施维修不达标率
		违反规章制度	规章制度违规率
设备设施保障因素	飞行场区设备设施	锚泊区防护装置破损	锚泊区防护装置破损率
		围界破损	围界破损率
		锚索因腐蚀而毁坏	锚索毁坏率
		浮动式码头位置不符合停泊要求	浮动式码头位置不符合停泊要求频次
		码头上的系留装置不稳固	码头上的系留装置稳固性

续表

维度	一级因素	二级因素	二级因素指标化
设备设施保障因素	目视助航设备设施	浮标偏离航道	浮标偏离航道频次
		风向标设置不符合要求	风向标设置不符合要求的程度
		机场、跑道等标识标志不清晰	标识标志清晰度
	消防救援设备设施	消防救援设备不足	消防救援设备配备率
		消防救援设备故障	消防救援设备故障率
	导航通信设备设施	通信设备故障	通信设备故障率
		通信设备受到信号干扰	通信设备受到信号干扰的频次
		导航设备受到信号干扰	导航设备受到信号干扰的频次
环境保障因素	气象环境	极端恶劣天气	极端恶劣天气频次
		不利的风（包括侧风、顺风、风切变等）	遭遇不利的风的频次
		乱流（包括湍流、上升/下降气流等）	乱流强度
		阳光刺眼	阳光强度
		能见度低	能见度
	水文环境	风浪较大	风浪级数
		水面结冰	水面结冰频次
		水流速度快	水流速度
		水位变化大	水位变化
		波高过小或过大	波高
	净空环境	进近区域障碍物复杂	进近区域障碍物复杂性
		进近空域交通复杂	进近空域交通复杂性
		鸟害	鸟害频次
	飞行场区环境	外来人员侵入飞行区	飞行区外来人员侵入频次
		水上运行区交通复杂	水上运行区交通复杂性
		不停航施工	不停航施工频次
		斜坡道结冰	斜坡道结冰频次
管理保障因素	团队沟通	与区域内航行船只沟通无效	与区域内航行船只沟通无效率
		与飞行员沟通不畅	与飞行员沟通无效率
		场务保障团队内部沟通不畅	场务保障团队内部沟通无效率
	培训管理	缺少基础知识培训	培训内容缺失率
		业务培训效果不佳	业务培训效果不佳的概率
		基层保障人员培训少	基层保障人员培训频次

续表

维度	一级因素	二级因素	二级因素指标化
管理保障因素	制度建设	安全管理制度不完善	安全管理制度缺失率
		场务保障工作条例不完善	场务保障工作条例缺失率
		资质审查制度不健全	资质审查制度缺失率
	应急管理	缺少救援应急演练	应急演练频次
		应急预案内容不完善	应急预案缺失率
		未制定应急响应策略	应急响应策略遗漏率
	运行监管	上级领导监管不严格	上级领导日常监管频次
		海事局监管不到位	海事局日常监管频次
		民航局监管不到位	民航局日常监管频次
		机场管理部门监管不到位	机场管理部门日常监管频次

第7章
水上机场场务保障安全风险预警体系构建

7.1 安全风险预警指标体系构建的原则

构建水上机场场务保障安全风险预警指标体系是进行预警管理的基础，所选取的预警指标是否合理科学将会与是否能够正确告警有直接影响关系，甚至影响到能否做出正确的应对决策。因此，为了能够反映水上机场场务保障工作安全状态的真实状况，水上机场场务保障安全风险预警指标体系的设计既要考虑到场务保障系统的整体性，又要聚焦关键因素，既要保证研究的准确性，又要强调在实际工作中的可操作性，具体需要遵循以下原则。

（1）全面系统性原则

水上机场场务保障作为一个系统工程，其安全风险具备影响因素广泛且复杂的特征，包括场务保障人员、设备设施、环境和管理等，因此在进行场务保障安全风险预警指标体系的设计时，应确保所选取的指标是全面系统的，需要充分反映水上机场场务保障实际工作中的各类风险。

（2）重点突出性原则

水上机场场务保障涉及面广，头绪众多，但在预警指标体系的构建中并不提倡面面俱到，而是必须明确关键影响因素。重点关注水上机场场务保障安全风险影响因素中发生频次高、后果严重的部分，既可以确保预警管理的效率，也为以后的改进工作指引方向。

（3）科学准确性原则

所构建的水上机场场务保障安全风险预警指标体系应确保指标选择过程及选择结果的科学性和准确性，才能继而保证能够做出准确的告警行为。为降低主观因素对于指标选取的影响，尽可能量化指标，并且一方面关注指标本身的时效性与独立性，另一方面选择权威的专家人士参与指标制定。

(4) 可操作性原则

由于水上机场场务保障工作内容和工作地点的特殊性，其调研工作相较更有难度。因此为了确保研究能够顺利进行，既要追求指标的科学准确，也要确保其可操作性。也就是说，应选择能够通过调研获取的指标，且在实际工作中便于获取指标的数据，确保预警指标体系能够发挥实际作用。

7.2 安全风险预警指标体系的架构

根据前文基于扎根理论对水上机场场务保障安全风险的识别，本研究所构建的水上机场场务保障安全风险预警指标体系主要从人员保障、设备设施保障、环境保障和管理保障4个方面入手，其中：

目标层是指水上机场场务保障安全风险预警管理的总目标，即明确水上机场场务保障安全风险水平，动态反映安全风险水平的变化趋势，为水上机场管理部门提供决策参考。

准则层是根据水上机场场务保障涉及的人员及作业类型、安全风险的分类及特征等，为实现水上机场场务保障安全风险预警管理的目标而划分的不同类别，包括人员保障、设备设施保障、环境保障和管理保障4种风险类型。

要素层是将准则层进一步细化的维度，包括身心素质、专业素质、工作满意度、工作绩效、飞行场区设备设施、目视助航设备设施、消防救援设备设施、导航通信设备设施、气象环境、水文环境、净空环境、飞行场区环境、团队沟通、培训管理、机制建设、应急管理、运行监管17个细分维度。

指标层则指进行水上机场场务保障安全风险预警的所有预警指标的集合，包括心理健康不正常人数占比、身体检查不正常人数占比等多项指标。

水上机场场务保障安全风险预警指标体系的架构如图7-1所示。

第 7 章 水上机场场务保障安全风险预警体系构建

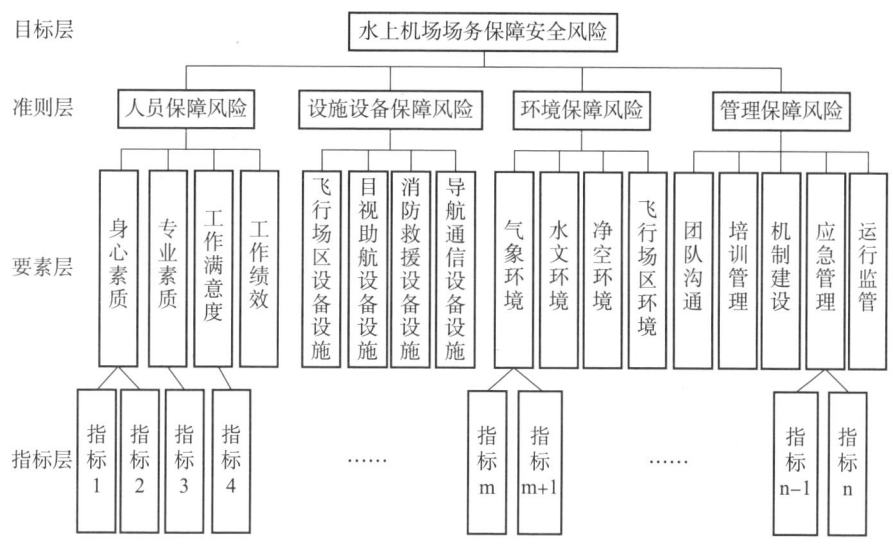

图 7-1 水上机场场务保障安全风险预警指标体系的架构

7.3 安全风险预警指标的筛选

  基于前一章节所识别出的水上机场场务保障安全风险影响因素的层次结构,可以发现水上机场场务保障安全风险影响因素有很多,但其实并不是每一个风险影响因素发生的频率、产生后果的严重性都足以将其纳入预警管理的范畴,同时还存在部分因素的数据是否容易获取、因素间的关系是否明确等问题。因此在指标体系的构建过程中,基于重点突出性原则,本研究通过德尔菲法进行关键预警指标筛选,设计了"水上机场场务保障安全风险预警指标调查问卷",问卷中被调查者首先需要填写基本信息,其次需要对所有已经指标化的影响因素的重要性进行判断,分为很不重要、不太重要、一般重要、比较重要、非常重要等五个等级,五个等级分别对应 1 分、2 分、3 分、4 分、5 分。考虑到目前水上飞机相关产业处于初期发展阶段,国内许多水上机场常年处于训练状态,富有经验的水上机场场务保障专家较少,同时指标筛选、阈值确定等工作相对于样本量来说,对专家经验的依赖性更强。因此在这样的背景下,本研究共邀请了 10 名经验丰富、具有一定代表性的水上机场场务保障行业专家来参与指标筛选及之后的指标阈值确定和贝叶斯网络先验概率赋值工作。在指标筛选环节，这些专家需要基于实际工作经验及对水上机场场务保障安全管理的认识填写问卷中的所有题项。有效样本基本情况如表 7-1 所示。

表 7-1　有效样本基本情况分析（N=10）

变量	分类	样本数	占比（%）
性别	男	9	90.00
	女	1	10.00
年龄	25 岁以下	0	0
	25~30 岁	1	10.00
	31~40 岁	3	30.00
	41~50 岁	4	40.00
	51 岁以上	2	20.00
学历	中专或高中及以下	1	10.00
	大专	3	30.00
	本科	5	50.00
	硕士及以上	1	10.00
管理层次	基层工作人员	2	20.00
	中层管理人员	6	60.00
	高层管理人员	2	20.00
在本单位的工龄	0~3 年	1	10.00
	4~6 年	3	30.00
	7~9 年	4	40.00
	10 年及以上	2	20.00

收集到问卷后需要对问卷进行统计分析，主要根据算术平均值（M_j）、标准差（δ_j）、变异系数（V_j）对所有指标进行筛选，并且需要确保每一个要素中都至少保留一个指标，式（7-1）、式（7-2）、式（7-3）分别为 M_j、δ_j、V_j 的计算公式。其中，X_{ij} 为第 i 个专家对第 j 个指标的评分，N 为参与评分的专家数。

$$M_j = \frac{1}{N_j} \sum_{i=1}^{N} X_{ij} \tag{7-1}$$

$$\delta_j = \sqrt{\frac{1}{N_j} \sum_{i=1}^{N} (X_{ij} - M_j)^2} \tag{7-2}$$

第7章 水上机场场务保障安全风险预警体系构建

$$V_j = \delta_j / M_j \qquad (7-3)$$

在计算出所有指标的 M_j、δ_j、V_j 值后,确定指标筛选的标准为 $M_j \geq 3.6$ 且 $V_j \leq 0.20$,同时 δ_j 值不能太大,即确保专家的意见相对较为统一。

最终,计算得到筛选后的指标及其算术平均值、标准差和变异系数如表 7-2 所示,其中算术平均值、标准差和变异系数已保留至小数点后两位,各项指标后括号内的字母或字母与数字的组合为后续贝叶斯网络模型中的节点名称。

表 7-2 水上机场场务保障安全风险预警指标筛选结果

目标层	准则层	要素层	指标层	M_j	δ_j	V_j
水上机场场务保障安全风险（A）	人员保障风险（B）	身心素质（B1）	心理健康不正常人数占比（B11）	3.80	0.60	0.16
			身体检查不正常人数占比（B12）	3.80	0.60	0.16
		专业素质（B2）	专业用语掌握度（B21）	3.70	0.64	0.17
			特情应急能力（B22）	3.80	0.60	0.16
		工作满意度（B3）	工作环境满意度（B31）	3.70	0.64	0.17
			工作压力感知度（B32）	3.80	0.60	0.16
		工作绩效（B4）	规章制度违规率（B41）	3.80	0.60	0.16
			对飞行区不停航施工疏忽监管的频次（B42）	3.80	0.40	0.11
			未及时驱除水上运行区内外来物的频次（B43）	3.90	0.54	0.14
			在禁飞条件下放行飞机的频次（B44）	5.00	0.00	0.00
	设备设施保障风险（C）	飞行场区设备设施（C1）	锚泊区防护装置破损率（C11）	3.90	0.54	0.14
			围界破损率（C12）	3.80	0.60	0.16
			浮动式码头位置不符合停泊要求频次（C13）	3.90	0.54	0.14
		目视助航设备设施（C2）	风向标设置不符合要求的程度（C21）	4.00	0.63	0.16
			标识标志清晰度（C22）	3.80	0.40	0.11
		消防救援设备设施（C3）	消防救援设备配备率（C31）	4.10	0.54	0.13
		导航通信设备设施（C4）	通信设备受到信号干扰的频次（C41）	3.90	0.54	0.14
			导航设备受到信号干扰的频次（C42）	4.00	0.45	0.11

续表

目标层	准则层	要素层	指标层	M_j	δ_j	V_j
水上机场场务保障安全风险（A）	环境保障风险（D）	气象环境（D1）	遭遇不利的风的频次（D11）	4.10	0.54	0.13
			阳光强度（D12）	3.90	0.54	0.14
			能见度（D13）	3.90	0.54	0.14
		水文环境（D2）	水流速度（D21）	3.90	0.30	0.08
			水位变化（D22）	3.80	0.60	0.16
			波高（D23）	4.10	0.54	0.13
		净空环境（D3）	进近区域障碍物复杂性（D31）	4.30	0.64	0.15
			进近空域交通复杂性（D32）	3.80	0.60	0.16
		飞行场区环境（D4）	水上运行区交通复杂性（D41）	4.10	0.54	0.13
			飞行区外来人员侵入频次（D42）	3.60	0.49	0.14
	管理保障风险（E）	团队沟通（E1）	与区域内航行船只沟通无效率（E11）	3.70	0.46	0.12
			与飞行员沟通无效率（E12）	3.90	0.54	0.14
			场务保障团队内部沟通无效率（E13）	3.80	0.40	0.11
		培训管理（E2）	业务培训效果不佳的概率（E21）	4.00	0.63	0.16
			基层保障人员培训频次（E22）	3.70	0.64	0.17
		机制建设（E3）	安全管理制度缺失率（E31）	4.00	0.63	0.16
			场务保障工作条例缺失率（E32）	4.30	0.46	0.11
		应急管理（E4）	应急演练频次（E41）	3.70	0.64	0.17
			应急预案缺失率（E42）	3.80	0.40	0.11
		运行监管（E5）	海事局日常监管频次（E51）	3.90	0.54	0.14
			民航局日常监管频次（E52）	3.90	0.54	0.14
			机场管理部门日常监管频次（E53）	4.00	0.63	0.16

7.4 安全风险预警指标的含义及阈值确定

7.4.1 安全风险预警指标的含义

根据上文水上机场场务保障安全风险预警指标的筛选结果可知，筛选后水上机场场务保障安全风险预警指标体系包含 4 种风险类别，17 个要素，40 个指标。对其进行含义的界定，具体如下所示。

(1) 人员保障风险

①身心素质

身心素质是指场务保障人员生理心理状态，指标包含心理健康不正常人数占比、身体检查不正常人数占比。其中，心理健康不正常人数占比是指在统一的心理健康量表测算中显示结果不正常的场务保障人员数量占场务保障总人数的比例；身体检查不正常人数占比是指在统一的身体检查中显示身体状况不佳，影响正常工作的场务保障人员数量占场务保障总人数的比例。

②专业素质

专业素质是场务保障人员在完成工作过程中所具备的综合能力的体现，指标包含专业用语掌握度、特情应急能力。其中，专业用语掌握度是指场务保障人员对工作要求中所必须使用的专业用语的掌握程度；特情应急能力是指场务保障人员在发生诸如不安全事件等特殊情况中应急反应和精确处置的能力。

③工作满意度

工作满意度是指场务保障人员对工作本身及其有关方面有良性感受的心理状态，指标包含工作环境满意度、工作压力感知度。工作环境满意度是指场务保障人员对工作环境的满意程度；工作压力感知度是指场务保障人员对工作或与工作直接有关的因素所造成的压力的感知程度。

④工作绩效

工作绩效是指场务保障人员在完成某一项工作任务时所表现出来的工作行为或者取得的工作结果，指标包含规章制度违规率、对飞行区不停航施工疏忽监管的频次、未及时驱除水上运行区内外来物的频次、在禁飞条件下放行飞机的频次。规章制度违规率是指场务保障人员所违反的规章制度条例占总条例的比例；对飞行区不停航施工疏忽监管的频次是指在一定周期内场务保障人员对飞行区不停航施工的管理不满足于规定要求的次数；未及时驱除水上运行区内外来物的频次是指在一定周期内水上飞机执行飞行任务前后，场务保障人员未及时驱逐或清除水上运行区内会危害飞行安全的外来物的次数；在禁飞条件下放行飞机的频次是指在一定周期内，塔台管制员或者现场指挥人员在禁飞条件下放行飞机的次数，该指标为"一票否决"式指标，一旦发生即发布重警信号。

（2）设备设施保障风险

①飞行场区设备设施

飞行场区设备设施是指水上机场供水上飞机起飞、着陆、滑行和停泊使用的场地上的设备设施，包括水上部分及陆上部分，指标包含锚泊区防护装置破损率、围界破损率、浮动式码头位置不符合停泊要求频次。锚泊区防护装置破损率是指破损的锚泊区木栅栏、防撞球等防护装置占总数的比例；围界破损率是指水上机场破损的围界面积占总面积的比例；浮动式码头位置不符合停泊要求频次是指在一定周期内因水位变化或台风等因素影响后，场务保障人员未及时修正浮动式码头位置导致码头所在锚泊区水位不符合水上飞机最小水深要求，水上飞机无法安全停泊的次数。

②目视助航设备设施

目视助航设备设施是指为给飞行员操纵飞机起飞、着陆和滑行提供目视引导信号而设置的相关设备设施，指标包含风向标设置不符合要求的程度、标识标志清晰度。风向标设置不符合要求程度是指风向标设置不符合《风向标技术要求》中规定的程度；标识标志清晰度是指飞行员目视飞行所必须依据的标识标志的清晰程度。

③消防救援设备设施

消防救援设备设施是指水上机场所必须配备的用于消防救援的设备设施，包括救援船、灭火瓶、救生圈等，指标为消防救援设备配备率，是指水上机场实际具备的消防救援设备的数量与水上机场所必须配备的消防救援设备的比例。

④导航通信设备设施

导航通信设备设施是指场务保障人员在执行各项工作任务中用于导航通信作用的设备设施，包括雷达、甚高频通信系统、对讲机等，指标包含通信设备受到信号干扰的频次、导航设备受到信号干扰的频次。通信设备受到信号干扰的频次是指在一定周期内场务保障人员所使用的通信设备在水上飞机执行飞行任务期间受到信号干扰无法正常使用的次数；导航设备受到信号干扰的频次是指在一定周期内场务保障人员所使用的导航设备在水上飞机执行飞行任务期间受到信号干扰无法正常使用的次数。

(3) 环境保障风险

①气象环境

气象环境是指水上飞机执行飞行任务期间的气象条件，指标包含遭遇不利的风的频次、阳光强度、能见度。遭遇不利的风的频次是指在一定周期内水上飞机执行飞行任务期间，遭遇侧风、顺风、风切变等不利于安全飞行的风的次数；阳光强度、能见度都属于气象监测数据，都会影响飞行员的目视飞行。

②水文环境

水文环境是指水上飞机执行飞行任务期间水的变化、运动等，指标包含水流速度、水位变化、波高，三者都属于水文监测数据。其中水流速度与波高会影响水上飞机在水面上的操作运行，水位变化影响水上飞机停泊安全。

③净空环境

净空环境是指水上机场净空区域的条件，指标包含进近区域障碍物复杂性、进近空域交通复杂性。进近区域障碍物复杂性是指进近区域内不可移动障碍物的复杂程度，包括桥梁、高山、高压线塔等；进近空域交通复杂性是指水上飞机与其他航空器在同一进近空域内进行进近起降的复杂程度。

④飞行场区环境

飞行场区环境是指水上机场供水上飞机起飞、着陆、滑行和停泊使用的场地条件，包括水上部分及陆上部分，指标包含水上运行区交通复杂性、飞行区外来人员侵入频次。水上运行区交通复杂性是指水上飞机与其他航行船只在同一水域航行的复杂程度；飞行区外来人员侵入频次是指在一定周期内外来人员不经允许侵入水上机场飞行区的次数。

(4) 管理保障风险

①团队沟通

团队沟通是指工作过程中，场务保障团队内部及与外部人员或组织沟通的状况，指标包含与区域内航行船只沟通无效率、与飞行员沟通无效率、场务保障团队内部沟通无效率。与区域内航行船只沟通无效率是指在航行船只影响水上飞机安全滑行、起降的情况下，场务保障团队与其无法建立沟通或者沟通失败的比例；与飞行员沟通无效率是指在水上飞机执行飞行任务期间，场务保障团队与飞行员无法建立沟通或者沟通失败的比例；场务保障团队内部沟通无效率是指在水上飞机执行飞行任务期间，场务保障团队内部无法建立沟通或者沟通失败的比例。

②培训管理

培训管理是指水上机场或者通航公司用来开发场务保障人员的知识、技能、行为或态度，从而帮助实现组织目标的过程，指标包含业务培训效果不佳的概率、基层保障人员培训频次。业务培训效果不佳的概率是指为提高业务水平而进行的培训活动的最终效能与结果显示达不到预期的概率，包括组织、员工、讲师等多重评价；基层保障人员培训频次是指在一定周期内举办专门针对基层保障人员的培训活动的次数。

③制度建设

制度建设是指水上机场场务保障工作相关制度建设的情况，指标包含安全管理制度缺失率、场务保障工作条例缺失率。安全管理制度缺失率是指与水上机场场务保障工作相关的安全管理制度缺失的比例；场务保障工作条例缺失率是指场务保障工作具体的流程、条例缺失的比例。

④应急管理

应急管理是指水上机场在事故的预防、准备、响应、恢复阶段建立必要的应对机制，采取的一系列措施以保障飞行安全，指标包含应急演练频次、应急预案缺失率。其中，应急演练频次是指在一定周期内举行场务保障团队针对不安全事故应急响应演练的次数；应急预案缺失率是指水上机场针对不安全事故的应急预案内容的缺失比例。

⑤运行监管

运行监管是指水上飞机执行飞行任务期间第三方的监管情况，指标包含海事局日常监管频次、民航局日常监管频次、机场管理部门日常监管频次。海事局日常监管频次是指水上飞机在水面运行阶段，海事局在一定周期内对其进行监管的次数；民航局日常监管频次是指水上飞机在空中飞行阶段，民航局在一定周期内对其进行监管的次数；机场管理部门日常监管频次是指水上飞机在执行飞行任务期间，机场管理部门在一定周期内对场务保障工作进行监管的次数。

7.4.2 安全风险预警指标阈值的确定

考虑到民用水上飞机所在行业正处于初期发展阶段，同时由于水上机场场务保障安全风险影响因素的复杂性特征,在进行预警决策时,对专家经验的依赖性相对较大。因此本研究采用专家征询法进行预警指标阈值的确定。专家征询法是指利用水上机场场务保障工作方面的专家来进行指标阈值的确定工作。其中,进行阈值确定的专家小组由参与过指标筛选的10位专家组建。这些专家主要根据其实际工作经验以及对水上机场场务保障安全风险的理解来进行阈值确定,阈值确定过程由10位专家在一周时间内采用多轮圆桌讨论的方式逐步确立,最终所确定的阈值需要符合相关安全条例以及水上机场运营实际。

将水上机场场务保障安全风险预警指标阈值分为正常阈值、轻警阈值、中警阈值、重警阈值四个级别,经过专家征询所确定阈值如表7-3所示。

表7-3 水上机场场务保障安全风险预警指标阈值

指标层	统计频次	正常阈值	轻警阈值	中警阈值	重警阈值
心理健康不正常人数占比	每年一次	<5%	[5%, 10%)	[10%, 15%)	≥15%
身体检查不正常人数占比	每年一次	<5%	[5%, 10%)	[10%, 15%)	≥15%
专业用语掌握度	每年一次	>90分	(80分, 90分]	(70分, 80分]	≤70分
特情应急能力	每年一次	>90分	(80分, 90分]	(70分, 80分]	≤70分
工作环境满意度	每年一次	>90分	(80分, 90分]	(70分, 80分]	≤70分
工作压力感知度	每年一次	<30分	[30分, 45分)	[45分, 60分)	≥60分
规章制度违规率	每月一次	<2%	[2%, 5%)	[5%, 8%)	≥8%
对飞行区不停航施工疏忽监管的频次	每月一次	<2次/月	2~3次/月	4次/月	>4次/月
未及时驱除水上运行区内外来物的频次	每月一次	无高危外来物;中危外来物<2次/月;低危外来物<4次/月	高危外来物1~2次/月;中危外来物2~3次/月;低危外来物4~5次/月	高危外来物3次/月;中危外来物4次/月;低危外来物6次/月	高危外来物>3次/月;中危外来物>4次/月;低危外来物>6次/月
在禁飞条件下放行飞机的频次	每月一次	0	—	—	>0次/月
锚泊区防护装置破损率	每月一次	<0.1%	[0.1%, 0.5%)	[0.5%, 1%)	≥1%
围界破损率	每月一次	<0.1%	[0.1%, 0.5%)	[0.5%, 1%)	≥1%

续表

指标层	统计频次	正常阈值	轻警阈值	中警阈值	重警阈值
浮动式码头位置不符合停泊要求频次	每月一次	0	1~2次/月	3~4次/月	>4次/月
风向标设置不符合要求的程度	每半年一次	<15分	[15分, 20分)	[20分, 25分)	≥25分
标识标志清晰度	每年一次	>90分	(80分, 90分]	(70分, 80分]	≤70分
消防救援设备配备率	每月一次	>90%	(80%, 90%]	(70%, 80%]	≤70%
通信设备受到信号干扰的频次	每月一次	无	1~2次/月	3~4次/月	>4次/月
导航设备受到信号干扰的频次	每月一次	无	1~2次/月	3~4次/月	>4次/月
遭遇不利的风的频次	每月一次	<3次/月	3~4次/月	5~6次/月	>7次/月
阳光强度	实时监测	<800lx	[800lx, 2000lx)	[2000lx, 10000lx)	≥10000lx
能见度	实时监测	>3200m	(2400m, 3200m]	(1600m, 2400m]	≤1600m
水流速度	实时监测	(3km/h, 6km/h]	(6km/h, 8km/h]	(8km/h, 11km/h]	≤3km/h 或 >11km/h
水位变化	实时监测	<0.3m/日	0.3~0.5m/日	0.5~1m/日	>1m/日
波高	实时监测	7~16cm	6~7cm 或 16~17cm	5~6cm 或 17~18cm	<5cm 或 >18cm
进近区域障碍物复杂性	每半年一次	<20分	20~40分	40~60分	>60分
进近空域交通复杂性	每半年一次	<20分	20~40分	40~60分	>60分
水上运行区交通复杂性	每半年一次	<20分	20~40分	40~60分	>60分
飞行区外来人员侵入频次	每月一次	无	1~2次/月	3次/月	>3次/月
与区域内航行船只沟通无效率	每季度一次	<10%	[10%, 15%)	[15%, 20%)	≥20%
与飞行员沟通无效率	每季度一次	<5%	[5%, 10%)	[10%, 15%)	≥15%
场务保障团队内部沟通无效率	每季度一次	<5%	[5%, 10%)	[10%, 15%)	≥15%
业务培训效果不佳的概率	每年一次	<10%	[10%, 15%)	[15%, 20%)	≥20%

续表

指标层	统计频次	正常阈值	轻警阈值	中警阈值	重警阈值
基层保障人员培训频次	每两年一次	3~8次/两年	2次或9~12次/两年	1次或13~16次/两年	<1次或>16次/两年
安全管理制度缺失率	每年一次	<5%	[5%, 10%)	[10%, 15%)	≥15%
场务保障工作条例缺失率	每年一次	<5%	[5%, 10%)	[10%, 15%)	≥15%
应急演练频次	每两年一次	≥4次/两年	3次/两年	2次/两年	≤1次/两年
应急预案缺失率	每年一次	<5%	[5%, 10%)	[10%, 15%)	≥15%
海事局日常监管频次	每月一次	>2次/月	2次/月	1次/月	无
民航局日常监管频次	每月一次	>2次/月	2次/月	1次/月	无
机场管理部门日常监管频次	每月一次	≥4次/月	3次/月	2次/月	<2次/月

需要注意的是，如表 7-3 中"未及时驱除水上运行区内外来物的频次"这一指标的阈值所示，水上运行区内外来物的危险度对场区安全的威胁程度不同，其构成风险的阈值也会不同。将外来物按照其对场区安全造成的威胁的程度分为低危外来物、中危外来物、高危外来物，具体分类及举例如表 7-4 所示。

表 7-4 水上运行区外来物危险度分类

危险度	举例
低危外来物	纸张、树叶等
中危外来物	超过 $1m^2$ 面积的浮萍、水草等
高危外来物	在飞行员视野盲区的小型游艇、船只等

第8章
水上跑道侵入风险因素的识别

组织建模原则（A）认为界定研究对象是系统建模的起点[110]，本研究以水上飞机起降过程中的水上跑道侵入风险为研究对象，需要分析和识别侵入事故发生场景及影响因素。事故发生场景识别主要任务是梳理事故因果链条，基本逻辑是从组织职能及业务流程分析哪些行为或状态偏差会诱发事故；识别风险因素主要从各种事故场景中提取那些作用于事故因果链条的因素（变量）。本章将在上述章节对基本概念界定的基础上，梳理水上飞机起降作业流程及岗位职责，按照安全会遇距离模型分析侵入情景，按照信息处理模型分析认知失效，多角度描述侵入事件发生场景并总结起降作业难点；依据SHEL模型分析侵入风险因素；最后基于扎根理论识别风险因素，构建侵入风险因素体系的概念模型，为后续的系统建模和演化机理分析提供基础。

8.1 水上跑道侵入场景分析

8.1.1 水上飞机起降作业流程及职责划分

与陆上飞机类似，水上飞机运行过程分为飞行准备、起飞、巡航、降落4个阶段16个业务步骤。其中，起飞降落过程需要飞行员（飞行机组）、管制员、安全员、机务保障人员等多方协作，作业过程复杂。正常条件下水上飞机的起降作业流程及各岗位职责分工如图8-1所示。

（1）安全员职责

负责保持水面飞行区的适航性，禁止船舶进入起降水域，打捞漂浮物，保持水域清净，保证救生装备就位。

(2) 机务保障人员职责

负责保持水上飞机的适航状态，包括飞机维护检修和状态确认，以及乘客事宜和装载配重等职能。

(3) 管制员职责

负责飞行指令下达，是各方信息汇总、决策和传递的中枢，借助雷达、无线通信设施，观察水域和空域清净条件，与水上飞机保持地空联系，及时给出正确指令，辅助飞行员安全决策，运输机场通常会设立进近管制和塔台管制，水上机场一般只设塔台管制。

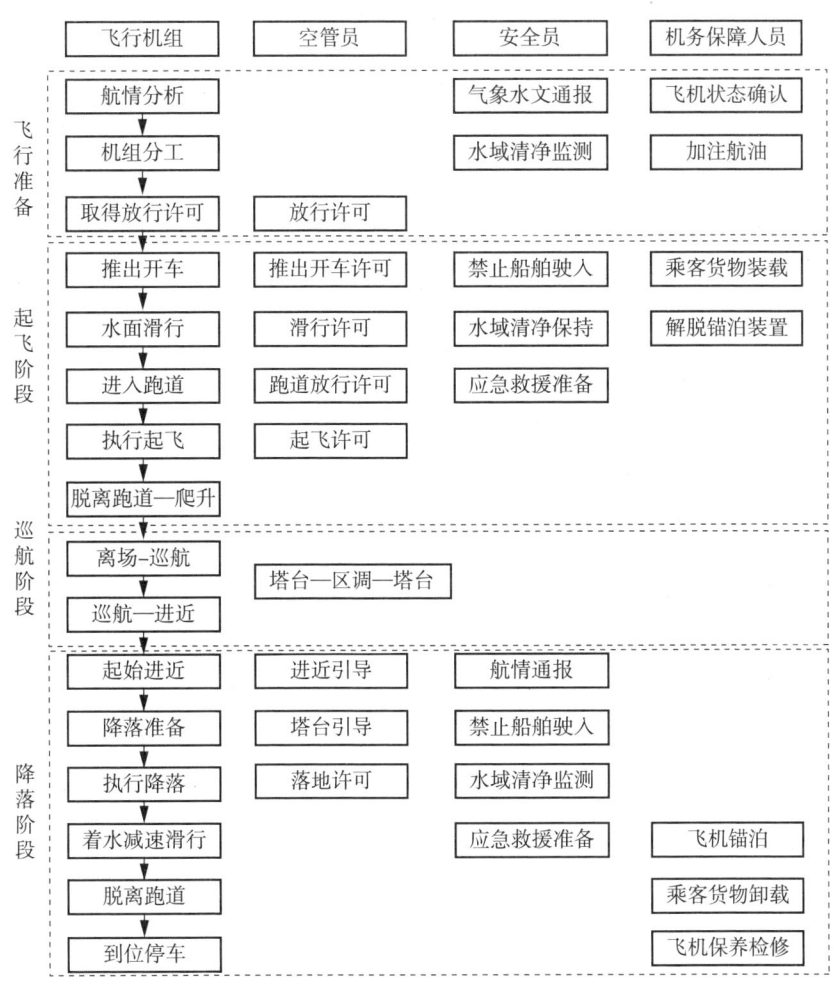

图 8-1　水上飞机起降作业流程

(4) 飞行机组职责

负责水上飞机的安全驾驶,按照管制员指令完成飞行任务,在地面人员协作下,处理突发状况;国家民航局要求 CCAR-135 部从事商业运行的水上飞机必须配备两名飞行员,一般无须配备空乘人员,而国外通航公司出于经济性考虑,一般只配备一名飞行员。

8.1.2 基于会遇距离的侵入场景分析

水上跑道侵入的本质是水上飞机起降作业过程中与障碍物的会遇距离过近,无法及时做出有效反应,从而诱发剐蹭、碰撞、倾覆等严重后果。最近会遇距离(Distance to Closest Point of Approach,DCPA)是指船舶会船(相互驶过)时相互间的最近距离,是研究船舶碰撞和航行安全的重要概念。翁建军等依据船舶碰撞理论计算水上飞机与障碍物的会遇距离,建议根据水上飞机机型及应用水域实际交通情况确定水上飞机水面起降移动安全区[108]。水上飞机起飞降落过程中,可能侵入水上跑道的主要包括:过往作业船舶、漂浮物及其他,这些可以统称为水上跑道障碍物。

(1) 水上飞机与过往船舶会遇

为了取得好的经济社会效益,水上机场选址通常靠近游艇码头、水上旅游区、综合性港口等开放繁忙水域。这就造成水上飞机起降作业与其他过往船舶会遇频率很高,且会遇方式复杂。通常过往船舶的密度、类型、通过速度等都有差异。对于稳定的港口交通系统,船舶会根据海事部门或 VTS 调度指令,有序进行航行、作业、锚泊。但对于船舶种类较多的港口,其交通组织方式差别显著。因此,水上飞机进行水面起降时被视作特殊船舶,对于起降水域交通流影响较大。水上飞机、高速船的航速和旋回半径等操纵性能与普通船舶差异显著,加大了航道冲突风险。

(2) 水上飞机与水面漂浮物会遇

水域中的漂浮物容易碰撞或缠挂浮筒,造成高速滑行水上飞机倾覆。常见漂浮物包括各类生活垃圾、木头、船舶破损件、废弃渔网、漂浮植物等,其风险性主要来自:飞行员及安全员不容易观察,漂浮物露出水面部分较少,且随波浪和涌浪起伏,飞行员在空中和水面都难以察觉,安全员无法实现大面积监控；种类多样，来源广泛；治理难度大，因为船舶速度相对较慢，一般漂浮物难以造成损害，因此多数港口和海事管理部门对漂浮物管理并不严格。

(3) 水上飞机与其他飞行器水面会遇

与陆上机场类似，业务繁忙的水上机场，飞行组织复杂性来自：多功能机场，岸边设有陆上跑道或者直升机场；同时划设多条水上跑道，且跑道有交叉；多架甚至多类型飞行器在同一片水域或空域起降。多源复杂性的耦合使得跑道侵入风险大幅提升，对水上机场调度能力提出了很高要求。

(4) 水上飞机与障碍物的安全会遇距离

翁建军等通过分析水上飞机起降阶段的航行及操作特点，以船舶跟驰模型为基础，构建了水上飞机滑行阶段与在航船舶的安全会遇间距模型，据此计算水上飞机起降阶段安全滑行领域；根据水上飞机水面爬升操作特征，考虑水上飞机对水面净空高度的需求，构建水上飞机爬升时的安全跨障会遇模型[108]。在结合水上飞机领域模型的基础上，依据机型、船速等参数定量界定水上飞机起降移动安全区的尺度。研究结果表明，水上飞机起降移动安全区尺度与水上飞机性能参数、会遇船舶尺度、航向及航速相关。

飞行员在水上飞机起降过程中，避免障碍物侵入水上跑道的关键是与障碍物保持安全会遇距离，因为起降滑行阶段，水上飞机航速变动范围较大，安全会遇距离也在较大范围变动。可根据水上飞机机型及应用水域实际交通情况确定水上飞机水面起降移动安全领域范围，如图 8-2 所示。水上飞机在操作特点和交通流特征方面与普通船舶有明显差异，两者在港口水域形成异质交通流。为有效组织水上飞机与船舶共存的异质交通流，关键在于保持与船舶等障碍物的安全会遇距离，降低碰撞风险，提高通航效率。翁建军等采用元胞自动机仿真模拟，提出"控制船舶航速"辅以"控制船舶进出港频率"的交通组织策略。

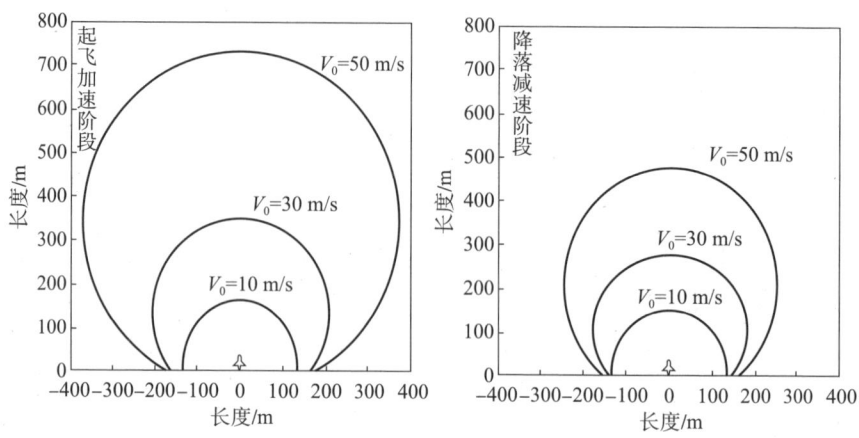

图 8-2　水上飞机起降安全领域图[108]

8.1.3　起降过程飞行员认知失效分析

水上飞机起降过程中飞行员采取规范操作，保持水上飞机与水上跑道障碍物的安全会遇距离，是避免水上跑道侵入的关键。飞行员规范操作行为的基础是飞行技能、驾机经验、安全观念等个人因素，同时受水域能见度、风速、浪高等环境因素，以及安全管理和飞行器性能等外部因素的影响。信息处理模型（Information Processing Model，IPM）常被用于对安全操作行为进行分析[197]。张孟春认为员工的认知失效是导致不安全行为的重要诱因，参考受到广泛认可的 Surry 模型[198]，提出了识别导致建筑工人认知失效的关键因素的全面认知分析方法[199]。张孟春将认知过程分为五个认知阶段[200]：①发现危险；②理解危险；③思考应对；④选择应对；⑤实施应对。

水上飞机起降作业中飞行员在最终做出一个规范操作行为之前，要经历以下的认知过程：①发现了潜在的障碍物；②意识到该障碍物可能会侵入水上跑道；③通过经验找到避碰应对措施；④选择该避碰应对操作；⑤执行该避碰应对操作。上述任一环节的认知失效，都会导致最终跑道侵入事件的产生[201]。水上跑道侵入相关的飞行员、管制员、安全员、船舶驾驶员，在水上飞机起降过程中，都有可能存在认知失效，其中任意一方的认知失效都有可能导致障碍物侵入跑道。若因设备、技术或技能等原因，三方间沟通不畅，不能及时进行信息交换，也有可能导致跑道侵入。对管制员和船舶驾驶员的认知分析与飞行员类似，不做赘述。

由飞行员认知过程模型可知：①发现障碍物阶段，受飞行员安全意识、驾机技能及飞行经验等人员因素以及能见距离等环境因素的影响较大，发现障碍物越早，对障碍物和水上飞机方位判断越准确，越容易做出合理有效的避碰选择；②对障碍物侵入跑道可能性进行预判阶段，飞行员的安全意识、与管制员有效沟通、驾机技能与飞行经验等因素影响较大；③思考并选择有效避碰措施阶段，飞行员的驾机技能与飞行经验、水上飞机的性能限制、飞行指挥团队有效支持、与管制员有效沟通等因素会有直接影响；④能否执行有效避碰措施，与水上飞机性能和状态、飞行员操作技能与飞行知识直接相关。起降过程飞行员认知失效的关键影响因素见图8-3。

8.1.4 水上飞机起降作业的难点

基于对起降作业流程、侵入事件发生情景和参与人员的认知过程的分析，可以意识到水上机场起降作业活动繁多，外部环境风险复杂，起降过程涉及多部门多主体协作，对参与人员技能要求严格。起降作业具有以下特点：

（1）起降水域开放

加拿大多数水上机场未标记起降区，航图上也没有划设水上起降区范围，飞行员喜欢在无运行限制的无标记起降区根据风向选择起降方向；仅少数机场在航图上划设了起降区（水上跑道），一般都会设置2个起降区[155]。说明水上飞机抗侧风性能较差，需要尽可能多设几个起降区，以提高机场的利用率，也有利于飞行安全。水上飞机起降、滑行、停泊均对水域状况要求较高，需要尽可能选择较为平静的水面作为水上机场使用，一般会在港湾内选址，或根据需要设置防浪堤。国内水上机场多数划设了固定起降区和跑道，但起降区一般都位于繁忙港口、湖泊或河道，无法实施封闭作业。起降水域的开放性增加了过往船舶和漂浮物等障碍物的侵入风险。

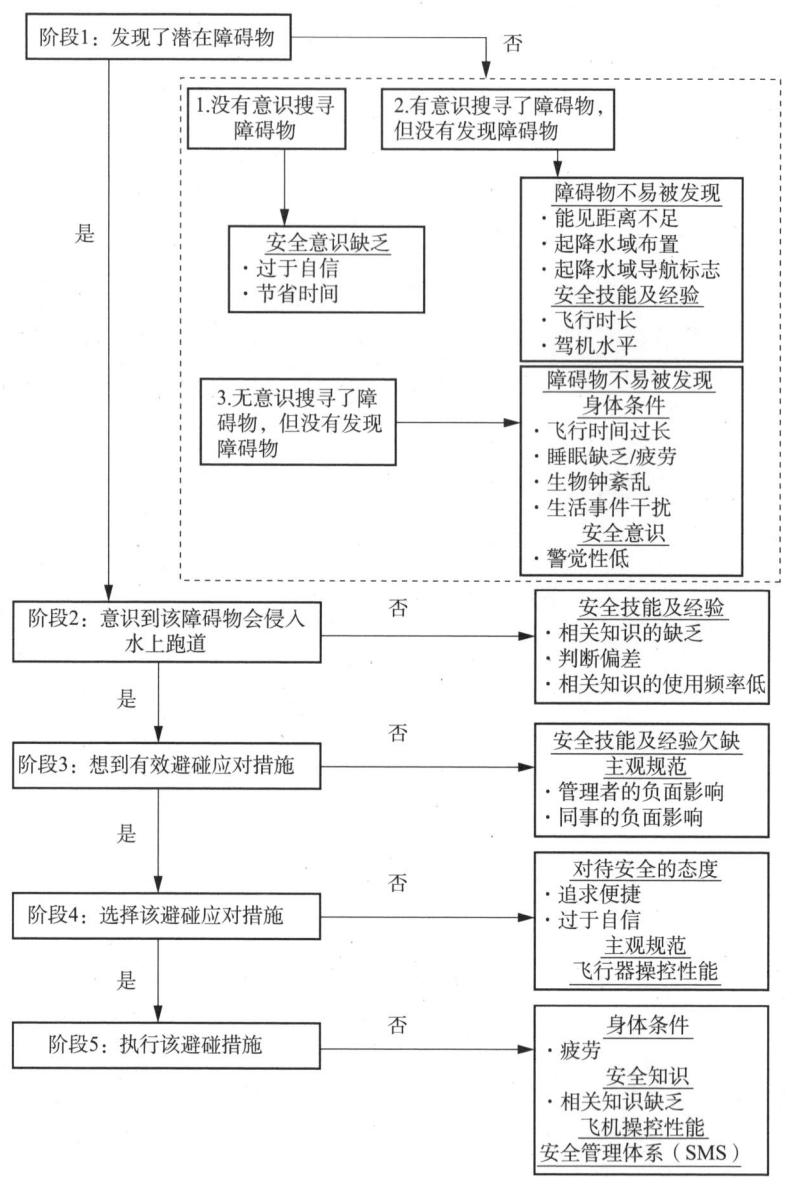

图 8-3 起降过程飞行员认知失效的关键影响因素

（2）飞行调度难度大

水上飞机在水面上运行如同船只，其滑行、停泊方式与船舶有许多共同之处，因此，水上机场布局和建设标准通常与游艇码头类似。水上飞机与港口各类船舶因行进速度、船体长度等差异较大，构成异质交通流，需重点把握好飞机的各种安全间距，调度难度较大。飞行安全与通航效率矛盾突出，起降区封闭运行成本高，往来船舶等环境风险突出，需要规范的水上交通规则。从图 8-4 所示加拿大维多利亚港湾水上机场布局可以看出，水上跑道与船舶航道并行且有局部交叉，需要通过一定的调度和沟通来规避侵入事件[155]。为了规避水上飞机与船舶的航道冲突，《维多利亚港交通方案》对水上交通规则和目视助航设施设计做了规范。

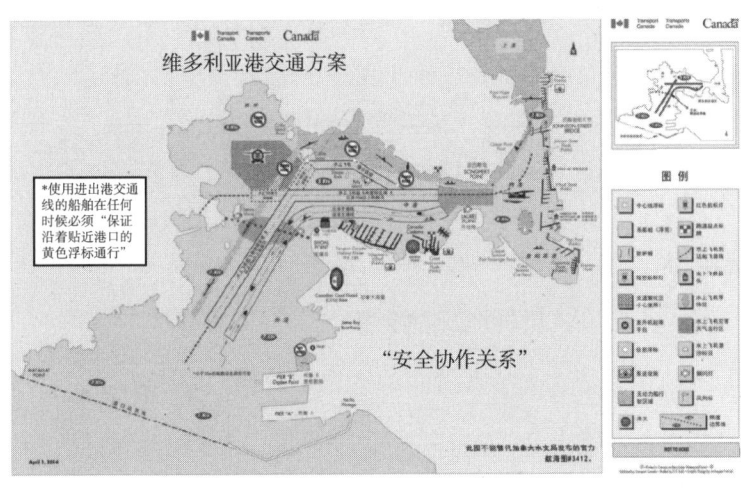

图 8-4　维多利亚港交通方案[155]

（3）气象水文环境复杂

与陆上起降飞行员不同，水上起降需要飞行员考虑更多气象水文和机场环境因素，要根据风、水流速度和附近的河岸或其他障碍情况来决定是顺着水流还是逆着水流起飞和着陆。平静透明的水面也容易导致运行风险，浮筒更容易紧紧粘附在镜面水面上。在镜面水域着陆时，飞行员更难准确估计飞行高度，水面的倒影将使飞行员产生错觉。和陆上飞机一样，风会使水上飞机向来风方向偏转，或者使飞机向迎风方向偏航。在飞机滑行时这种风向标倾向可以通过使用水舵来控制抵消。复杂的气象水文条件，对飞行员技能和经验提出了很高要求。水上飞机的运行安全由飞行员负责，这在加拿大已形成共识。飞行员需要自行观察或获取水面状况、天气、航线等情况，因此对飞行员的飞行经验和飞行技术要求很高。加拿大港湾航空公司要求水上飞机飞行经验至少 1000 小时以上才能担任机长[155]。

8.2 基于 SHEL 的水上跑道侵入风险因素分析

随着科技进步和对作业环境的深入了解，类似水上飞机的技术系统可靠性和适应性得到了充分验证，安全管理将关注点逐步转移到生产作业过程中的人为因素。人因安全的交叉学科属性，迫使人们关注人员与作业要素的交互，强调人与机器设备、作业程序、作业环境以及作业人员之间的关系。SHEL 模型是分析安全风险人为影响因素的有效工具[161]，该模型认为要素互动界面上的不匹配是导致事故的主要原因。本节结合 SHEL 模型，从人员与人员，人员与软件、硬件、环境等要素的互动界面分析水上跑道侵入风险因素。

8.2.1 人员—人员界面风险分析

L-L 界面指的是人员与人员间的沟通与协作，通用航空运行保障中，该界面是最重要的一个界面。在水上飞机起降作业过程，L-L 界面是指飞行员、管制员、安全员、机务员等参与主体间的沟通与协作，以及与船舶驾驶员等外部主体的互动。如果内部主体间沟通存在问题，会影响起降业务流程的执行。此外，L-L 界面还包括个体的知识技能素质、心理/生理素质以及沟通与协作等因素。

（1）管制员与飞行员交互差错

与陆上跑道侵入类似，管制员与飞行员之间的通信差错是水上跑道侵入的重要诱因。常见的通信差错情景主要有：未使用国际民航组织规定的标准用语；飞行员对于管制员的指令接收错误、未能正确理解或未能正确复诵；在水面起降滑行过程中，飞行员操作未按管制员要求标准进行；飞行员不了解管制方对滑行路线的临时调整；管制员没有对飞行员的复诵进行确认；管制员发给另一航空器的许可指令过长或复杂的指令[202]。

（2）空管与海事沟通障碍

水上机场管制员及所属水域海事航运管理人员分别对水上飞机和过往船舶进行管制和协调，增加了沟通的复杂性和管制失效的风险。在很多情况下，因为船舶归属海事部门管控和调度，空管员无法与船舶驾驶员进行无线通信和指令下达，只能依靠水域巡监员对过往船舶进行拦阻和协调，这更增加了通信差错的概率。

（3）管制员人因差错

对陆上跑道侵入的研究表明，管制员情景意识丧失是最普遍的导致跑道侵入事件发生的空中交通管制因素，往往会导致"忘记"了航空器、跑道上车辆位置状态、跑道状态或其他的许可等事项等；另外一个比较重要的诱因是管制员之间协调不足[76]。与管制员相关的，易导致侵入事故的人因差错情景（事件）有：飞机与障碍物之间的间隔计算错误；管制员之间协调不足；引导用语不标准；指令过长或过于复杂；对航空器或其位置识别错误；复诵指令与发出指令不一致等。

（4）飞行员人因差错

因为起降水域环境的复杂性及辅助手段的缺乏，水上飞机对飞行员的技能和经验要求更高[155]，陆上起降飞机对飞行员的要求也适用于水上飞机。美国跑道侵入联合安全分析小组（JSAT）对陆上跑道侵入事件的来源信息进行了详细的分析，信息来源包括国家运输安全委员会（NTSB）发布的事故报告和定期航空公司数据库中飞行员偏差专用报告。该报告指出"失去情景意识和通信差错"是两个最普遍引用的导致陆上跑道侵入的飞行员因素，主要包括飞行员认为他们在机场某处而实际在另一处，误解空中交通管制指令、接受管制员发给另一航空器的许可、复诵管制员的指令错误等。

8.2.2 人员—软件界面风险分析

L-S 界面是指系统主体与标准化操作、业务流程及配套的程序表单之间的互动关系。例如水上机场的标准操作手册、起降作业流程、计算机软件程序及对应的程序表单等。完善优化起降作业流程并严格执行，有利于规范各个主体的行为，规避水上跑道侵入，保障起降安全。

（1）起降作业流程

运输航空建立了完善的安全管理体系（SMS），涵盖各类制度规程，对空管、机场、航空公司的各项业务活动做出了详尽规范，有效保障了运输航空安全。由于业务类型复杂、飞行器种类较多、运行条件差异较大、人员素质参差不齐等原因,通用航空的 SMS 多是原则性表述,需要通航企业根据具体情况进一步细化完善。尤其是水上机场尚处于起步阶段,机场的规划设计、建设运行等缺乏统一的制度体系。

(2)组织安全文化

安全文化最先由国际核安全咨询组(INSAG)于 20 世纪 80 年代提出并进行定义,是组织内群体所呈现出的安全意识、安全理念及安全行为的统称。通用航空企业中安全文化体现在决策层的安全管理承诺、对安全的重视程度、安全资源投入力度,以及员工的安全意识、安全行为等方面。安全文化建设也是安全管理体系不可分割的内容,各项安全规范的执行落实需要良好的组织安全文化作为保障。

8.2.3 人员—硬件界面风险分析

L-H 界面指的是飞行员、管制员、安全员、机务员等与飞行器、通信设备、导航设施等硬件设备设施之间的相互作用。人机界面直接影响到在操作中人员与机器的相互配合程度,良好的硬件设计可以一定程度上规避失误操作。

(1)飞行员与飞行器的交互

起降阶段飞行器的抗浪性能、抗侧风性能、机龄、马力、自动化程度、驾驶友好度等因素都影响到操纵效果,此外,飞行员的总的驾机时长、同机型驾机时长等也影响交互效果。常见人机交互障碍情景:驾驶舱程序复杂,在进近或起飞过程中飞行员需要低头操作,未能对航空器及周围环境进行全面的监视;使用较为复杂的程序,而飞行员对其操作不够熟练,容易导致飞行员慌乱[82]。

(2)管制员与通信设备的交互

空管员依靠对讲机等通信设备接收场面信息及发出导航指令,通信设备的抗干扰性及可靠性等对于起降过程飞行员采取正确措施至关重要。

(3)安全员、机务员与设施设备的交互

水上飞机起降阶段,安全员需要驾驶摩托艇等应急船舶在指定区域待命,一方面是拦阻避免过往船舶侵入,另一方面出现事故后进行应急救援,同时机务人员需要在锚泊阶段应用相关设备对水上飞机进行检查维护及航油加注等操作,需要配备拥有良好性能的设备。

8.2.4 人员—环境界面风险分析

L-E 界面指的是飞行员、管制员等系统主体适应内外部环境的程度及其关系,包括机场布局、气象水文条件、组织安全氛围、社会政治文化等方面因素。人员是自适应系统,可以根据环境进行自我调整,同时具有能动性,可以对环境进行调整和优化。飞行员要主动熟悉水上机场的布局或设计,同时提升大流量、恶劣气象等特情的处置能力。

(1) 水上机场布局不当

陆基跑道侵入相关研究表明,人员、机动车等穿越跑道频度、机场布局特征等与侵入事件的发生频率有很强关联,机场滑行道与跑道交叉过多或者起降场地布局复杂都容易诱发冲突和侵入[82]。根据国家民航局《跑道侵入预防手册》对于陆基机场布局的分析,水上机场设计和起降水域布局常见因素应包括:水上跑道所属水域往来船舶频繁;起降水域清净条件差;船舶航线与水上跑道交叉;与水上跑道和滑行道邻近的水域通行船舶种类较多;起降水域功能设置复杂;水面各类导航浮标和标志的布设。

(2) 水上机场繁忙

机场起落架次会影响管制员、飞行员、安全员、机务员等主体工作时长,诱发疲劳和无意识人为差错,加拿大民航局研究报告指出,机场繁忙度是导致跑道侵入的主因[82]。水上机场流量季节性明显,旅游旺季及气象条件适宜时,每天流量会大幅增加,进而导致水面机动区繁忙,增大管制人员工作负荷;同时流量增加会导致水上机场改扩建工程频繁,增加起降区域布局复杂度,容易造成飞行员情景意识丧失,跑道不安全事件风险也随之上升。

(3) 气象水文及其他因素

气象水文条件复杂,能见度不足等环境因素对水上跑道侵入风险影响较大。风向风速对水上飞机起降至关重要,顺逆风及风速能决定起降滑行距离,顺风起降往往会造成滑行距离增大甚至会冲出跑道,侧风起降对于飞行员的驾驶技术有较高要求。波浪及涌浪等也会影响起降中的水上飞机的触水及浮力,如果浪高过高或飞机抗浪性能差,会造成倾覆等事故。能见度不足是船舶侵入或与水上飞机碰撞的主要原因,通常需要根据起降安全领域范围确定放行能见距离,在能见距离较差条件下,安全员要增加巡查频度。

8.3 基于扎根理论的水上跑道侵入风险因素识别

8.3.1 基本原理与实施步骤

（1）扎根理论的基本原理

质性研究作为量化研究的有效补充，近些年受到越来越多学者的关注。扎根理论（Grounded Theory，GT）作为重要的质性研究方法论，也逐渐被学者们所接受，在各个领域得到了广泛应用。扎根理论的提出源于20世纪60年代，芝加哥大学的斯特劳斯（Anselm Strauss）和哥伦比亚大学的格拉斯（Barney Glaser）批判了实证主义在研究死亡问题过程中的弊端，首次提出了扎根理论在质化研究中的作用。1967年，其完整提出了扎根理论的方法论体系，从经验、案例、资料中逐渐提取因素，构建理论体系[204]。

扎根理论相较其他量化或质性研究方法具有独特的优势：一是量化方法主要研究已识别变量之间的关系，对于那些概念模糊或者无法用既有理论进行推导的现象缺乏解释力，需要通过扎根理论等质性方法对研究现象进行概念界定或给出理论框架；二是科学规范的操作流程以及注重实践的方法论特点保证了扎根理论结论的科学性，更符合追本溯源的研究原则[190]。扎根理论的最大特点是研究者不预设立场，基于收集调研材料和文献资料，采用规范化的步骤进行经验分析、概念提炼和理论抽象[191]。利用扎根理论的优势识别水上跑道侵入事件风险因素，可以确保风险因素体系的科学性和完备性[205]。因此，本章首先定性描述了起降作业过程，又在 SHEL 互动界面框架下定性分析了水上跑道侵入风险来源，以此为基础采用扎根理论模型识别水上跑道侵入风险影响因素。

（2）扎根理论的实施步骤

开展扎根理论研究主要分为数据收集、分析编码和理论生成三个阶段。其中，数据分析与编码包括三个步骤：对原始资料的开放式编码（Open Coding）、对主范畴的主轴式编码（Axial Coding）以及对范畴与范畴之间的选择式编码（Selective Coding）[141]。实施步骤如如图 8-5 所示。

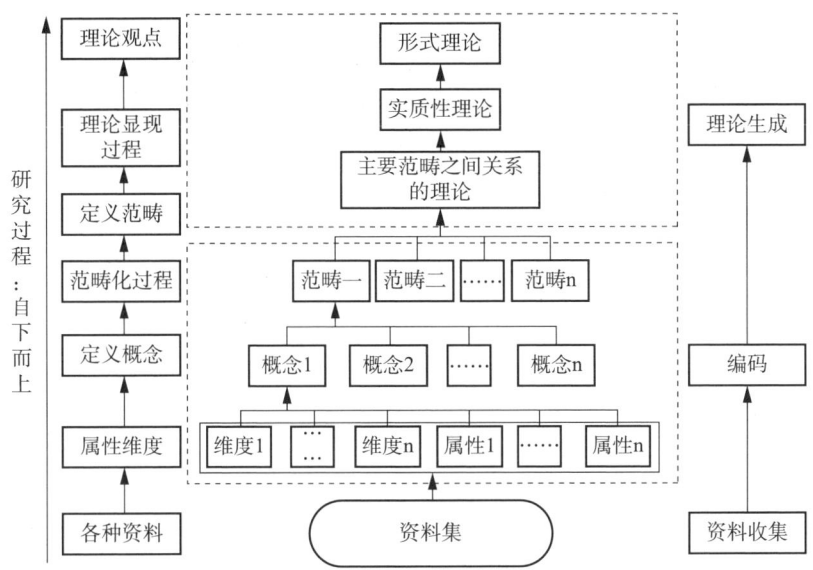

图 8-5 扎根理论识别水上跑道侵入风险因素[141]

①数据收集

扎根理论是通过对现象进行归纳和总结形成理论的定性分析技术，需依托大量的资料和数据形成理论。通过现场观察、访谈或者阅读文献等多种方式获取数据和资料，扎根理论对文献的依赖程度低，但是文献资料也能为理论的生成提供重要的线索。通过对比实践和文献资料，可以发现研究的空白点，以及是否有现有理论无法解释的现象[206]。

②编码分析

包括开放式编码、主轴式编码和选择式编码，是扎根理论的关键步骤[158]。①开放式编码要求研究者保持客观、开放的态度，对原始资料进行初步探索。②主轴式编码对开放性编码的结果进行重新组织，寻找因素与因素之间的逻辑关系，发现概念类属，构建主范畴模型。③选择式编码指将系统和编码形成的范畴和核心类属进行分析和联系，通过建立故事线的方式来发现尚未建立完备的范畴，用所有的资料和范畴验证所要研究的问题。

③理论生成

包括形式理论和实质理论。形式理论是最终形成的、基于研究目标的观念和框架。实质理论是基于原始数据建立的，在特定情境中能解释特定现象的理论。在编码完成后，需要对所形成的结论进行检验，是否能达到饱和点，通过分析新的原始资料和数据，若没有新的范畴出现，则说明所得到的结论已经十分完善，若有新的范畴出现，则还需要反复循环上述过程，直到达到饱和点。评价的内容包括结论是否丰富、概念密度是否够大、现实意义如何、是否具有足够的实用性、针对新的情景或案例理论是否需要被修改等。

8.3.2 研究设计与数据收集

（1）确定数据资料来源

数据资料来源于关键人员访谈及文件资料等，访谈采集对象来自水上机场、空管部门、海事部门、政府、科研机构，还包括制度规范、运行文件以及相关研究文献。

①水上机场调研

不同于运输航空，水上机场通航公司往往兼具机场、航空公司和空管的三重角色，全面负责水上跑道的运行维护，保障水上飞机的起降安全。调研对象包括：飞行员（含飞行学员、飞行教官）等 12 人；参与起降作业保障的一线作业人员和基层管理人员分别 9 人；水上机场安全管理高层 6 人。

②海事及安监部门调研

海事管理部门是水上机场水上交通监管和业务指导部门，负责水域交通规则制定和交通秩序维护，调研海事监管员 4 名。政府安全监管机构负责对水上机场安全生产监督体系建立、安全隐患排查、安全法规落实情况等进行监督检查和安全审计，还负责事故调查和追责，是水上机场安全管理的外部驱动力，调研安监部门工作人员 4 名。

③空管部门调研

调研了机场自设空管席位以及中南空管局的航空安全办公室、机场管理处、空中交通管制处、通信导航监视处、航空气象处中基层管理人员 6 名。

④通航安全专家调研

调研民航科研院所的通航安全专家 5 人，对水上机场跑道侵入风险识别给出理论建议。

⑤水上机场相关航空、海事安全政策和文献收集

例如《水上飞机训练与运行要求》《水上机场技术要求》《加拿大水上机场建设与运营》《美国水上飞机运营经验与案例》《民航空管防止跑道侵入指导材料》《跑道侵入预防手册》《海上交通安全法》《国际海上避碰规则》等文件，分析了 50 余篇关于水上机场、船舶碰撞、跑道侵入风险指标体系构建的文献，挑选出与水上起降安全相关的论述。同时，收集了水上机场运行管理的运行记录、会议纪要、安全调查报告等资料。

（2）实施调研

采用半结构化方法开展调研访谈，由 2 人一组（沟通交流和访谈记录各 1 人）为防止漏记过程中在征得访谈对象许可条件下进行同步录音；在访谈后，立即进行资料整理，防止出现记忆偏差；同时要求访谈组对访谈记录进行核对确认，防止出现理解偏差[240]。

（3）统计数据

通过采集得到了 285 条访谈资料语句和 156 条原始文本资料语句，将 80%的资料用于编码，20%的数据用于后续理论饱和度检验。

8.3.3 数据编码与模型构建

（1）开放式编码

对上述收集到的原始资料进行开放式编码，如表 8-1 所示。对采集的资料语句数据进行开放式编码，剔除相关度较低、自相矛盾或者出现频度较低的语句数据[207]。将收集的原始资料总结归纳为基本概念，将基本概念进一步归纳总结，归纳形成范畴，经过多轮次"原始语句→基本概念→基本范畴"的迭代整理，对原始资料进行聚敛分析，形成 256 个基本概念和 24 个范畴，如表 8-1 第 3 列和第 4 列所示。

表 8-1 开放式编码

编号	原始语句	概念化	范畴	高级类属
1	A001 水上起降与陆上起降差异很大，需要更长时间飞行练习，各类水文条件起降差异较大，飞行员需要适应各种海况，对飞行员经验要求更高，但国内目前缺乏有经验的水上飞行员，很难招到飞行时长超过 1000 小时的机长	B001 专业性强 B002 飞行员经验要求高 B003 熟练飞行员缺乏 B004 飞行时长不足	C01 飞行经验 C02 驾机水平	D1 飞行员因素

续表

编号	原始语句	概念化	范畴	高级类属
2	A004 因为飞行员招聘培养困难，薪酬缺乏竞争力，所以水上机场对飞行员飞行资格审核不严格	B008 飞行资格审核 B009 违反监管规定	C02 驾机水平 C03 安全意识	D1 飞行员因素
3	A007 因为行业刚起步，难以为优秀飞行员提供有竞争力的薪酬，对外部飞行员缺乏吸引力，有经验的飞行员流失严重	B014 飞行员招聘困难 B015 熟练员工流失率高	C02 驾机水平	D1 飞行员因素
4	A009 很多水上机场业务量不均匀，忙闲不均，没有飞行业务时，连续多天不飞，业务比较忙的时候，飞行员需要加班加点飞行，起降间隔很短	B018 培训缺乏 B019 业务量不均衡 B020 超长加班	C02 驾机水平 C04 飞行起降密度 C05 疲劳程度	D1 飞行员因素 D2 管理因素
5	A015 风大浪高条件下，起飞飞行员很难看清楚水面浮标及其他助航标识，失去参照系会导致判断困难。降落飞行员在空中要重点基于航标组成的参照系选择降落跑道	B030 助航设施不明显 B031 起降参照模糊	C06 水域导航标志	D3 水上机场布局因素
6	A019 飞行员对不同机型操作不够熟悉，对侧风着陆、顺风着陆、镜面水面着陆、波动水面着陆、紧急着陆、海豚跳等特情处理缺乏培训	B037 经验缺乏 B041 缺乏特情起降培训	C02 驾机水平 C01 飞行经验	D1 飞行员因素
7	A023 水上飞机锚地和起降跑道间最好不要横穿船舶航道，尤其是跑道要避开繁忙船舶航道	B044 水上跑道布设不当	C07 航道/锚地布置	D3 机场客观因素
8	A025 旅游旺季时，游客很多，起飞架次也很多，飞行员、管制员疲于应付，从早上六点多到机场做飞行准备，下班收拾完就七八点了	B047 工作强度大 B048 工作时间长	C05 疲劳程度	D1 飞行员因素 D4 管制员因素
9	A029 水上机场业务接受海事和空管双重管理，会有都管或都不管现象，双方没有就水上飞机运行形成统一方案	B052 行业监管不清晰 B053 安全监管缺位	C08 海事/民航规范	D2 管理因素
10	A037 当该飞机开始加速起飞时，管制员发现跑道附近有船舶	B062 管制员情景丧失	C09 管制能力	D4 管制员因素

第8章 水上跑道侵入风险因素的识别

续表

编号	原始语句	概念化	范畴	高级类属
11	A041 水上飞机的抗浪性和抗风性对起降安全尤为重要,是其重要的适航性指标	B069 抗风性 B070 抗浪性	C10 飞机性能	D5 设备因素
12	A043 机场管制员尝试通过无线电发送指令时,很少使用标准用语,也不说普通话	B083 不使用标准用语 B074 不使用普通话	C09 管制能力	D4 管制员因素
13	A055 飞行员没有对管制员指令进行理解和复诵,经常出现飞行员没有指令,擅自进行操作	B083 不复诵指令 B084 违反 SOP	C03 安全意识	D1 飞行员因素
14	A056 降落阶段,飞行员在空中很难观察到水面障碍物,尤其是船舶或障碍物尺寸不大时,更难以观察到,需要安全员和管制员及时提供引导信息	B085 障碍物勘察难度大 B086 管制员引导指令	C02 驾机水平 C09 管制能力	D1 飞行员因素 D4 管制员因素
15	A059 安全员没有注意到船舶进入起降水域,或者看到船舶驶入后,没有及时向塔台报告	B092 水域安全巡视 B093 安全员报告不及时	C11 现场监管处置	D2 管理因素
16	A062 没有规范的设备检查保养规程,或者即便有规程,也没有好好实施,导致机械故障	B096 设备维护 B097 保养不当 B098 设备故障	C12 维护保养	D5 设备因素
17	A067 要求飞行员具备 30 次水上起飞和水上陆的经历,对于同一级别等级的不同机型,其中 10 次水上起飞和水上着陆应在本机型上完成,方可实施水上商业载客运行	B105 起降练习次数 B106 飞行经验累积	C02 驾机水平 C01 飞行经验	D1 飞行员因素
18	A069 飞行计划调度随意性强,经常会临时调整飞行时间、路线,以及更换承担任务的飞机或飞行员	B109 飞行计划变动频繁	C13 飞行计划变更	D2 管理因素
19	A071 雨后或者台风过后,水面大尺寸漂浮物较多,安全员无法及时清理干净	B112 水域漂浮物多	C14 水域清净条件	D3 机场客观因素
20	A072 上午起降业务繁忙时段,进出港船舶较为频繁,如果驱离或者禁止船舶驶入,会有较大阻力,安全员与船舶驾驶员经常发生冲突	B113 船舶过往频繁 B114 交通组织困难	C15 船舶通航密度 C16 水域交通组织	D3 机场客观因素 D2 管理因素

续表

编号	原始语句	概念化	范畴	高级类属
21	A078 水上航行优先权规则和空中的飞机航行优先权规则类似，但不完全相同。水上飞机驾驶员在水面运行时，应与水面上任何船舶、航空器或其他障碍物保持安全距离，并为具有航行优先权的任何船舶或其他航空器让出航路	B121 遵照海事避让规则 B122 保证安全会遇距离	C16 水域交通组织	D2 管理因素
22	A082 同道路交通一样，水上飞机与船舶遵守右侧优先权。当水上飞机与船舶或其他航空器水面交叉运行时，右侧的水上飞机或船舶具有优先权；当水上飞机与船舶或其他航空器相向运动时，必须各自向右改变航道以便保持安全距离	B122 保证安全会遇距离	C16 水域交通组织	D2 管理因素
23	A085 波浪对飞机水面运行的安全影响很大，严重时会导致偏离航向或机体损毁。浪高主要受风速影响，涌浪是指在风区之外或者在产生它们的外力消失之后仍旧持续运动的波浪，舟船后部出现的尾流同样是一种涌浪。涌浪不易观察，对起降飞机影响更大	B131 波浪影响航向 B132 涌浪观察难度大	C17 风浪/涌浪	D6 气象水文因素
24	A087 在特殊情况下，当飞机与航空器或船舶接近将产生碰撞危险时，双方必须仔细观察各自的位置，根据实际情况（包括飞机或船舶自身的操纵限制）进行避让	B135 及时避让船舶	C16 水域交通组织	D2 管理因素
25	A088 机载、塔台及安全巡视员手持通信设备故障率高，且与过往船舶通信设备不兼容，通信用语不规范，表意不准确	B136 通信设备故障 B137 通信设备不兼容 B137 通信用语不规范	C22 通信设备 C09 管制能力	D5 设备因素 D4 管制员因素
26	A093 飞行员要根据风、水流速度和附近的河岸或其他障碍情况来决定是顺着水流还是逆着水流起飞和着陆	B141 水流影响着陆	C18 横风/斜流	D6 气象水文因素

续表

编号	原始语句	概念化	范畴	高级类属
27	A097 平静透明的水面导致运行风险，而且浮筒更容易紧紧粘附在镜面水面上。在镜面水域着陆时，飞行员更难准确估计飞行高度，水面的倒影将使飞行员产生错觉	B152 镜面水域起降难度大 B153 镜面会导致错觉	C01 飞行经验 C19 心理素质	D1 飞行员因素
28	A099 和陆上飞机一样，风会使水上飞机向来风方向偏转，或者使飞机向迎风方向偏航。在飞机滑行时这种风向标倾向可以通过使用水舵来控制抵消	B155 风向影响起降 B156 飞行员需考虑风速风向	C18 横风/斜流	D6 气象水文因素
29	A102 因为依靠目视助航，能见距离对水上飞机起降影响程度更大，严禁在能见距离不足条件下进行起降作业	B159 目视助航需要较好的能见距离	C20 能见距离	D6 气象水文因素
30	A108 雾霾天气或者傍晚能见距离不足时，飞行员难以观察到过往船舶等障碍物，从空中也难以选取着水点	B163 雾霾天气 B164 能见距离不足增加起降风险	C20 能见距离	D6 气象水文因素
31	A113 数据显示大部分水上飞机起飞过程中发生的事故都是由于水道可用起飞距离不足导致的	B171 准确判断起飞距离	C02 驾机水平	D1 飞行员因素
32	A117 正常起飞前务必先确定好风向，选择好起飞路线	B176 依据风向风速选择起飞路线	C02 驾机水平	D1 飞行员因素
33	A123 飞行员要进行细致的空中勘察，以躲避船舶和障碍物，选择着陆航向和接水区域	B182 空中勘察 B183 选择着陆航向 B184 选择接水区域	C01 飞行经验	D1 飞行员因素
35	A124 存在明显区隔，部门之间不了解对方的安全规程，缺少信息沟通和协作	B185 部门职责不清 B186 部门沟通不畅	C21 沟通/信息交流	D2 管理因素
36	A127 相比于陆上飞机，水上飞机更难准确计算所需起飞距离，即使对于同一个水道，不同起降之间的性能差距也会非常大	B191 不同机型差异大 B192 飞行员经验要求高	C10 管制能力 C01 飞行经验	D2 管制员因素 D1 飞行员因素
37	A128 在无法准确计算所需起飞距离时，需要综合考虑水面类型、整机重心及载重重量等因素	B193 确定起飞距离 B194 观察水面类型 B195 整机重心 B196 载重重量	C01 飞行经验 C23 装载/配重	D1 飞行员因素 D5 设备因素

续表

编号	原始语句	概念化	范畴	高级类属
38	A129 选定的起降区过于靠近船舶主航道，或者岸线防浪设施缺失，导致起降区涌浪/斜流频发，不利于起降	B197 起降区选址不合理 B198 防浪设施缺失	C24 起降水域布置	D3 机场客观因素
……	……	……	……	……

（2）主轴式编码

在不同范畴之间建立关联，是主轴式编码的重点[192]。需要将开放式编码中细致分割的语句资料进行聚类分析，通过聚拢系统的次要范畴，得到了主要范畴。该阶段弥补了开放式编码中范畴相互独立的缺陷，对基本范畴之间的因果关系和逻辑脉络，对于抽取主要风险因素具有重要作用。在主轴式编码过程中，删除无法聚拢在基本范畴的离散概念，同时对基本范畴进行聚类，形成具有代表性的主要范畴。对水上跑道侵入风险因素进行主轴式编码，借助典范模型，其形成的主范畴如图 8-6 所示。通过分析发现，风险因素范畴间缺失存在类属关系，将 24 个次要范畴进一步归纳为飞行员因素、管制员因素、设备设施因素、机场客观因素、气象水文因素、管理因素 6 个主要范畴（见图 8-6），主范畴间相互独立，共同影响水上跑道侵入风险。

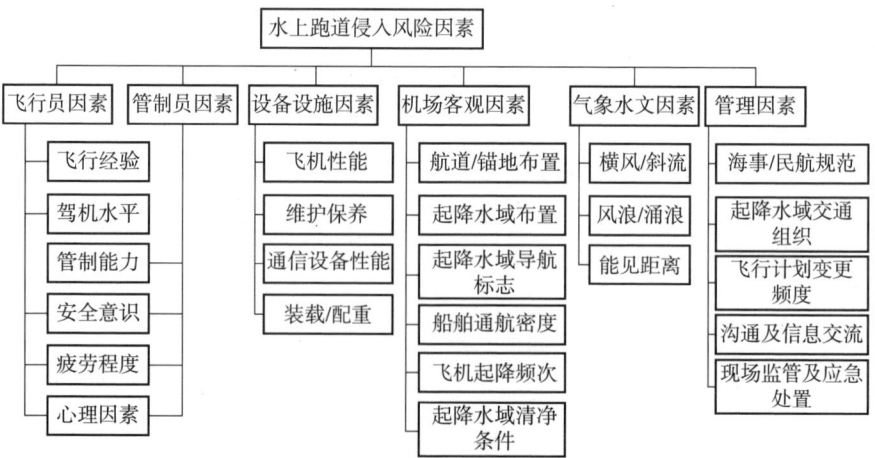

图 8-6　水上跑道侵入风险因素主轴式编码的主范畴

（3）选择式编码

选择式编码任务是将范畴间联系理论化，重点在于厘清主范畴与次要范畴之间的关系，在主轴式编码的基础上分析具有统领性的核心范畴，使得核心范畴与次要范畴之间具有逻辑关联。通过主轴式编码归纳出来的主范畴，将主范畴进行选择式编码，得到水上跑道侵入风险因素的4个核心范畴是人员因素、设备设施因素、客观环境因素以及管理因素，具体如图8-7所示。其中，人员风险因素主要来自飞行员及空管员等直接参与人员；设备设施风险因素主要是指水上飞机的安全特征；客观环境因素主要是指水上飞机起降场的选址及布局因素，以及可能与船舶产生会遇水域的气象水文条件；管理因素包括行业安全监管、水域交通组织、现场监管及应急处置等。本研究的研究视角为水上机场运营企业，因此风险因素中没有考虑船舶及船舶驾驶员的个体特征，而只把"船舶通航密度"作为统计特征纳入风险集合。

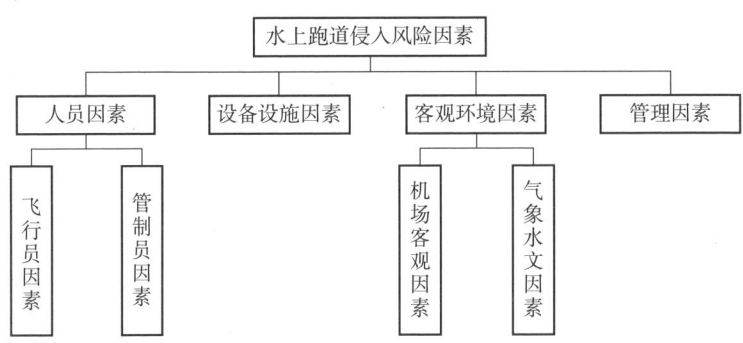

图8-7 水上跑道侵入风险因素的选择式编码

8.3.4 概念模型与饱和度检验

扎根理论的深入扎根终点在于不再获得新的概念、范畴，即达到理论性饱和。格莱瑟和斯特劳斯（Glaser & Strauss，1967）认为扎根理论停止搜集新的经验和资料，标准是已有数据使得范畴已饱和[204]。基于扎根理论得出的理论结构逻辑性更强，范畴与范畴之间主次鲜明，范畴与概念之间的囊括性更强。

检验上述指标体系构建是否完备和可靠，从两个方面进行饱和度检验：首先，将前述原始文本资料编码后剩下的20%用于饱和度检验，依次进行新一轮数据编码，检验发现没有新的类属产生。其次，历史水上跑道事故的深层致因是水上跑道安全风险发生的显著代表，能充分验证水上跑道侵入风险影响因素的可靠性和完备性，鉴于此，额外收集了2001年到2016年的10起水上飞机起降安全事故的调查报告，将其作为饱和度检验的资料，依次进行数据编码，导致侵入事故的风险因素依然符合主范畴的脉络和因果关系。

  本研究在达到理论性饱和后得出了水上跑道侵入风险影响因素模型，如图8-8所示。水上跑道侵入风险从风险因素演化为不安全事件、事故征候，最后演化为事故，演化过程受人机环管四方面的影响，侵入事故是否发生则取决于人机环管四要素的相互作用。

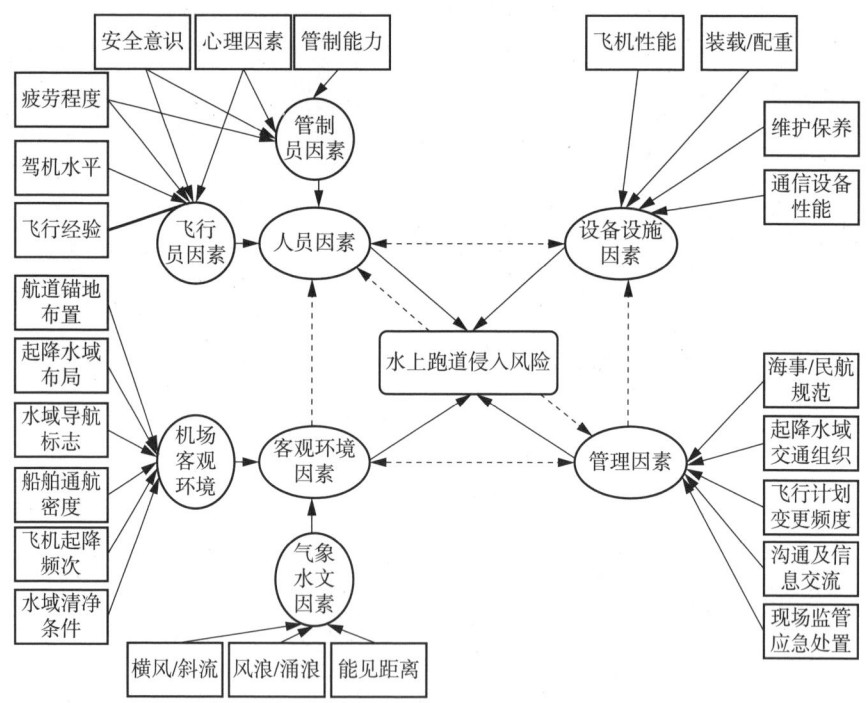

图8-8 水上跑道侵入风险因素体系的概念模型

第9章
水上跑道侵入作业层风险的演化机理

组织建模多层框架中，相对于决策职能的管理层，作业层属于操作执行层面[184]，包括飞行员、管制员、安全员、机务员等直接参与一线作业人员及其相应的操作行为。作业层是侵入事故的近端因素，按照事故因果链理论，作业层人员的疏忽和违规操作可以直接诱发侵入事故[195]；而安全管理及外部监管属于远端因素，其风险需要经过作业层人员行为才能传递至最终事故。作业层主体行为较为直观，因素间作用关系明确，对事故场景分析更为直接。本章将集成事故树、贝叶斯网络方法构建水上跑道侵入作业层风险演化模型，开展定性定量分析，揭示风险演化规律，评估船舶相关、漂浮物相关及综合风险等级。

9.1 混合概率风险分析模型

9.1.1 常见风险分析建模方法

风险通常被定义为某一具体危险的发生概率和发生后果的组合，在之后研究中加入危险发生的场景，形成风险分析的三要素，场景、概率和后果三要素分析逐步成为风险分析的标准范式[208]。建模方法要能够有效表达风险的三个要素，危险场景主要描述危险事件在何种条件下会发生，概率主要表征发生的可能性，损失主要表征结果的严重性。风险分析方法通常可分为定性方法、定量方法和混合方法[209]，定性分析方法以文献、访谈、经验、原始资料为研究对象，包括扎根理论、解释结构模型（Interpretative Structural Modeling，ISM）等；定量分析方法重在因素间关系研究和数据分析，主要包括结构方程模型（Structural Equation Modeling，SEM）、Cox 回归分析、聚类分析等；混合方法主要是指概率风险评估

(Probabilistic Risk Assessment，PRA)，以事故树和事件树为代表，是定性和定量分析方法的结合。

(1) 概率风险评估

PRA 的突出优势体现在既可以评估各种危险后果发生的可能性，又能够识别和描述可能发生的事故场景，因此该类方法应用极为广泛[210]。PRA 综合运用结构图构建出风险事故链模型，集成系统各类定性和定量信息（如试验数据、现场数据、专家判断等）表达事件间的不确定性，评估和预测复杂系统综合风险水平。作为识别和分析复杂系统风险的主要方法，概率风险评价方法在风险管理中的作用已被航空航天、交通运输、核能电力、石油化工等领域实践所验证[211]。

PRA 实施的关键步骤是熟悉系统→识别初因事件→事件链建模→故障（事故）建模→不确定性分析等。PRA 基本分析工具是主逻辑图、事件序列图（ESD）、事件树（ETA）、事故树（FTA）等，运用定性方法识别危害和风险情景，并使用量化方法寻找风险情景的可能性[212]。其中，FTA 通过逻辑关系（或与门）将各类事件组合起来，可以清楚地了解系统故障或失效的场景，是安全风险和可靠性研究中最常用的技术[213]。

(2) 基于回归的技术

基于回归的技术主要基于样本数据，求解因素（变量）间相互关系强度，在经济学、心理学和社会学研究中很常见。在过去的 20 年里，因果关系模型在组织心理学中越来越受欢迎；一般来说，它用来从"虚假关联"中区分真正的统计因果关系。这个过程涉及定义一组变量及其关系，然后同时对所有的关系进行"测试"。这是应用各种实证方法得以实现的，如路径分析或结构方程模型（SEM）[214]。尽管这些技术之间有一些差异，基本思路是计算所提出模型中变量之间的协方差（使用实际数据），并将其与期望的协方差（建模者的所处限制）进行比较。这个比较表明了模型适合实际的数据的程度。SEM 模型中包括观测变量和潜变量，是路径分析（潜变量间）和因子分析（在测量变量和潜变量之间）的组合[191]。

(3) 贝叶斯信度网络

贝叶斯信度网络（BBN）也被称为贝叶斯网络、信度网络、因果网络或概率网络，自 20 世纪 90 年代以来，在安全风险和可靠性分析领域得到了广泛应用。BBN 是图论与概率论的结合，直观地表达因素间因果关系；

基于网络的分析框架，用于描述和分析不确定性，并以数学上严谨、高效和简单的方法处理概率关系。贝叶斯网络由一组变量（原因和影响）以及一组变量间定向的边（影响的路径）组成，每个变量都有一个互斥状态的有限集合，变量连同有向边形成有向非循环图（DAG）。根据根节点的先验概率及中间节点的条件概率进行定量计算，解释原因与其潜在作用间的联系强度。Mosleh 为这种情况提供了一个解决方法，提出定性—定量贝叶斯信念网络方法（QQ-BBN），在 BBN 的深层部分远离直接观察，可以借助专家经验，用定性方法进行评估，计算各节点条件概率[215]。

BBN 具有比 FTA 更规范的数学化表达方式[216]，BBN 主要有以下几个优点：①有规范的数学化表达方式和数学基础，用概率表达变量间相互作用关系，通过条件概率及先验概率进行量化分析；②能够实现多源信息融合，将过程统计数据、客观观测数据、主观经验判断融合到统一模型；③能够进行证据推断，在获得新的信息（证据）后，可以根据网络结构和概率推导关系，更新系统模型或进行系统诊断分析。BBN 的上述优势使得它在各个领域应用极为广泛，成为可靠性分析和风险建模等领域的理想工具[217]。

（4）确定性动态建模

当有足够信息建立系统因素间确定性关系时，可以使用"确定性"建模技术。确定性的建模技术可以用于分析或模拟复杂系统。如果正式模型十分复杂，并且分析解决方案要么太耗时，要么根本就不可能解决时，采用模拟仿真技术通常是唯一的解决方案，例如基于主体建模（Agent-based Modeling，ABM）和系统动力学建模（System Dynamics，SD）[218]。系统动力学在行为及决策过程建模方面具有优势，因此常被用于组织行为建模，该方法最初的目的是研究工业系统的行为，以分析政策、延误和结构的相关方式，以及它们如何影响系统的稳定性。系统动力学的优势体现在能够处理动态、反馈以及时间延迟等非线性问题的能力，其定量分析主要依靠水平变量、速率变量及系统流图实现，其数学本质是积分方程模型的图形化表达。

9.1.2 混合概率风险分析方法

安全风险和可靠性分析领域，通常会采用多种建模方法混合，对复杂系统的不同侧面进行研究，这有利于发挥各种建模方法的优势，同时可以更充分深入认识复杂系统。按照第 10 章组织风险建模原则，建模方法的选择要以建模目的和要求为准则，水上机场运行安全体系属于复杂社会技术系统，系统变量既有表征气象水文和设备设施性能的定量指标，又有描述组织和人员的定性指标，变量间既有确定性关系，又有非确定的概率性关系，因此建立水上跑道侵入风险分析模型需要满足以下几点：

（1）风险分析模型要能够描述风险的三要素：场景、概率和后果，这是建模的基本目的。

（2）水上飞机运行水域属于开放系统，存在环境的偶然不确定性和人员的认知不确定性，因此模型要能够用概率工具表达风险的不确定性。

（3）为了达成研究目的，模型构建要能够描述风险因素（变量）的状态，能够表达风险因素（变量）间的关系。水上跑道侵入存在众多风险影响因素，因此模型必须能纳入多数关键风险因素，并能表达风险因素之间，以及其与风险之间的因果关系[151]。

（4）复杂系统安全风险的产生，除了对事物规律掌握不足，还与现有知识利用不充分有关，系统分析除了依据客观历史数据，还要利用主观专家判断，后者代表专家知识经验积累，因此模型必须能够对两者进行有效整合。

鉴于上述分析，结合前文对常用风险分析方法特点的分析，本章参考 Mohaghegh 的社会技术风险分析模型（SoTeRiA）[13]和王帆的地铁施工安全风险动态演化模型（DRAFTs）[117]，集成事故树、贝叶斯网络、模糊集理论、相关向量机模型等多种方法优势，聚焦水上机场起降作业层，构建了一种混合概率风险分析（HPRA）模型（见图 9-1）。

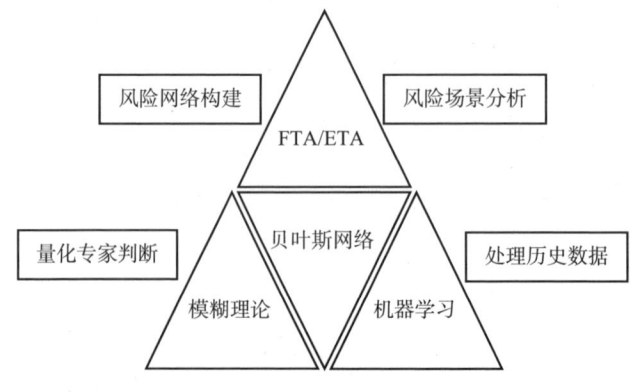

图 9-1　混合概率风险分析方法

（1）采用 FTA 定性地识别可能的事故场景，构建 FTA 模型，并进行结构重要度等定性分析。

（2）通过 FTA 模型确定 BBN 的网络结构，从而描述出作业层风险因素对侵入事故的作用关系。

（3）采用模糊集理论量化专家判断，表达不同层次因素（变量）状态组合对应的概率分布，也即确定各节点的条件概率表，利用 BBN 方法的推理原理，分析风险因素对总体风险的影响强度。

（4）采用机器学习方法处理历史客观数据，来确定贝叶斯网络底层事件的先验概率表，而最终的水上跑道侵入事件的后果严重等级及发生概率由贝叶斯网络推理得出。

9.1.3 作业层风险演化的概念模型

Ren 等基于前述 Reason 的"瑞士奶酪"理论构建了一个五层的人员和组织因素（HOFs）分析模型，并提供了一个离岸施工安全评估框架，用层次结构来描述从根本原因到事故后果的因果关系及其影响的传播过程[219]。王帆、覃亚伟等基于 Ren 的思路构建了一个四层风险分析模型，分析地铁施工安全风险演化过程[11]。本章在上述研究基础上构建了水上跑道侵入风险演化的概念模型框架，如图 9-2 所示。该模型使用因素层、触发层、事件层、事故层分层来描述水上跑道侵入事件的因果链，每个层次代表风险传递的时序和因果关系，风险通过影响因素影响触发事件，并导致风险沿事故因果链从低向高层传递，并诱发最终事故和损失。

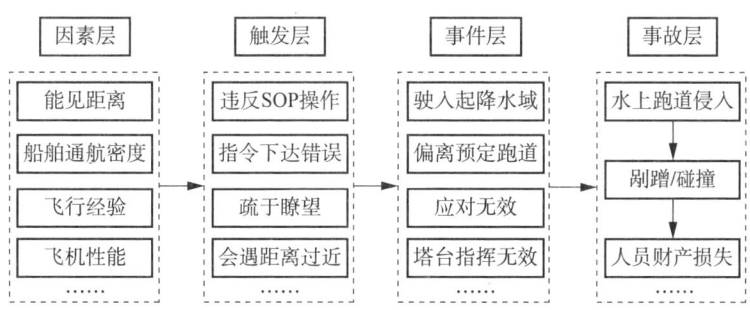

图 9-2 作业层风险演化的概念模型

（1）事故层（Accident level）：这一层描述的是事故类型及对应的后果，如水上跑道侵入导致的水上飞机倾覆，与障碍物刮蹭、碰撞等事故，以及事故所造成的人员伤亡、财产损失、经济损失、环境污染等后果。事故的类型及其后果由两种方式导致：一是多个先导事件耦合叠加的结果，如障碍物侵入跑道，飞行员避碰措施不当，造成飞机与障碍物碰撞或剐蹭；二是可能由其他事故发生而产生的衍生和连锁反应，例如水上飞机因躲避某一障碍物而撞上另一正常状态的船舶或设施等。

（2）事件层（Incident level）：它包括了可能导致事故的不安全状况的所有可能事件，通常与事故的发生有直接因果关系，处于事故因果链条的末端。例如，水上飞机与障碍物会遇距离过近和飞行员避碰措施不当属于事件层，会引起障碍物侵入跑道；水上飞机超载而引起起飞超出跑道，飞行员降落时没有例行巡视水上跑道，从而引起接近障碍物（事故）。

（3）触发层（Trigger event level）：触发事件是在一定外部环境因素作用下，由人为或组织错误造成的不安全操作。触发层事件通常是多个风险因素耦合叠加作用的结果，同时也是触发危险事件链条，进而诱发某一事故场景的条件，如飞行员接收不到有效的管制指令，可能会导致飞行员忽视起降水域的障碍物，导致管制指令无效可能是受无线通信设备、通信干扰以及管制员技能等因素的影响。触发事件是事件的直接原因，提供了诱发事件层事件的条件。

（4）因素层（Root cause level）：这一层是根源层因素，通常是指导致事故发生的根源因素或者系统性原因，根源层因素影响触发事件，通常考虑人员或组织因素，以及环境因素、机械设备因素等。复杂社会技术系统安全绩效与预期目标的偏差，是由系统内在和外在因素共同作用的结果，同时也是由技术系统和社会系统互动的结果。前文所识别的风险影响因素均处于因素层，这些风险因素可能是连续变量（如风速、浪高、流速、能见距离等），也可能是离散变量（过往船舶类型、飞行员技能等级等）。

应当指出的是，水上跑道侵入是通过多个潜在错误的连接而发生的。个别错误可能不足以导致严重后果，除非它与其他潜在错误一起发生。以上提出的框架表明，根源风险因素，触发事件、中间事件、事故及后果在逻辑上是相关的，因此它提供了探索各类风险因素与严重性后果之间相关性的潜力。根源风险因素的传播和升级通常会使这些潜在错误的组合随着时间的推移而逐渐形成，因此创造了系统失效的先决条件。

9.1.4 作业层风险混合概率分析框架

为了进行水上跑道侵入风险分析，一个统一的框架是必不可少的。基于文献回顾,提出了水上跑道侵入风险分析框架。该框架包含以下四个主要步骤:确定风险影响因素;对风险因素分类并构建事故树;建立 BBN 模型并确定先验/后验概率;BBN 推理和解释分析结果。每个步骤详细描述如下:

步骤 1:确定风险影响因素(风险因素识别)。

这个步骤是整个分析过程的起点,必须确定在水上跑道侵入风险的影响因素。对于成熟研究课题,可以借助广泛的文献研究。但由于水上飞机的海事/航空交叉属性,现成研究文献相对较少,前述章节基于陆上跑道侵入以及船舶碰撞文献,对起降作业分析、安全会遇距离模型、信息处理模型等对水上飞机起降作业过程进行分析。在采用 SHEL 模型初步识别风险因素基础上,开展专家访谈和资料收集,采用扎根理论模型进行规范化的风险因素识别。

步骤 2:对风险因素分类并构建事故树(定性风险分析)。

按照侵入风险演化的概念模型,依据风险因素固有属性进行层次划分。基于事故树模型,依据风险场景和事件因果链建立风险因素间联系,将风险因素转化为对应的风险事件。①依据事故系统分析定义 FTA 事件节点;②依据事件因果链确定 FTA 网络结构。进行结构性分析,确定各底层事件对顶层事件的结构作用强度。

步骤 3:建立 BBN 模型并确定先验/后验概率(定量风险分析)。

将事故树模型转化为贝叶斯网络模型,通过专家进一步完善网络结构。使用变量(节点)来表示已识别的风险事件(因素),并确定每个变量(节点)的先验概率表(PPT)或条件概率表(CPT),开展定量分析。囿于从现有的数据库和数据网络获得的水上飞机运行数据可能并不完整,并不能很好表征各项风险因素。这就需要借助于模糊隶属度函数及支持向量机等工具,将专家意见转化为可量化分析的数据。对于风险影响因素与触发事件间的关系,通过相关向量分类机建模,利用风险因素及触发事件状态的历史数据样本集合,确定两者间的概率传递关系;对于贝叶斯网络中的其他部分,通过模糊集理论处理专家判断来确定中间层次条件概率。

步骤 4:BBN 推理和解释分析结果(风险评估预警)。

依据风险接受准则和后果严重性、可能性两个维度构建风险评估矩阵。将获取的风险因素观测值输入根节点,依据关系分类向量机求得各个对应触发事件的先验概率,然后根据 BBN 网络结构及条件概率分布,逐层求得各中间节点和顶层节点事件的状态概率分布,与风险矩阵进行比对确定风险等级,并为管理者提供风险管控建议。

9.2 水上跑道侵入作业层风险演化的 FTA 分析

9.2.1 事故树分析方法

事故树分析(FTA)是一种图形演绎法,以树状网络对导致事故的场景进行系统化描述,应用于系统可靠性和安全性分析。FTA 可以基于事故树结构,进行最小割集、最小径集、结构重要度等定性分析。FTA 网络结构通常自顶向下进行构建(见图 9-3),事故或不安全事件位于图示的顶部,向下逐步传导到中间事件和树底部的基本事件;FTA 用逻辑门(AND/OR)定义事件之间相互作用关系,对基本事件通过中间事件诱发顶事件的逻辑关系进行描述。FTA 既可以进行定性风险分析,也可以进行定量风险评估,通过确定事故树底部基本事件的概率来推算顶级事件的概率。此外,采用图示方式使得理解更方便,但如果事故树中节点数量过多,分析会变得较为复杂;且 FTA 定量分析所需数据较难取得,因此本研究借助 FTA 进行定性分析,而通过将 FTA 转化为贝叶斯网络进行定量分析。

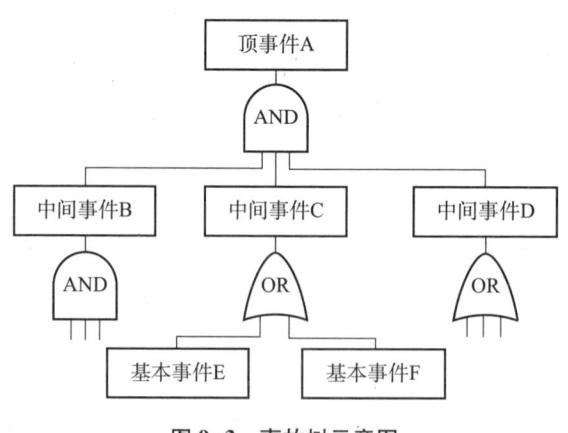

图 9-3 事故树示意图

9.2.2 事故树建模

在上一章中,基于起降作业分析、安全会遇距离分析和飞行员起降过程认知分析,明晰了水上跑道侵入的发生场景(什么条件下会发生侵入)以及导致根事件的中间事件和基本事件,梳理了事件链条,识别了风险影响因素。风险因素处于正常状态，对系统可靠性和安全性没有影响，但如果出现偏差或处于失效状态，便构成了初始失效事件，会触发一系列的连锁失效事件，进而沿着事故因果链条蔓延至顶上事件[163]。找出风险因素对应的失效事件，因为风险因素符合独立分布，这些失效事件也构成了事故树的基本事件集合，如表9-1所示。

表9-1 水上跑道侵入 FTA 基本事件列表

编号	风险因素	对应风险事件	编号	风险因素	对应风险事件
X1	飞行经验	飞行经验不足	X13	能见距离	能见距离不足
X2	驾机水平	驾机水平欠缺	X14	航道、锚地布置	航道、锚地布置失当
X3	管制水平	管制能力欠缺	X15	起降水域布置	起降水域布置失当
X4	疲劳程度	疲劳/注意力分散	X16	水域导航标志	导航标志缺失/模糊
X5	安全意识	安全意识淡薄	X17	船舶通航密度	船舶通航密度过高
X6	心理因素	心理素质差	X18	飞机起降密度	飞机起降间隔过小
X7	飞机性能	飞机抗风/浪性差	X19	水域清净条件	水域清净条件差
X8	通信设备	通信故障/受干扰	X20	海事/民航规范	水域交通规范缺失
X9	维护保养	维护保养不当	X21	水域交通组织	水域交通组织混乱
X10	装载/配重	装载/配重不当	X22	飞行计划变更	飞行计划变更频繁
X11	横风/斜流	横风/斜流超限	X23	沟通/信息交流	部门冲突/沟通不畅
X12	风浪/涌浪	浪高超限	X24	现场监管处置	现场监管处置不力

事故树模型由顶事件、中间事件和基本事件构成，顶事件对应事故层，中间事件对应事件层和触发层，基本事件对应因素层。按照前文的事故场景分析，水上跑道侵入主因是由于飞行员、管制员和船舶驾驶员等参与主体对于外部信息接收和处理过程中出现认知偏差，造成操作失误，并得不到安全管理体系的及时补救而造成的后续触发事件。依据本研究主题，将"水上跑道冲突事故"作为顶事件；根据事件链条向下细分，导出中间事件。冲突事件主要有两种类型："船舶相关事故"和"漂浮物相关事故"，而"船舶相关事故"的诱因有两方面：一是由船舶侵入水上跑道诱发；二是由水上飞机偏离跑道诱发。同样，漂浮物相关事故也有两类诱因。

导致船舶侵入事件的直接前导事件是"船舶驶入禁止水域"和"飞行员应对失当"，船舶驶入禁止水域导致会遇距离过近，而飞行员没有采取有效的应对措施，可能会导致侵入事件发生。同样，"飞行员应对无效"

主要有"飞行员违反 SOP 操作""飞机操控效果差"和"塔台指挥无效"三种场景;飞行员疏忽过失可能是由于疏于瞭望或没有接到有效指令,从而忽视了障碍物的会遇距离过近,也可能是由于气象水文条件较差、飞机抗浪性能差、飞行员经验缺乏导致的偏出跑道。船舶失控或过失驶入起降水域、漂浮物漂入起降水域、指令下达错误、没发现障碍物、报告迟缓/错误、飞行员违反 SOP、飞机操控效果差等中间事件,是由气象水文、机场布局、人员、水上交通管理等维度的基本事件诱发。

据此,建立水上跑道侵入事件的事故树模型,如图 9-4 所示。该 FTA 模型中存在部分中间事件节点多次出现,例如"飞机偏航诱发的侵入"及"飞行员应对无效"等节点,受篇幅所限,重复节点的下级节点用省略号替代。

9.2.3 事故树定性分析

事故树定性分析的主要任务是在不考虑基本事件先验概率的情况下,找出导致顶事件发生的所有可能场景,以及控制顶上事件的所有方案,对各底层基本事件的重要性进行判断,即求出事故树的所有最小割集、最小径集和各基本事件的结构重要性。

(1) 水上跑道侵入事故树的最小割集

割集(cut set)表征系统的危险性,是指故障树中一些基本事件的集合,当这些基本事件都发生时,顶事件必然发生。最小割集(finimum cut set)是引起顶上事件发生的充分必要条件[221]。一个最小割集代表系统的一种故障模式或者一种事故场景,最小割集越多说明风险因素耦合概率越高,系统可靠性越差;某一风险场景发生的概率是其对应最小割集所含根事件同时失效的概率,因此,低阶最小割集更应引起关注[163]。

最小割集的推导方法有下行法、上行法和二元决策图法。本研究采用下行法求解最小割集,基本思路是从顶向下,由顶事件开始依次将"与或门"的输出事件替换为输入事件,遇到"与门"将输入事件横向列出,遇到"或门"将输入事件竖向列出,直到全部置换为基本事件为止,得到的全部竖向排列的项就是割集。再利用集合布尔运算对割集进行简化、吸收,得到全部最小割集[221]。该事故树有 16 个三阶最小割集、8 个四阶最小割集、8 个五阶最小割集、18 个六阶最小割集以及 12 个七阶最小割集。五阶及以下最小割集见表 9-2。

第9章 水上跑道侵入作业层风险的演化机理

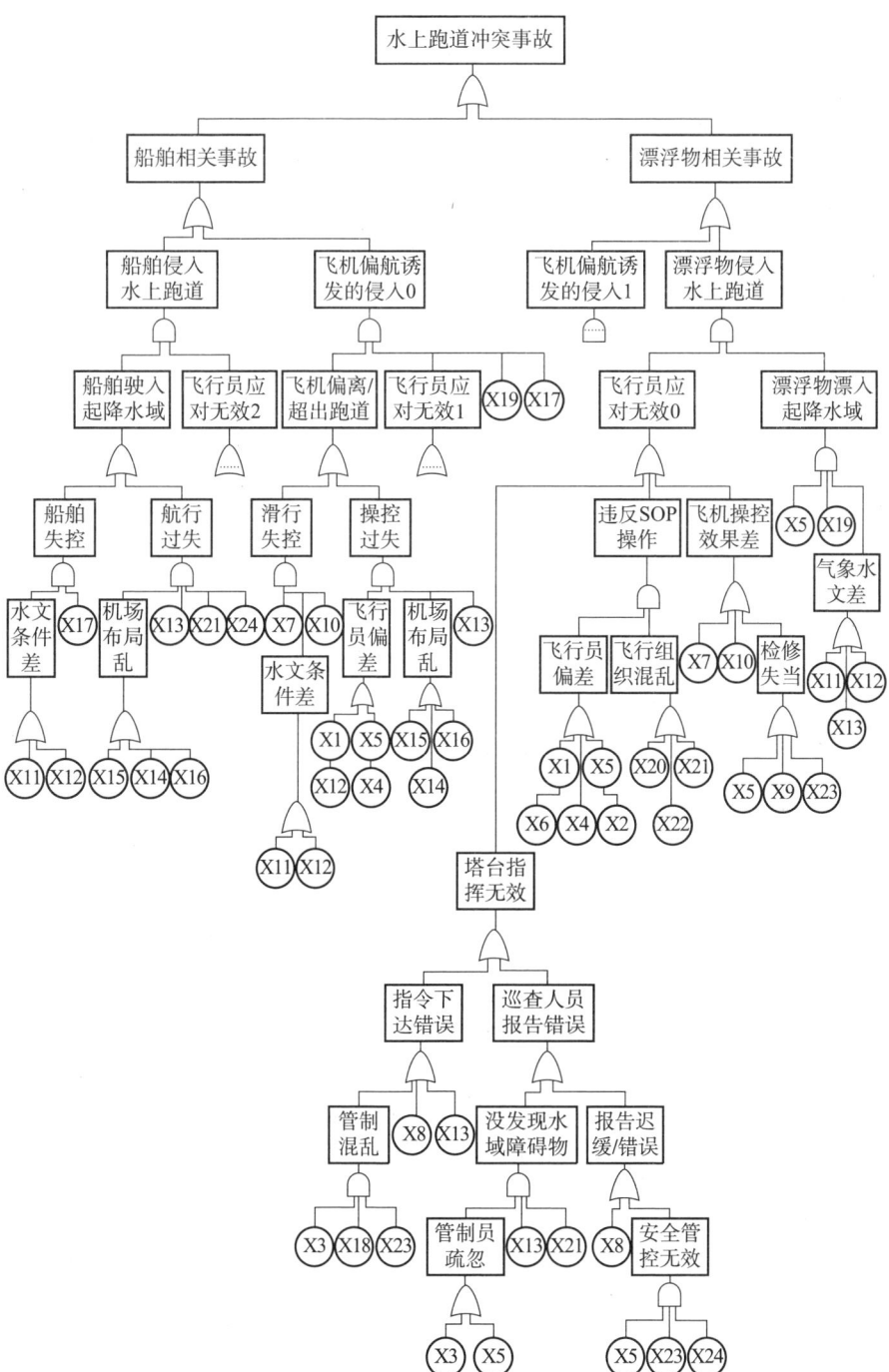

图 9-4 侵入事件的事故树分析模型

表 9-2　事故树最小割集列表

序号	最小割集	序号	最小割集
1	X1, X13, X14	17	X3, X5, X13, X19
2	X1, X13, X15	18	X7, X8, X10, X11
3	X1, X13, X16	19	X7, X8, X10, X12
4	X2, X13, X14	20	X7, X10, X11, X13
5	X2, X13, X15	21	X7, X10, X12, X13
6	X2, X13, X16	22	X13, X14, X21, X24
7	X4, X13, X14	23	X13, X15, X21, X24
8	X4, X13, X15	24	X13, X16, X21, X24
9	X4, X13, X16	25	X3, X5, X8, X11, X19
10	X5, X13, X14	26	X3, X5, X8, X12, X19
11	X5, X13, X15	27	X3, X11, X17, X18, X23
12	X5, X13, X16	28	X3, X12, X17, X18, X23
13	X8, X11, X17	29	X5, X11, X17, X23, X24
14	X8, X12, X17	30	X5, X12, X17, X23, X24
15	X11, X13, X17	31	X7, X9, X10, X11, X23
16	X12, X13, X17	32	X7, X9, X10, X12, X23

低阶最小割集为系统的薄弱环节，影响着起降作业系统的可靠性，因此 16 个三阶最小割集应着重关注。三阶最小割集为 {X13 能见距离不足}、{X1 飞行经验不足，X2 驾机水平欠缺，X4 疲劳/注意力分散，X5 安全意识淡薄}、{X14 航道、锚地布置失当，X15 起降水域布置失当，X16 导航标志缺失/模糊} 三个集合中事件要素的组合，可见侵入事故受风险因素耦合叠加影响。飞行员、管制员的经验、能力及安全意识等人为因素非常重要；起降水域能见距离影响船舶驾驶员、管制员及飞行员对障碍物距离的判断；此外，水上机场布设因素影响障碍物进入的概率。在水上机场起降作业过程中，应该对能见距离、风速、浪高等气象水文条件做明确限定，不满足相应的条件，水上飞机不得起降。同时，对设备调试、检修也应该有严格的要求。但对飞行员、管制员的技能、经验、安全意识等问题监管难度较大。

(2) 水上跑道侵入事故树的最小径集

径集与割集的概念对应，表征系统的安全性。最小径集是保证顶上事件不发生的充分必要条件，若一个最小径集中的所有基本事件都不发生，则顶上事件就不发生[222]。从安全管理实践角度来看，最小径为制定风险控制方案提供了思路，可以通过控制最小径集中某几个基本事件，来规避顶上事件的发生[163]。最小径集的求法与最小割集类似，通过下行法得到事故树的最小径集，可知事故树有 1 个三阶最小径集，9 个四阶最小径集，45 个六阶最小径集，7 个七阶最小径集以及 6 个八阶最小径集。四阶及以下最小径集见表 9-3。

表 9-3 事故树最小径集列表

序号	最小径集	序号	最小径集
1	X11，X12，X13	6	X7，X13，X17，X19
2	X3，X7，X13，X17	7	X8，X13，X20，X23
3	X3，X10，X13，X17	8	X8，X13，X21，X23
4	X5，X7，X13，X17	9	X8，X13，X22，X23
5	X5，X10，X13，X17	10	X10，X13，X17，X19

要重点关注阶数较低的最小径集，例如三阶最小径集 {X11 横风/斜流超限，X12 浪高超限，X13 能见距离不足}，若集合中各底事件都不发生，也即气象条件完全适宜，则跑道侵入就不会发生，这也契合了水上机场安全管理中通常会制定严格的气象放飞标准。四阶最小径集 {X5，X7，X13，X17} 代表人员安全意识、飞机抗风/浪性、能见距离以及船舶通航密度等条件适宜情况下，可以有效避免水上跑道侵入事件，这也与管理实践相一致。通过最小径集控制顶事件发生，根本思路是通过安全管理举措，对集合中基本事件进行管控。

(3) 结构重要度分析

由于引起顶事件发生的基本事件较多，在安全管理中应重视关键事件。在事故树中，因为没有引入各事件的先验概率，基本事件的重要性仅取决于其在事故树中的位置，所处位置不同，对顶上事件影响程度不同。结构重要度反映了基本事件在系统结构中所处位置的重要程度，与基本事件发生的概率无关。结构重要度计算公式如下：

$$I(i) = \frac{1}{k} \sum_{j=1}^{m} \frac{1}{R_j} \qquad (9-1)$$

其中，I 代表节点事件的结构重要度，k 为整体包含的最小割集数，m 为包含第 i 个基本事件的最小割集数，R_j 为第 j 个最小割集的基本事件数目（该割集包含基本事件 i）[223]。依据上述算法，求得的基本事件结构重要度关系为：

I(X13)>I(X17)>I(X5)>I(X12)=I(X11)>I(X14)=I(X15)=I(X16)>I(X10)=I(X7)>I(X21)=I(X8)>I(X4)=I(X2)=I(X1)>I(X24)=I(X23)>I(X3)>I(X22)=I(X20)>I(X19)>I(X18)>I(X9)>I(X6)

{X13 能见距离不足、X17 船舶通航密度过高}、{X5 人员安全意识}、{X11 横风/斜流超限、X12 浪高超限}、{X14 航道、锚地布置失当，X15 起降水域布置失当，X16 导航标志缺失/模糊} 等四组基本事件结构重要度靠前，这也与最小割集分析一致，人员安全意识淡薄、气象水文和水上机场布设等环境风险事件是侵入事件的主要诱因。{X7 飞机抗风/浪性差，X10 装载/配重不当}、{X8 通信故障/受干扰，X21 水域交通组织混乱}、{X1 飞行经验不足，X2 驾机水平欠缺，X4 疲劳/注意力分散}、{X23 部门冲突/沟通不畅，X24 现场监管处置不力} 等四组风险事件重要度次之，主要涵盖飞机性能、通信设备、人员素质及交通组织、安全管理等方面。

由结构重要度可知，保证在气象水文条件适宜的水域进行起降，合理布局起降水域，对于预防水上跑道侵入最为重要，其次要保持无线电通信畅通和管制员指令正确下达，保证起降水域交通组织有序及内部安全管理规范，同时需要加强飞行员的安全意识、积累起降经验、保持充沛精力。

9.3 水上跑道侵入作业层风险演化的 BBN 建模

9.3.1 贝叶斯网络方法

由于事故树方法无法支持事件多态性等限制，本研究将上述事故树模型转化为贝叶斯网络模型进行定量分析。贝叶斯网络由定性部分（节点及有向边组成的有向无环图 DAG）和定量部分（条件概率表 CPT）组成，可以下式来描述[224]：

第9章 水上跑道侵入作业层风险的演化机理

$$N = \langle\langle U, E\rangle, P\rangle \tag{9-2}$$

其中，$\langle U, E\rangle$ 为定性部分，分别表示有向无环图的节点和有向边，$U=\{X_1, X_2, \cdots, X_n\}$ 对应于贝叶斯网络结构的节点，有向边 E 表示网络节点间的概率因果关系。定性部分蕴含了一个条件独立假设：给定其父节点集，每一个变量独立于它的非子孙节点。P 为定量部分，是节点集合 U 上的概率分布，通过每个节点的父节点集合的状态组合确定概率分布，也即各个父节点的状态概率分布和自己节点的条件概率表共同确定。没有父节点的节点被称为根节点，类似于 FTA 的底层节点，其状态空间概率分布通常需要根据观测值或专家经验判定给出，也被称为先验概率表[225]。

因为节点间独立分布，贝叶斯网络的链式规则被规范化描述为：令 BBN 是 $U=\{X_1, X_2, \cdots, X_n\}$ 的贝叶斯网络，则联合概率分布 $P(U)$ 是 BBN 中所有概率的乘积[224]，即：

$$P(U) = \prod_i P(X_i \mid parents(X_i)) \tag{9-3}$$

其中，$parents(X_i)$ 是节点 X_i 的父节点集合，通过联合概率分布可以确定任一节点的概率分布。贝叶斯网络建模分为两步：一是基于定性分析结果，确定网络结构；二是建立先验/条件概率表，在此基础上才能进行风险评估及推理分析。示例如图 9-5 所示。

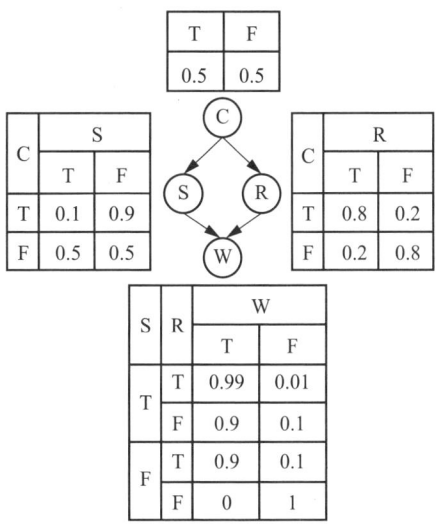

图 9-5 联合概率分布示例

(1) 确定 BBN 网络结构

网络结构是借助 DAG 对事件系统进行定性直观描述，涵盖了事件系统的因果逻辑链条和事故发生场景。常见的网络结构构造方法有两种：

一是定量的机器学习方法，通过收集的系统中所有变量（事件）数据样本，依靠机器学习等自适应算法确定变量间因果关系，从而确定网络结构。但囿于水上机场起降作业系统风险因素（事件）的历史数据缺失，不宜采用此类方法。

二是专家经验法，主要依靠专业人员在某领域的经验知识进行网络构建。由于事故树对于事故因果逻辑以及事故场景有较好的表达能力，在 8.2 节中构建了作业层的侵入事件网络，因此本节将通过 FTA 转化算法结合专家意见修正的方法来构建 BBN 网络结构。

(2) 建立先验/条件概率表

根节点的先验概率表（PPT）和中间节点的条件概率表（CPT）搭建了 BBN 网络的定量分析架构，通过概率表达因果链条上父子节点间影响强度。确定这些概率分布的方法与确定网络结构类似：一是通过大量数据样本进行参数学习；二是通过专家判断确定概率分布，借助等级量表表达专家判断，同时可以通过专家模糊理论处理量表数据以确定概率分布关系，通常可以给出部分主观变量的先验概率分布以及多个父节点与单个子节点的条件概率分布。本节根据 BBN 节点变量性质，选择参数学习或者专家判断建立概率分布。

9.3.2 确定贝叶斯网络结构

(1) FTA 向 BBN 转化的算法

已有部分文献对 FTA 转化为 BBN 进行过讨论[226]，具体思路是将 FTA 中根节点、中间节点、顶节点以及节点之间有向边与 BBN 中各元素建立对应映射，并合并重复出现的中间节点和根节点。事故树与贝叶斯网络的映射关系如图 9-6 所示，FTA 中节点之间是确定性关系，而 BBN 中调整为不确定性的概率分布。

如图 9-7（a）所示，按照上述对应关系将 FTA 转化为 BBN，通常模型的拓扑结构不发生变化，基本事件、逻辑门等均在 BBN 网络结构中予以保留。因为 BBN 中各节点事件不再强制符合二态分布，BBN 中定量分析的

第9章 水上跑道侵入作业层风险的演化机理

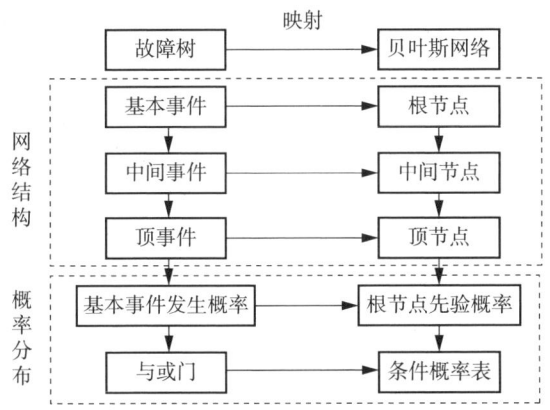

图 9-6 事故树与贝叶斯网络的映射关系

基础发生了改变，不再以网络结构作为概率计算的必然前提，因此可以删除一些没有具体意义的逻辑门，进一步简化网络结构，例如将 9-7（a）转化为 9-7（b），代表该顶事件由其基本事件共同诱发。此外，将事故树转化为贝叶斯网络后，需要基于专家判断对网络进行进一步修正。

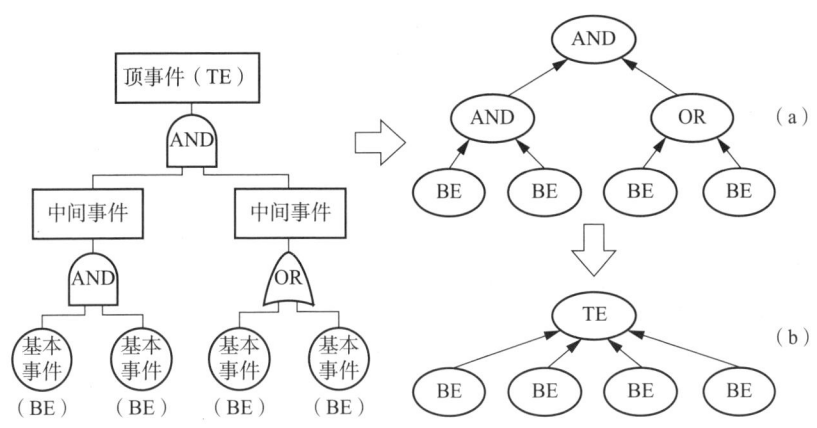

图 9-7 事故树转化为贝叶斯网络

（2）节点选择和贝叶斯网络的构建

依据前文构建的事故树模型，按照转化算法构建贝叶斯网络。将基本事件、逻辑门和顶事件进行映射，接着进行精练化简，去除逻辑关系不明确的中间层事件。事故层为水上跑道侵入事件及其后果；事件层包括直接导致侵入发生的与障碍物会遇距离过近及飞行员应对失效，以及船舶驶入起降水域、飞机偏离预定航道和船舶过失驶入和飞行员没有意识到障碍物。触发层包括船舶失控驶入、船舶过失驶入、飞机失控偏离预定跑道、飞机过失偏离预定跑道、漂浮物漂入起降水域、飞行员违反 SOP、飞机检修失当、管制指令下达错误、管制员没有发现障碍物、报告迟缓/错误 10 种风险事件。因素层为事故树中所涵盖风险事件，因为研究的出发点是水上机场运营方，因此舍弃船舶特征及船员因素，只是基于统计意义的交通状况描述。整个贝叶斯网络结构如图 9-8 所示。

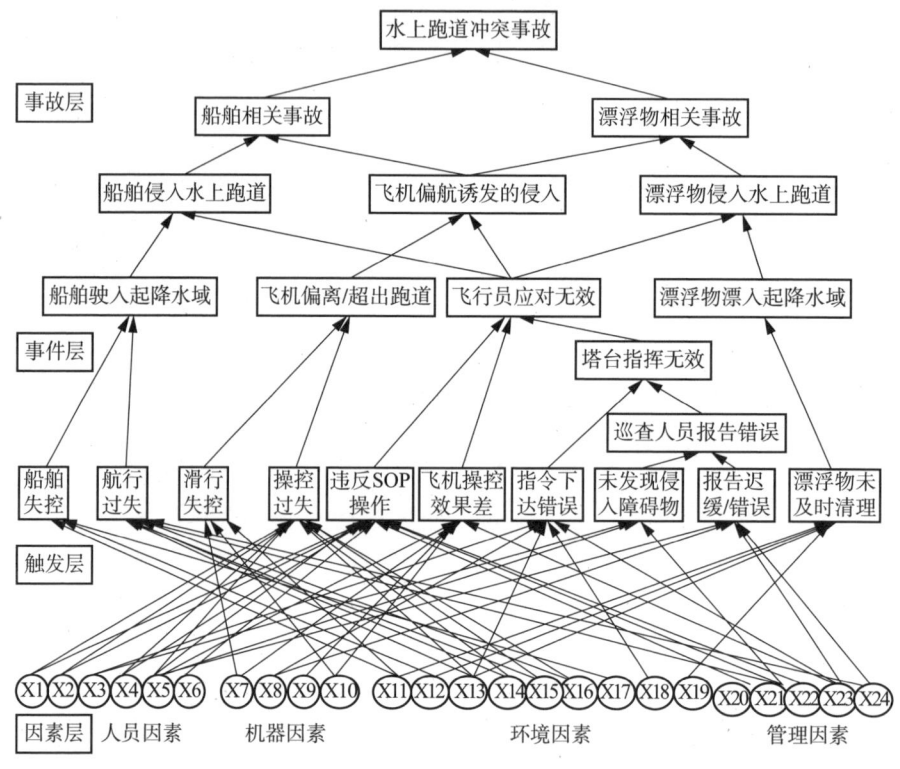

图 9-8　水上跑道侵入风险贝叶斯网络模型

（3）节点状态设置

因素层各节点的数据来源主要包括：①通过现场观测确定，如能见距离、横风/斜流、横流/斜流、风浪/涌浪等气象水文因素，以及船舶通航密度、机场起降架次等运行因素，都可以通过观测取得连续数据；②通过专家评判确定，如飞行员驾机水平、飞行员安全意识、管制员管制能力、管制员安全意识等人员因素，起降水域布置、起降水域清净条件、航道、

第9章 水上跑道侵入作业层风险的演化机理

锚地布置等环境因素,飞机性能以及现场监管、应急处理、水域交通组织、海事/民航规范等管理类因素,以及飞机性能、飞机装载情况、飞机操纵效果等机器因素,需要借助专家经验进行评判;③通过历史运行数据确定,如飞行计划变更、通信系统可靠性、飞机维护保养、机龄、飞行员飞行时长等因素。

按照因素的数据类型可以分为数值型变量和分类变量,如能见距离、浪高、机龄、飞行时长等可以采集到具体数据,准确度依赖观测手段科学性和记录数据完备性;而类似飞行水平、安全意识、布局合理性、水域交通组织等属于分类变量,只能分出大概的优良中差等级,准确度依赖评判专家的专业素养和主观判断。分类变量是定性因素进行数量化描述的必要途径,如因素层节点"起降水域布置"的风险状态分为五种:非常好(VH)、好(H)、中等(M)、差(L)和非常差(VL);而触发层节点如"飞机失控偏离预定跑道",风险状态分为两种:发生(Y)和不发生(N);中间的事件层节点,如"会遇距离过近"节点,风险状态分为三种:高(H)、中(M)、低(L)。根据不同节点的性质,设置不同的风险状态,具体如表9-4所示,可依据数据来源及采集方法,分别对每个节点进行状态设置。

表9-4 因素层节点状态

编号	节点名称	节点状态空间	编号	节点名称	节点状态空间
X1	飞行经验	驾机时数(h)	X13	能见距离	m
X2	驾机水平	H/M/L	X14	航道、锚地布置	VH/H/M/L/VL
X3	管制水平	H/M/L	X15	起降水域布置	VH/H/M/L/VL
X4	疲劳程度	H/M/L	X16	水域导航标志	H/M/L
X5	安全意识	H/M/L	X17	船舶通航密度	小时通行船舶量
X6	心理因素	H/M/L	X18	飞机起降密度	起降间隔(分钟)
X7	飞机性能	VH/H/M/L/VL	X19	水域清净条件	VH/H/M/L/VL
X8	通信设备	是否正常(Y/N)	X20	海事/民航规范	规范完备性 H/M/L
X9	维护保养	H/M/L	X21	水域交通组织	H/M/L
X10	装载/配重	是否合规(Y/N)	X22	飞行计划变更	频度(H/M/L)
X11	横风/斜流	流速(m/s)	X23	沟通/信息交流	H/M/L
X12	风浪/涌浪	浪高(m)	X24	现场监管处置	H/M/L

9.3.3 基于模糊集的条件概率分布

在确定每个节点的连接关系并构建贝叶斯网络结构之后，需要确定：①根节点的先验概率分布（PPT）；②非根节点的条件概率分布（CPT）。其可以获得所有节点的联合概率分布，对贝叶斯网络进行定量分析。确定概率分布的方法包括：①基于数据样本的参数学习；②基于经验的专家判断。张亚东[227]采用专家评判与模糊集理论相结合方法，计算高速铁路列车运行控制系统风险分析 BBN 模型根节点的先验概率，降低概率分布获取的难度及随意性。王帆、覃亚伟[11]用隶属度函数表达对隧道盾构施工风险分析模型中网络事件间影响关系的专家评判，并据此构建条件概率表。基于上述文献分析和本研究特征，本研究采用两步骤求解 PPT/CPT：①基于因素层节点样本数据，采用机器学习方法求解触发层事件先验概率 PPT；②采用模糊集理论处理专家判断，确定中间各层次事件的条件概率分布 CPT。

（1）模糊集理论

模糊集理论（Fuzzy Theory）由 L. A. Zadeh 于 1965 年首先提出，是用于处理模糊（不精确）信息的数学工具，其优势在于利用数学的规范化算子系统将模糊信息明确化。基本思路是将模糊等级语言转化为 [0，1] 的隶属度函数，常用来表达语言等级判断[228]。研究者经常将模糊理论与概率风险分析方法相结合，构建风险分析模型，基于专家经验知识评估不安全事件不确定性等级[229]。

专家知识判定规则主要是在模糊集理论上加入"if-then"判定规则，扩展模糊集的判定能力，该规则体系常用于专家决策系统的构建，基于专家经验进行判断和推理[230]。但是随着节点的父节点增多，以及每个节点状态空间增加，判定规则会呈几何级数增长，出现"组合爆炸"，使得专家无法区分不同状态组合的条件概率分布。此种情况下，可以通过添加中间变量建立多个模糊推理系统，但同时会增加系统冗余[231]。因此，要避免在父节点过多或状态空间过多的条件下使用模糊集理论确定条件概率分布。

(2) 基于模糊集的条件概率算法

在事故树模型中，子节点事件服从二项分布，要么发生，要么不发生；在父节点状态组合确定情况下，事故树子节点发生的条件概率要么为 0，要么为 1，文献[227]也直接将事故树中逻辑门转化为贝叶斯网络的条件概率。在本研究构建的贝叶斯网络模型中，节点事件具有多态性，节点条件概率分布需要借助专家判断确定。

模糊数的表达有三角形、梯形、正态、LR 型等多种形式，其中三角模糊数代数运算较容易，隶属度函数较易界定。因此，本研究采用三角模糊数来综合处理多个专家的判定意见。一个三角模糊数的隶属度函数用下限值 a、中间值 m 和上限值 b 三个参数标识，记为 (a, m, b)，其分布函数如下：

$$\mu(x) = \begin{cases} 0 & x < a \\ (x-a)/(m-a) & a \leq x \leq m \\ (b-x)/(b-m) & m \leq x \leq b \\ 0 & x > b \end{cases} \quad (9-4)$$

三角模糊数的隶属度函数见图 9-9。

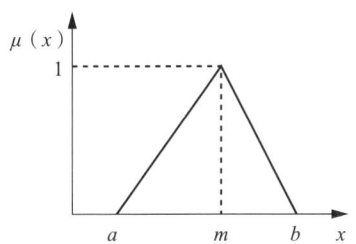

图 9-9 三角模糊数的隶属度函数

假设在父节点集合的状态组合 X 条件下，子节点处于 Y 状态的隶属度函数如图 9-10 所示，共有"非常高""高""偏高""中等""偏低""低""非常低"7 种等级语言变量，转化为模糊数形式如表 9-5 所示。例如，其中专家对于某一多事件组合状态影响下其子节点处于某一状态的可能性判断为"偏高"，该等级所对应的模糊数，其上限值、最可能值、下限值分别为 0.5、0.7、0.9。

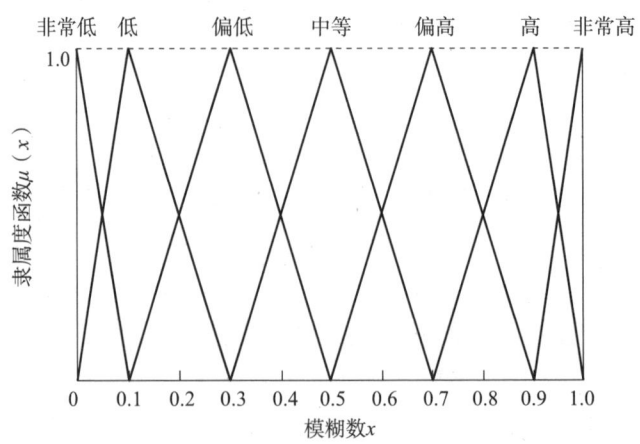

图 9-10 节点影响程度的隶属度函数

表 9-5 专家判断的模糊数形式

序号	语言值	后果描述
1	非常高	(0.9, 1.0, 1.0)
2	高	(0.7, 0.9, 1.0)
3	偏高	(0.5, 0.7, 0.9)
4	中等	(0.3, 0.5, 0.7)
5	偏低	(0.1, 0.3, 0.5)
6	低	(0, 0.1, 0.3)
7	非常低	(0, 0, 0.1)

若 BBN 网络具有 n 个根节点 $(X_1\ X_2,\cdots,X_n)$，其中，根节点 X_i 具有 s_i 种状态，用状态空间为 $(0,1,\cdots,s_i-1)$。通过 q 位专家确定根节点各种状态概率，将第 k 位专家给出的根节点 X_i 处于状态 j 的概率的判定语言变量转换为三角模糊数：

$$\widetilde{P}_{i,j}^k = (a_{i,j}^k,\ m_{i,j}^k,\ b_{i,j}^k),\ i \in [1,\ n],\ j \in [1,\ s_i-1],\ k \in [1,\ q] \tag{9-5}$$

为了避免专家评判的主观性，提高概率分布评判的准确性，通常会征询多位专家意见后再进行综合处理。融合多专家意见的方法很多，也有诸多文献阐述。为方便计算，本研究采用加权平均法综合各位参评专家意见。$\widetilde{P}'_{i,j}$ 为综合后的节点 X_i 处于状态 j 条件概率分布，可用下面公式表示，其中 ω_k 为第 k 个专家的权重。

$$\widetilde{P}'_{i,j} = \widetilde{P}^1_{i,j} \times \omega_1 \oplus \widetilde{P}^2_{i,j} \times \omega_2 \oplus \cdots \oplus \widetilde{P}^q_{i,j} \times \omega_q = (a'_{i,j}, m'_{i,j}, b'_{i,j}) \quad (9\text{-}6)$$

由于模糊数不利于贝叶斯网络推理计算，需要把模糊概率转化为精确概率[232]。均值面积法是一种常用的模糊概率精确化方法，该方法将根节点 X_i 处于状态 j 的精确概率定义为：

$$P'_{i,j} = (a'_{i,j} + 2m'_{i,j} + b'_{i,j})/4 \quad (9\text{-}7)$$

为了进行 BBN 网络推理运算，需要对根节点状态集合的名义精确概率进行归一化处理，将之转化为统一标准概率。经归一化后，根节点 X_i 处于状态 j 的精确概率为：

$$P_{i,j} = \frac{P'_{i,j}}{\sum_{j=0}^{s_i-1} P'_{i,j}} \quad (9\text{-}8)$$

按照上述算法，能求出各节点的条件概率分布。

（3）条件概率分布

邀请5位专家对贝叶斯网络模型中事件层和事故层事件条件概率分布进行判定，其中包括1位驾龄10年的水上飞机驾驶员，2位从业5年的水上机场安全管理人员，以及2位民航安全管理研究人员，他们的判定权重为（0.2，0.15，0.15，0.25，0.25）。以"飞行员应对无效"事件为例，它的状态空间为：（严重H，一般M，有效L），其父节点事件包括"应急操作无效"（是/否）、"未意识到障碍物"（是/否）、"违反SOP"（是/否），当三个事件状态组合为（是，是，是）的场景下，依据专家判断，"飞行员应对无效"条件概率分布推算过程如表9-6所示。在该状态组合场景下，"飞行员应对无效"事件状态空间的概率分布为（0.5424，0.4177，0.0399）。其他节点事件，如果父节点状态空间组合复杂度不高，可以采用同样的方法确定其条件概率分布。

表9-6 "飞行员应对无效"事件条件概率分布

	权重	H	M	L
专家1	0.2	极高	中等	极低
		(0.9, 1, 1)	(0.3, 0.5, 0.7)	(0, 0, 0.1)

续表

	权重	H	M	L
专家2	0.15	高 (0.7, 0.9, 1)	极高 (0.9, 1, 1)	低 (0, 0.1, 0.3)
专家3	0.15	极高 (0.9, 1, 1)	中等 (0.3, 0.5, 0.7)	极低 (0, 0, 0.1)
专家4	0.25	高 (0.7, 0.9, 1)	极高 (0.9, 1, 1)	极低 (0, 0, 0.1)
专家5	0.25	极高 (0.9, 1, 1)	中等 (0.3, 0.5, 0.7)	极低 (0, 0, 0.1)
添加权重		(0.82, 0.96, 1)	(0.54, 0.7, 0.82)	(0, 0.015, 0.13)
精确概率		0.935	0.72	0.06875
概率归一化		0.5424	0.4177	0.0399

9.3.4 基于RVC的触发层条件概率分布

图9-8所构建的作业层风险分析BBN模型中，从因素层节点到触发层节点的定量推理存在困难：①触发层节点存在多个父节点；②因素层节点呈多态性分布。触发层节点状态空间会随着父节点（风险因素）和节点状态增多而呈几何级增长造成"组合爆炸"，相应的条件概率表难以构建。机器学习方法可以通过自主学习已有数据样本，类似人类大脑的智能判定规则，模拟风险影响因素状态组合与对应风险事件发生概率之间的非线性关联，为求解"组合爆炸"背景下的条件概率分布提供思路。

（1）相关向量分类机适用性分析

风险影响因素同时存在离散变量和连续变量，按照经典贝叶斯网络处理方法，划设一定阈值对变量进行等级划分。该类问题的处理方法通常包括：①变分近似法；②连续变量离散化；③混合截断指数法；④马尔科夫蒙特卡罗（MCMC）。这些方法通常要确定连续变量的分布函数，但估计或假设的精确性很难保证。

注意到风险影响因素是可观测的，而触发事件的状态例如"飞机偏离预定跑道"也是可以观测或收集到，这也意味着可以采集到一定数量的关于输入（风险影响因素）和输出（触发事件）的数据样本，为应用机器学习方法解决问题提供了数据基础。但人工神经网络（ANN）和支持向量机

第9章 水上跑道侵入作业层风险的演化机理

(SVM)等常规机器学习方法无法给出输出分类的概率分布,因而无法与BBN分析模型整合。相关向量分类机(RVC)相对常规机器学习方法,优势体现在可以在分类的同时给出归属于各类的概率[233]。文献[11]应用RVC方法,计算了地铁施工过程中相关环境因素共同作用下,建筑物、路面、管线等设施破坏等级的概率分布,验证了该方法在混合BBN问题中的较好适用性。

(2)相关向量分类机算法过程

文献[234,235]对RVC算法进行了详尽说明。对于一个二分类问题,分类结果$t \in \{0, 1\}$,RVC使用通常的Sigmoid逻辑连接函数$\sigma(y) = 1/(1+e^{-y})$作为$y(x)$的分类函数,则数据集的似然度式为:

$$P(t|w) = \prod_{n=1}^{N} \sigma\{y(x_n; w)\}^{t_n} [1 - \sigma\{y(x_n; w)\}]^{1-t_n} \quad (9-9)$$

由于这种形式权值w没有解析解,因此采用Laplace算法求其近似解。对于给定的一组超参数α,可以计算其响应权值后验概率分布的最可能值w_{MP},由于

$$P(w|t, \alpha) \propto P(t|w)P(w|\alpha) \quad (9-10)$$

因此求w_{MP}等价于最大化下式:

$$\log\{P(t|w)P(w|\alpha)\} = \sum_{n=1}^{N} [t_n \log y_n + (1-t_n)\log(1-y_n)] - \frac{1}{2}w^T A w \quad (9-11)$$

Laplace算法简化为对$\log P(w|t, \alpha)$的二次逼近,则对上式进行两次微分:

$$\nabla_W \nabla_W \log P(w|t, \alpha)|_{W_{MP}} = -(\Phi^T B \Phi + A) \quad (9-12)$$

其中,$B = diag(\beta_1, \cdots, \beta_N)$是对角矩阵,$\beta_n = \prod_{n=1}^{N} \sigma\{y(x_n)\}[1 - \sigma\{y(x_n)\}]$。

令$\nabla_W \log P(w|t, \alpha)|_{W_{MP}} = 0$,有

$$\sum = (\Phi^T B \Phi + A)^{-1} \quad (9-13)$$

$$w_{MP} = \sum \Phi^T B t \quad (9-14)$$

如果触发层事件有多种状态,可以设置多个二分类器。首先将触发事件分为两个子类,再将子类进一步划分为两个次级子类,通过多轮次划分

达到状态单一为止。该方法对于 K 分类问题只需构建 K-1 个二分类器,计算较为简便。

(3) 触发层事件条件概率

2017 年 6—7 月,通过实地观测、查阅运行资料、专家访谈及飞行员主动报告等综合方法,从国内三家水上机场采集运行数据作为分析样本,共采集 112 组有效数据样本。以"飞机失控偏离预定跑道"为例,受到因素层"横风/斜流、横流/斜流、风浪及涌浪、飞机性能、飞机维护保养、机龄、飞机操纵效果、飞机装载情况" 8 个风险影响因素作用。以 8 个风险因素数据作为输入,以失控偏离程度作为输出,构建相关向量分类机。

因为飞机失控偏离有"无偏离,偏离,严重偏离"三种状态,所以需构建两个分类器,第一个分类器实现无偏离和其他状态的区分,第二个分类器将其他状态分为偏离和严重偏离。将前 90 组数据样本作为训练集,其余 22 组作为测试集对分类机进行验证,分类机精确度为 90.909%,表明建立的 RVC 效果可靠。然后将所有 112 组数据样本作为训练集建立飞机失控偏离预定跑道的三分类机。将在水上机场实际运行过程中观测到的风险因素数据集合,输入训练好的分类机,就可以预测该场景下"飞机失控偏离预定跑道"事件的状态概率分布。对于其他触发层事件状态概率分布的预测,也采用同样的方式获得。其中,"会遇距离过近"相关触发层事件构建 RVC 三分类机,"飞行员应对无效"相关的触发层事件只需构建 RVC 二分类机。构建基于 RVC 的触发层事件先验概率分布模型后,BBN 网络结构便将触发层作为根节点进行贝叶斯网络推理。

9.4 基于混合方法的侵入风险预警

概率、后果及场景是风险分析的三个核心要素,贝叶斯网络的结构模型描述了顶上事故发生的场景,节点的多态性对后果严重等级进行了划分,非根节点的条件概率表和根节点先验概率表可以推导出 BBN 各事件的联合概率分布,确定各节点事件每种后果的发生概率。贝叶斯网络分析主要包括风险评估、诊断推理和因果推理等。

9.4.1 风险评估矩阵构建

风险矩阵法是基于事故后果和频率的分级评估方法,最早由美国空军电子系统中心于1995年提出，随后因为其直观性、便利性和综合性，在航空航天[236]、交通运输[237]、工程建设[238]、矿业开采[239]等领域得到了广泛应用。风险矩阵可以表达为 R = C×F，将事故后果 C 和频率 F 分别划分为若干等级，构成判断矩阵，在二维空间上划分风险等级 R，然后将风险分析的结果与该矩阵对比确定风险等级。风险矩阵的构建主要分为三个步骤[240]：①事故后果 C 分级；②事故发生频率 F 分级；③风险等级 R 划分。

（1）事故后果 C 分级

文献［150］给出了隧道建设风险分级评价矩阵，根据造成综合的经济损失（将事故造成的人员伤亡、工期延误及经济损失统一按经济损失进行统计）将事故后果严重性也分为 6 级（灾难性、非常严重、严重的、需考虑的、可忽略的、无影响）。我国安全监管机构通常以人员伤亡为标准判定事故严重性等级，例如《铁路交通事故应急救援和调查处理条例》用死亡、重伤、轻伤人数来衡量铁路交通事故后果的严重度，以上述各类事故每年发生次数表征发生频率，文献［227］参照等效死亡概念，将轻伤、重伤人数折算为死亡人数，定义不同严重度等级对应的等效死亡值，据此将事故等级分为 7 级。

我国民用航空领域将不安全事件依据其后果严重性分为：①航空事故（aviation accident）；②事故征候（aviation incident）；③其他不安全事件。其中，国家民航局按照财产损失及人员伤亡两条标准对民航事故进行定义，例如，民航地面事故是指在机场活动区（机场内用于飞机起飞、着陆和滑行的部分）和机库内发生的致人重伤、死亡，或造成直接经济损失人民币 30 万元以上的航空器、车辆、设备、设施损坏的事件，并进一步将事故分为特别重大事故、重大事故、一般事故；事故征候分为严重事故征候和一般事故征候；而未构成事故或事故征候的负面事件称为不安全事件。水上飞机起降滑行阶段的事故征候是指避免与船舶等障碍物相撞或不安全情况，应做出规避动作的危险接近[241]。

《预防跑道侵入手册》根据严重程度，将陆上跑道侵入分为五个等级[208]：①A 类侵入间隔减小以至于双方必须采取极度措施勉强避免碰撞发生；②B 类侵入间隔缩小存在显著的碰撞可能，只有关键时刻采取纠正或避让措施才能避免碰撞发生；③C 类侵入有充足的时间或距离采取措施避免碰撞发生；④D 类侵入符合跑道侵入定义，但不会立即产生安全后果；

⑤E 类侵入属于认定模糊或无法对后果评估。该分类方法仅以侵入场景进行等级判定，没有考虑跑道侵入所诱发的后续事故，因为侵入造成的距离过近只是碰撞事故的诱因之一，而碰撞是否发生还要看是否与类似"飞行员避碰失当"等因素耦合。本研究参照上述分类方法，将水上跑道侵入相关的负面事件后果分为 7 个等级，如表 9-7 所示。

表 9-7 事故后果分级[241]

后果严重等级	语言值	后果描述
C1	特别重大事故	死亡、重伤 4 人及以上或者直接经济损失 500 万元以上
C2	重大事故	死亡 3 人及以下或直接经济损失 100 万~500 万元
C3	一般事故	造成人员重伤或直接经济损失 30 万~100 万元
C4	严重事故征候	纵向间隔<200m，侧向间隔<100m，垂直间隔<50m
C5	一般事故征候	纵向间隔<500m，侧向间隔<200m，垂直间隔<100m
C6	不安全事件	未构成事故或事故征候的负面事件
C7	无影响	没有明显危害性后果的事件

(2) 事故发生频率 F 分级

文献 [150] 将地铁隧道施工事故发生频率分为 6 级（非常可能、可能、偶尔、不可能、非常不可能、完全不可能），发生的概率区间按照语义准则确定。文献 [227] 将高铁运行控制安全事故发生频率用"每年发生次数"做统计单位，将发生频率分为 10 级（极其频繁、频繁……不可能的、绝不可能的）。民航事故及事故征候发生频率统计常采用"万架次率"或者"万时率"，例如，2014 年 10 月通航事故征候发生率为 0.119 次/万架次，相当于 F6 等级。本研究主题聚焦在水上飞机起降阶段安全，为便于计算，单位设定为每次起降发生的概率。基于上述分析，频率等级含义见表 9-8。

表 9-8 事故发生频率分级[241]

后果严重等级	概率区间	后果描述
F1	$[3\times10^{-1}, 1]$	非常可能
F2	$[3\times10^{-2}, 3\times10^{-1})$	可能
F3	$[3\times10^{-3}, 3\times10^{-2})$	偶尔
F4	$[3\times10^{-4}, 3\times10^{-3})$	不可能

续表

后果严重等级	概率区间	后果描述
F5	$[3\times10^{-5}, 3\times10^{-4})$	几乎不可能
F6	$[3\times10^{-6}, 3\times10^{-5})$	非常不可能
F7	$[0, 3\times10^{-6})$	绝对不可能

（3）风险等级 R 划分

风险等级划分采取可接受风险准则，也即把风险控制在运营主体可以接受的范围内即可，过高的风险控制标准，意味着更高额度的安全投入和综合效益的下降[242]。可接受风险值（acceptable risk value）也被称为安全目标[243]，例如国家民航局设定通用航空事故征候的安全指标为不大于 1.0 次/万架次（1×10^{-4}），相当于 F5，通航重大以上事故发生率低于 0.09 次/万小时，相当于 F6。根据民航安全目标及相关安全指标统计情况，将风险等级分为 4 级（不可接受、不期望、可接受、可忽略）。风险等级（接受准则）定义如表 9-9 所示；风险评价矩阵如表 9-10 所示。

表 9-9 风险等级（接受准则）定义[11]

风险等级	预警等级	接受程度	定义
R1	红色	不可接受	无须考虑风险控制成本，必须降至橙色及以下
R2	橙色	不期望	当风险控制成本低于风险控制收益时，应采取控制措施，若高于控制收益，则应密切关注，防止风险升级
R3	黄色	可接受	加强日常安全监控，但不需要采取进一步控制措施
R4	绿色	可忽略	日常管理和审视

表 9-10 风险评价矩阵

发生频率（F）		后果严重度（C）						
后果严重等级	后果描述	C1 特别重大事故	C2 重大事故	C3 一般事故	C4 严重事故征候	C5 一般事故征候	C6 不安全事件	C7 无影响
F1	非常可能	R1	R1	R1	R1	R1	R2	R4
F2	可能	R1	R1	R1	R1	R2	R2	R4
F3	偶尔	R1	R1	R1	R2	R2	R3	R4
F4	不可能	R1	R1	R2	R2	R3	R3	R4

续表

后果严重等级	后果描述	发生频率（F）						
		后果严重度（C）						
		C1 特别重大事故	C2 重大事故	C3 一般事故	C4 严重事故征候	C5 一般事故征候	C6 不安全事件	C7 无影响
F5	几乎不可能	R1	R2	R2	R3	R3	R4	R4
F6	非常不可能	R2	R2	R3	R3	R4	R4	R4
F7	绝对不可能	R4	R4	R4	R4	R4	R4	R4

风险矩阵默认事故服从二项分布，要么发生，要么不发生，是确定性评价。本研究水上跑道侵入事件后果具有多态性，需要先估计各个后果的概率分布，对每个事故后果发生概率对照风险矩阵进行风险评级，然后以最高风险等级作为体系的最终风险评价结果。

9.4.2 确定触发层先验概率分布

选择某海滨水上机场作为分析案例，对其进行实地观测，得到一组风险因素观测值，对该水上机场当时条件下的触发层事件状态进行预测。将观测数据组输入 RVC 分类机，可得到在此情景下，"飞机滑行失控"事件的状态概率依次为：无偏离（L）0.98366，偏离（M）0.01389，严重偏离（H）0.00245。在该观测情境下，其他触发层事件状态概率分类结果如表 9-11、表 9-12 所示。可以看出，在该场景下，船舶侵入的概率相对较大。

表 9-11 触发层事件状态概率分布（会遇距离过近相关）

事件状态	船舶驶入起降水域		飞机偏离/超出跑道		漂浮物漂入起降水域
	航行失控	过失操控	滑行失控	过失操控	未及时清理
严重 H	0.00657	0.00432	0.00245	0.00157	0.02355
一般 M	0.07485	0.02259	0.01389	0.03254	0.14361
无 L	0.9186	0.9731	0.9837	0.9659	0.8329

表 9-12 触发层事件状态概率分布（飞行员应对无效相关）

事件状态	飞行员		管制员			飞行控制
	违反 SOP	操控效果差	指令下达错误	没发现障碍物	报告迟缓/错误	违规放行
是 Y	0.01375	0.02357	0.0368	0.0975	0.0674	—
否 N	0.9862	0.9764	0.9632	0.9025	0.9326	—

9.4.3 侵入风险评估预警

将上述触发层事件先验概率输入到贝叶斯网络各对应节点，借助 BBN 软件 GeNIe 进行推理计算，得到的贝叶斯网络各层次节点概率分布如图 9-11 所示。

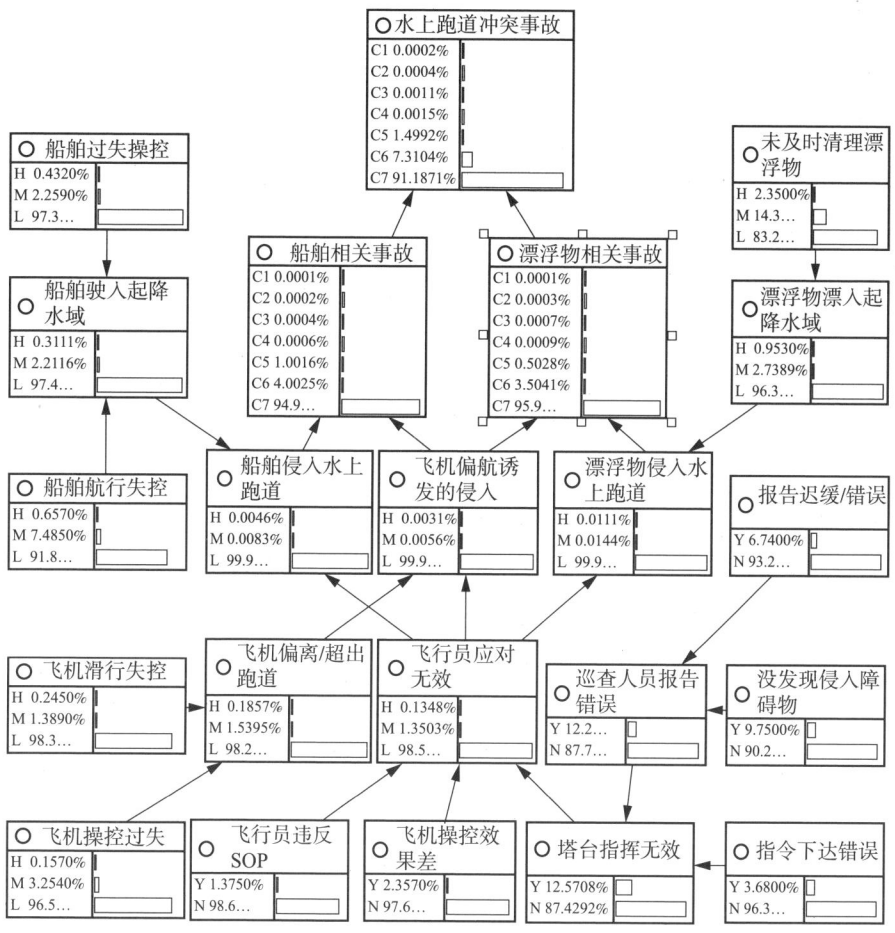

图 9-11　BBN 节点概率分布

最后将侵入严重等级及对应概率与风险评估矩阵比较得出风险等级，结果如图 9-12 所示。在该情境下，船舶相关的"不安全事件"处于"不期望"区域，"一般事故征候"和"严重事故征候"处于"可接受"区域，其他后果处于"可忽略"区域。因此，船舶相关风险属于不期望风险,发出风险橙色预警。漂浮物相关"不安全事件"处于"不期望"区域,"一般事故征候"和"严重事故征候"处于"可接受"区域,漂浮物相关风险属于不期望风险,发出风险橙色预警。系统总体风险也属于橙色预警等级,也即风险状态处于"不期望"区域。

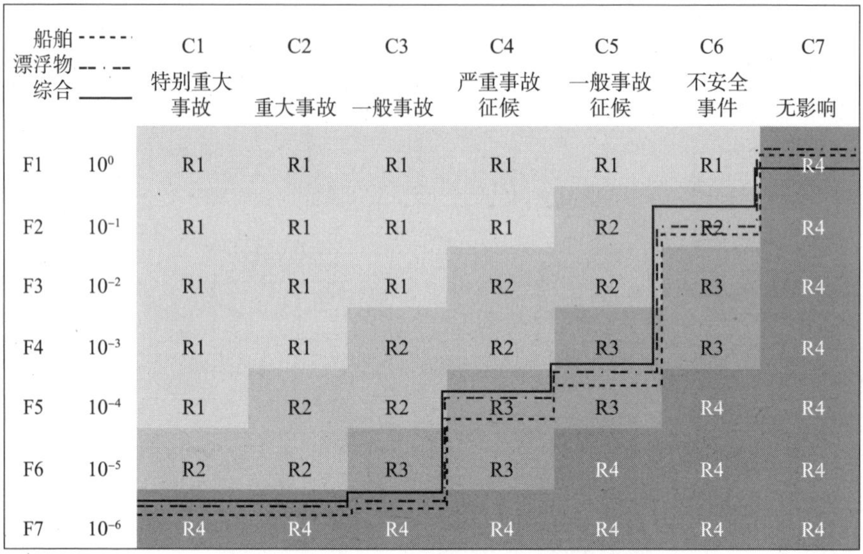

船舶 ---- 漂浮物 ---- 综合 ——		C1 特别重大 事故	C2 重大事故	C3 一般事故	C4 严重事故 征候	C5 一般事故 征候	C6 不安全 事件	C7 无影响
F1	10^{0}	R1	R1	R1	R1	R1	R1	R4
F2	10^{-1}	R1	R1	R1	R1	R2	R2	R4
F3	10^{-2}	R1	R1	R1	R2	R2	R3	R4
F4	10^{-3}	R1	R1	R2	R2	R3	R3	R4
F5	10^{-4}	R1	R2	R2	R3	R3	R4	R4
F6	10^{-5}	R2	R2	R3	R3	R4	R4	R4
F7	10^{-6}	R4	R4	R4	R4	R4	R4	R4

图 9-12 水上跑道侵入风险评估结果

9.4.4 BBN 诊断推理

风险接受准则要求对于"不期望"风险,应制定风险控制措施,在风险控制成本大于降低风险收益的前提下,应当执行措施。模型中风险因素很多,选择控制哪些因素能够更有效地降低风险是需要考虑的问题。机场布局、气象水文、交通流量、水域清净条件以及飞机性能等因素都具有客观性,飞行员技能、经验、安全意识等改变周期较长,且调整效果并不明显。

另一个思路是增加"放行管制"和"通航管控"的"开关措施",规定在气象水文因素超限条件下,不允许水上飞机起降;"通航管制"在于通过强制性禁令,在水上飞机起降阶段封锁起降水域。通过这两类"开关措施"可以实现恶劣环境和船舶障碍物的隔离,有效降低风险。将改进措施加入贝叶斯网络,输入相应节点概率,可以识别该类策略带来的风险降低，加入"开关措施"后风险变化如表9-13所示。"通航管制"较大程度降低了船舶相关风险，而"放行管制"对两类风险都有显著降低。同时对采取两种策略后的风险概率也进行了讨论。加入"开关措施"后，负面事件发生概率都有不同程度降低，尤其是低严重度事件概率降低幅度最大，船舶和漂浮物风险总体处于"可接受"等级。

表9-13 采取不同策略所减小的风险

后果	船舶风险			漂浮物风险	
	初始状态	通航管制	放行管制	初始状态	放行管制
特别重大事故	7.79E-07	3.12E-07	1.15E-07	1.43E-06	3.29E-07
重大事故	1.56E-06	6.24E-07	4.36E-07	2.85E-06	8.35E-07
一般事故	4.02E-06	1.81E-06	8.52E-07	7.37E-06	2.45E-06
严重事故征候	5.73E-06	2.12E-06	1.61E-06	9.42E-06	6.33E-06
一般事故征候	1.00E-02	5.43E-04	3.56E-04	5.03E-03	3.65E-04
不安全事件	4.00E-02	1.28E-03	8.21E-04	3.50E-02	6.59E-03
无影响	0.949947	0.998172	0.998821	0.959908	0.993035

通过BBN多证据诊断推理，可以计算出各项管控措施的实施效果（风险降低程度），进一步考虑控制策略的成本以实现最优的风险管理策略，为管理者提供决策支持。水上机场日常管理中也采取了类似管控措施，但是以机场业务量及航道通行效率下降为代价，需要综合权衡风险降低收益与管控成本之间的关系，综合选择管控策略。

第10章
水上跑道侵入组织风险的演化机理

社会技术系统安全风险,不仅与技术系统相关,更是与组织安全文化及员工行为准则相关的社会概念[244]。历次航空事故调查报告显示,系统事故风险是技术因素与组织管理因素相互作用的后果。水上飞机设计验证及制造过程,已将技术风险尽可能降低,因此水上跑道侵入风险,关键在于组织安全管理,研究组织管理对安全风险的作用机理是改善系统安全绩效的关键。本章将在前述作业层风险分析基础上,构建水上飞机起降安全组织管理模型,逐步识别模型中的因素(变量)及其相互关系,用系统动力学方法定性描述模型,并进行定量仿真分析。

10.1 水上跑道侵入组织风险演化建模的目的及依据

10.1.1 建模的目的

通过建立水上跑道侵入组织风险的演化机理模型,分析组织安全文化、安全管理体系(SMS)与安全绩效的作用关系,明确在财务、生产(业务量)及安全等组织绩效目标约束下,组织安全管理实践与员工人因可靠性之间的相互作用关系。通过仿真计算,分析人因可靠性风险演化系统内部反馈结构和演化机理,描述组织风险变量在不同情境下的演化过程,为水上跑道安全风险管理的改进提供理论和决策依据。水上跑道侵入组织风险演化模型的构建主要目的在于:

(1)分析水上跑道侵入组织风险变量的耦合演化机理。风险因素(变量)之间不是相互独立的,而是相互影响和耦合演化,因此通过系统动力学建模,厘清水上飞机起降过程组织安全管理及人员安全变量之间的反馈回路和总体结构。

(2) 模拟出安全策略因素调整时人因可靠性风险的演化趋势。组织安全文化、安全管理实践、个人安全绩效三者相互作用，当系统安全策略因素呈上升或下降趋势时，分析人因差错率风险的变动趋势。找出关键的风险演化因素，为降低人因差错率、管控水上跑道侵入风险提供依据。

(3) 通过调整参数方案来观察对安全绩效和风险演化的影响。在参数方案里，添加新的参数或多参数组合，观察变量的演化趋势，进而提出针对性的对策建议。了解组织安全管理、人因差错率及各影响因素的动态变化情况，认识组织及人员因素对水上跑道安全风险的变化规律；实施政策干预，定量研究各项组织安全管理因素对人因差错水平的作用强度，以获得对改善现实系统有益的结论。

10.1.2 建模方法的选择

SD 的应用涵盖了诸多领域，包括经济学、社会学、公司治理、组织行为学、学习型组织等[245]。由于 SD 针对的是复杂的开放系统，开放系统具有动态内部结构和反馈机制，该特点符合安全科学与风险管理的特点，因此有学者将 SD 应用于安全科学、风险管理领域。集系统论、信息论、控制论和计算机技术为一体的 SD 致力于分析和研究信息反馈系统，具有分析复杂系统的优势。在航空安全及组织系统研究方面形成了成熟的范式[246]，对于水上跑道侵入的组织风险演化建模具有较好的适用性，主要表现在：

首先，由于学者们对水上机场组织安全风险的研究较少，相关因子数据积累不多，且部分组织风险因素的表征变量不能量化，只能定性分析，SD 对于样本数据较少的系统具有良好适用性。实践表明，SD 模型中常常存在多重反馈循环，系统存在多重叠加效应，使得系统对变量的变化不敏感。因此，只要变量值的估计落在其宽容度之内，系统仍然可以模拟出相同的行为模式。

其次，水上机场组织风险系统是一个随着时间发展，动态变化的复杂系统，水上机场组织风险因子之间存在反馈关系，风险因子相互作用、相互影响，它影响相关因子的同时又影响自身。因此描述系统的方程必须是时变的、非线性、高阶的。而 SD 模型适用于处理此类问题，已成功应用于诸多此类问题的处理。

最后，组织因素是风险系统的远端因素，具有隐蔽性，不易被发现，且蔓延速率慢，需要较长时间才能发现其是否会突破正常状态，这就决定了水上跑道侵入组织风险的仿真周期较长。SD 模型通过构建因果关系图，强调系统的行为由系统内部结构决定，可以进行较长时间的仿真模拟。

10.1.3 SD 建模的基本原理

20 世纪 50 年代，美国 Forrester 提出了 SD 模型[247]。SD 是一种定量与定性相结合的方法论，基于系统反馈控制论，通过计算机仿真研究复杂的、非线性的和带有延迟现象的系统性问题的动态发展[118]。SD 研究系统的微观结构，并建立系统微观逻辑关系的结构模型，用因果关系描述系统定性的关系，用流图和方程表示系统定量的逻辑关系，采用仿真软件进行仿真模拟，完成从定性到定量的分析过程[248]。SD 模型包括因果关系图、系统流图和状态方程 3 个部分。

（1）因果关系图

因果关系图是定性描述系统逻辑关系的模型，由变量和因果关系链组成。因果关系链包括正因果链和负因果链，正因果关系链表示变量之间的累积影响关系为正，具有自加强的作用；负因果关系链表示变量之间的累积影响关系为负，具有平衡系统的作用，负反馈回路通过控制回路变量使整个回路趋于稳定。图 10-1 分别表示了正负因果链。

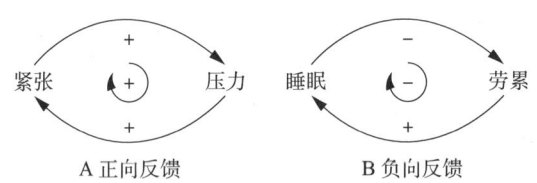

图 10-1　正负因果链（反馈回路）[141]

（2）系统流图

流图用来描述系统的整体框架和微观要素的性质。流图包括 4 种变量，流图中不同的变量用不同的符号表示，并将不同性质的变量连接起来，形成 SD 模型流图。流图由 4 种变量组成：①状态变量，也称水平变量，反映系统状态随时间变量累积变动的过程，对应于数学中的积分值，等于上一期的水平变量取值加上当期变动值；②速率变量，也称流量，是状态变量改变的速度,在数学意义上是状态变量的导数;③辅助变量,系统中状态的累积值和变化的速率之间需要中间变量来过渡,辅助变量是状态变量和速率变量进行转换和传递的过程变量;④常量,在仿真期间内不变的量或者在系统边界内不受系统内部要素影响的变量,因此也称为外生变量。

(3) 状态方程

量化描述系统变量间的关系。通常用状态方程、速率方程和辅助方程来描述三类变量的变化规律。方程的建立基于对现实系统的提炼与模拟,方程中所描述的变量关系以现实系统中变量间关系为基础。系统的动态性通过水平变量在状态变量上的差分方程来实现。

10.1.4 SD 建模分析的步骤

SD 建模的步骤主要包括任务调研、系统分析、结构分析以及模型的模拟、评估与分析等[141,164],如图 10-2 所示。

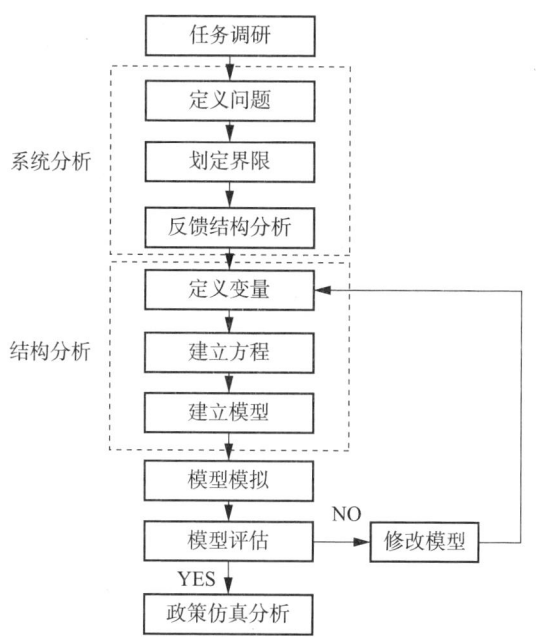

图 10-2 SD 建模分析步骤[141]

(1) 通过任务调研,明确建模目的,了解问题的特点,确定解决方案,定性分析组织风险影响水上跑道侵入事件的演化过程。

(2) 完成系统分析,其核心在于将现实系统模型化,划定研究范围和边界，分析变量之间的因果反馈关系，构建因果回路图。

（3）完成结构分析，定义系统变量、建立状态方程、建立 SD 模型，依据系统各要素之间的因果逻辑绘制系统流图，根据系统变量间关系建立方程，给所有方程与表函数赋值。

（4）进行模型的模拟、仿真与分析。主要对模型进行模拟、检验和政策分析，对初始状态和不同策略的情况分别进行仿真，并分析模拟结果，提出对改善现实系统有益的结论。

10.2 水上跑道侵入组织风险演化 SD 建模

10.2.1 确定系统边界

组织管理体系是水上跑道安全体系的子系统，组织管理风险影响总体安全绩效，对其演化机理的研究需要进一步的细分和描述，因此开展研究的前提是确定系统边界。系统边界的划分应包含系统实体及影响该实体的变量，以及变量之间相互作用构成逻辑上的正负反馈回路。所有考虑的各种因素应包含在系统内部，不得遗漏或缺失。对于系统实体、变量及变量间关系的界定，在不遗漏关键构件的同时也要做到重点突出，避免面面俱到而导致系统模型过于复杂。

组织风险演化建模是为了分析组织因素对水上跑道侵入风险的影响机理，水上机场作为水上飞机运营商，是战略和绩效驱动的组织，同时追求安全和效率的绩效目标。水上机场作为营利性组织，会一定程度将效率和效益置于安全之上，水上机场安全目标的实现受到财务、生产（业务量）等目标的限制，因此应该在组织绩效框架模型内讨论组织风险问题[13]。

Fernandez-Muniz 等[252]提出组织绩效框架模型，从心理学视角阐释组织绩效产生机理，认为整体绩效是个体绩效的涌现。该模型认为组织文化影响组织结构及管理实践，进而对个体态度和行为产生影响，个体的态度和行为决定个体绩效，并最终涌现为组织绩效。安全文化、安全管理承诺、员工安全承诺、安全管理体系与安全绩效之间的关系，也被学者通过实证研究所验证[13,117,249]，认为安全承诺（安全文化、安全意识、安全重视程度）影响安全管理系统（安全实践），而安全管理系统会影响安全绩效。

在学术界和管理实践领域，普遍认同安全文化对安全事故有着根源性影响。安全文化中包含决策层的安全价值观，代表决策层安全意识强弱[175,250]。较高的安全意识意味着较高的安全管理承诺[251,252]，将安全置于重要地位，从安全管理实践的各个环节提高资源投入[253]。较高的安全重视度和充足的安全资源投入，会有效降低组织事故率，同时会提升市场占有率、财务盈利、企业声誉等非安全绩效表现；反之若安全投入水平较低，会提高事故率，增加事故赔付等财务负担，同时造成财务、声誉等非财务绩效的下降，形成一定的溢出效应[253]，总体形成负反馈回路。

简而言之，安全文化表征管理层的安全承诺和员工的安全意识，会影响到安全管理系统，也即持续的安全关注和资源投入，并最终影响组织安全绩效，也即安全事故及事故征候发生率。本研究以"安全文化—安全管理系统（SMS）—安全绩效"为分析框架[117]（见图10-3），来构建组织安全风险分析模型。

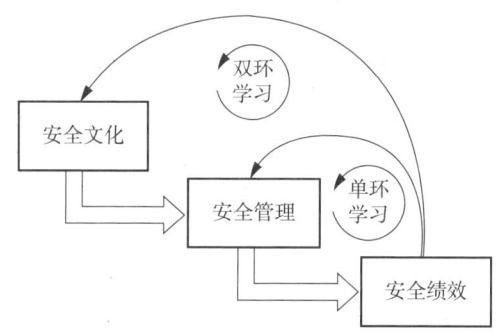

图10-3　组织安全绩效分析框架[117]

基于组织安全绩效分析框架，确定组织风险系统边界为：

（1）模型主要研究水上机场的安全文化、安全管理及安全绩效以及三者之间的相互作用关系，其中安全文化子系统包括安全管理承诺及财务压力模块，安全管理子系统包括人员相关的聘用、培训等安全管理实践，安全绩效子系统主要包括员工的人因可靠性及个人安全承诺。

（2）模型的循环逻辑如图10-3所示，从上到下的作用路径，水上机场安全文化和安全氛围，影响安全管理体系的计划、实施和监督，进而影响个人的安全承诺和安全关注，并影响人因可靠性等安全绩效指标；自下而上的反馈路径，人因差错率、事故及事故征候等安全绩效指标会影响管理层对安全的关注，也会影响安全管理实践。

（3）水上跑道安全风险的影响因素包括人机环管等诸多方面，为了增加研究针对性，本章着重从组织层面研究安全文化、安全管理与安全绩效的作用关系，只考虑财务压力、生产（业务量）压力、安全风险压力、安全管理承诺、聘用培训及个人安全承诺、人因可靠性等组织及人员因素（HOFs），而不考虑水上飞机、通信设施等机械设施因素以及水域布置、气象水文等环境因素。

（4）人因可靠性是本模型的主要输出，水上跑道侵入综合风险已经在第9章进行了建模分析，人因可靠性作为综合风险BBN模型的输入，对侵入风险进行综合评估。

10.2.2 组织安全文化的建模

（1）安全管理承诺模块

安全文化在管理层体现为安全管理承诺，代表组织管理层对安全的重视程度和投入意愿，影响安全资源投入与安全管理实践。安全目标、财务目标及业务目标共同构成了组织绩效目标系统，来自财务和业务的压力，会分散管理者对于安全的关注和资源投入，降低安全承诺；来自人因差错率、事故率等指标的安全压力，会驱动管理者加大对安全的关注和安全资源投入[255]。安全管理承诺模块通过反馈循环描述了组织绩效目标之间的逻辑联系，财务压力、业务压力及安全压力如何动态影响组织安全管理承诺。Cooke[256]基于矿业企业构建了一个管理承诺模型，可以描述财务压力（Z指数）对安全管理承诺的影响，本模型是在其基础上的改进（见图10-4）。

安全管理承诺模块的基本建模思想假定将管理者一定程度安全承诺作为起点，根据与财务、生产（业务量）、安全风险的相关压力作用下，系统变量会随时间呈现出变动趋势。图10-4共包含水平变量1个，速率变量1个，辅助变量16个，具体变量类型、变量名称以及表达式如表10-1所示。管理决策层应该在水上机场的安全性和营利性两者之间取得平衡。在这个模块中，安全压力由"人因差错率相对值"表征，通过评估水上飞机起降过程中人因差错率与参考值之间的偏差来衡量，并用安全优先级指

第 10 章 水上跑道侵入组织风险的演化机理

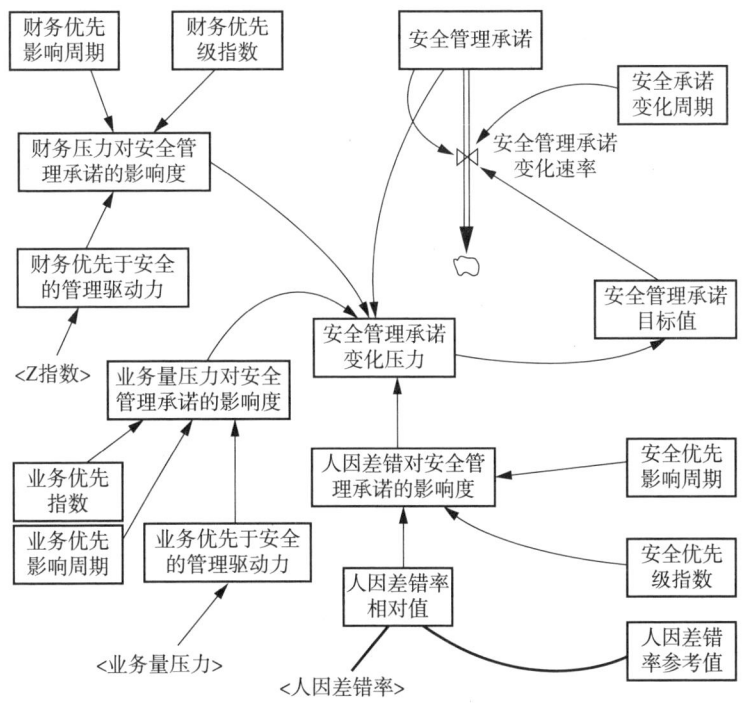

图 10-4 安全管理承诺模块 SD 流图

数表达其在管理承诺上的指数效应，人因差错率的参考值由监管机构或行业标准制定。类似地，财务压力（Z 指数）、业务压力对安全管理承诺影响也呈指数分布。

表 10-1 安全管理承诺模块主要变量及表达式

变量类型	变量名称	变量表达式
状态变量	安全管理承诺	INTEG（"安全管理承诺变化速率"，SMC0＝0.5）
速率变量	安全管理承诺变化速率	（安全管理承诺目标值−安全管理承诺）/安全承诺变化周期
辅助变量	安全承诺变化周期	6 Months
辅助变量	安全管理承诺目标值	MIN（安全承诺变化压力，1）
辅助变量	安全管理承诺变化压力	MAX（0.02，安全管理承诺）×人因差错对安全管理承诺的影响度×财务压力对安全管理承诺的影响度×业务量压力对安全管理承诺的影响度

续表

变量类型	变量名称	变量表达式
辅助变量	财务压力对安全管理承诺的影响度	SMOOTH（财务优先于安全的管理驱动力^财务优先级指数，财务优先影响周期）
辅助变量	人因差错对安全管理承诺的影响度	SMOOTH（人因差错率相对值^安全优先级指数，安全优先影响周期）
辅助变量	业务量压力对安全管理承诺的影响度	SMOOTH（业务优先于安全的管理驱动力^业务优先级指数，业务优先影响周期）
辅助变量	财务优先于安全的管理驱动力	Z指数/2
辅助变量	财务优先影响周期	6 Months
辅助变量	财务优先级指数	0.2
辅助变量	人因差错率相对值	人因差错率/人因差错率参考值
辅助变量	人因差错率参考值	0.05
辅助变量	安全优先影响周期	3 Months
辅助变量	安全优先级指数	0.5
辅助变量	业务优先于安全的管理驱动力	IF THEN ELSE（业务量压力<0.5，2，1/业务量压力）
辅助变量	业务优先影响周期	2 Months
辅助变量	业务优先级指数	0.1
影子变量	Z指数	由"财务压力"模块输出
影子变量	人因差错率	由"人因可靠性"模块输出
影子变量	业务量压力	由"人因可靠性"模块输出

(2) 组织财务压力模块

水上机场财务压力模块是基于 Altman（1968）的 Z 指数模型[258]，该指数是营运资本占比、留存收益占比、息税前收益占比、权益资本市值占比及资产周转率等财务指标的线性函数，各指标系数通过实证研究测定。该指数可以表达企业的财务状况，当企业 Z 指数低于一定值，意味着企业面临财务压力，存在破产风险。根据这个模型，如果 Z 得分小于 1.81，则该公司未来一年内出现财务困境的概率高于 95%，Z 分数在 1.81 和 2.67 之间会产生担心，但没有威胁，得分在 2.67 以上说明公司的财务状况在未来一年内不需要担心。

后续研究者借助 Z 指数模型思路，对不同行业或企业类型开展实证研究，产生了很多 Z 指数模型的改进型，财务压力阈值的划设也有很大差异，各自有其应用背景限制，并无统一数据标准。针对水上机场类的通航企业，若要精确数据需要进一步实证研究支持。因此，本研究财务压力相关算式依据企业运行实际估计得出，为了与业务量压力及安全风险压力变量量纲一致，将 1.5 和 2.0 作为财务状况正常阈值的上下限。

$$x_1 = \frac{working\ capital}{total\ asset} \quad (10\text{-}1)$$

$$x_2 = \frac{retained\ earning}{total\ asset} \quad (10\text{-}2)$$

$$x_3 = \frac{earning\ before\ taxes}{total\ asset} \quad (10\text{-}3)$$

$$x_4 = \frac{market\ value\ of\ equity}{total\ liabilities} \quad (10\text{-}4)$$

$$x_5 = \frac{sales}{total\ asset} \quad (10\text{-}5)$$

$$Z = 1.2x_1 + 1.4x_2 + 3.3x_3 + 0.6x_4 + x_5 \quad (10\text{-}6)$$

财务压力模块的目的是将财务困境（低 Z 分数）可能会影响管理承诺的方式，以及安全产出如何影响财务状况两者结合起来。财务压力最终将分散管理者对安全的注意力，迫使他们集中精力恢复财务平衡。较低水平的安全管理承诺可能导致飞行员、管制员等关键员工的安全承诺水平较低，以及不合格的专业训练和较高的操作差错率，这都会增加事故风险。同时，会影响消费者对水上飞机安全的感知，并直接影响其销售和市场价值，Z 指数降低，造成水上机场财务困境加剧，此外，水上跑道冲突事故也会破坏和损毁水上机场的资产。参考 Mohaghegh[13] 模型中财务压力模块的思路，构建本模型（见图 10-5）。

财务压力模块主要变量及表达式如表 10-2 所示，模块中的安全风险对 Z 值的影响乘数依据运行财务数据和专家经验设定，更准确和符合实际的数值需要通过实证研究获得。

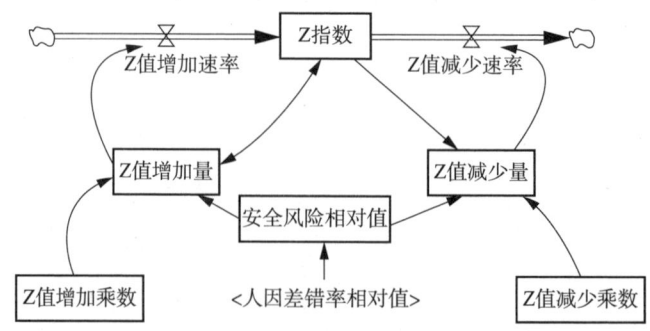

图 10-5 财务压力模块 SD 流图

表 10-2 财务压力模块主要变量及表达式

变量类型	变量名称	变量表达式
状态变量	Z 指数	INTEG（"Z 指数增加-Z 指数减少"，ZS0）
辅助变量	Z 值增加乘数	0.01
辅助变量	Z 值增加量	IF THEN ELSE（安全风险相对值<1，Z 指数*Z 值增加乘数，0）
速率变量	Z 值增加速率	DELAY1（SMOOTH（Z 值增加量，1），3）
辅助变量	Z 值减少乘数	0.01
辅助变量	Z 值减少量	IF THEN ELSE（安全风险相对值>1，Z 指数*Z 值减少乘数，0）
速率变量	Z 值增加速率	DELAY1（SMOOTH（Z 值减少量，1），3）
辅助变量	安全风险相对值	人因差错率相对值
影子变量	人因差错率相对值	由"人因可靠性"模块输出

10.2.3 组织安全实践的建模

组织安全实践可以分为与人员相关的活动（培训、招聘、激励等）、与程序相关的活动（放飞审核流程、降落申请流程等）、与资源相关的活动（融资、设备购置、起降水域封闭、空域申请等）等，以及支持上述活动的通用活动类型，包括人员、程序、资源等相关活动的计划制订，活动的实施、内部安全审计、内部修正等[13]，如图 10-6 所示。本研究在人员相关活动中包括培训和招聘两项，程序和资源相关的安全实践活动在第 9 章贝叶斯网络模型中有了体现，对于共同的活动，本研究将在第 11 章对内部安全监管进行建模分析。

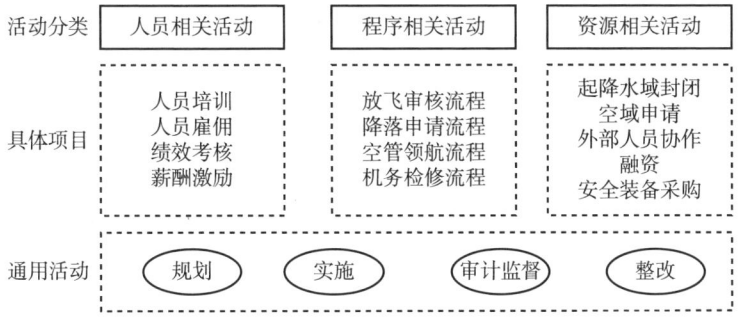

图 10-6　组织安全实践活动分类

（1）人员培训模块

培训开发是组织人力资源管理的重要职能，可以提高飞行员、空管员等关键员工的知识、技能、经验水平，进而降低水上机场运行安全风险。构建人员培训模块（见图 10-7），描述在组织安全管理承诺及员工安全承诺影响下，总体经验水平和员工经验均值的动态变化过程。

模型中，总体经验水平变动受三方面影响：①员工的流失降低了水上机场运行团队的经验水平；②招聘和培训提升总体经验水平；③员工可以通过培训和工作提升经验水平。

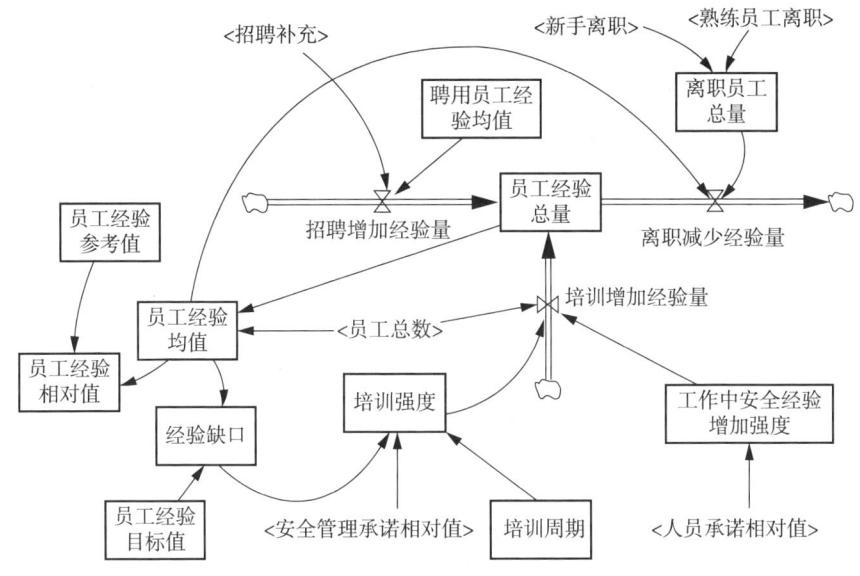

图 10-7　人员培训模块 SD 流图

模型中，培训效果（经验增加值）受三个因素影响：①培训强度，是经验缺口、安全管理承诺水平和培训周期的函数，经验缺口是员工经验均值的目标值与实际值的差距，安全管理承诺水平影响管理者对培训的重视程度，进而影响培训资源投入，对安全承诺的减少会降低培训投入水平，进而引起水上机场总经验水平的降低；②工作中安全经验增加强度，主要受人员安全承诺相对值影响；③员工总量，与培训强度和经验增加强度相乘，得到当期通过培训的经验增加量。培训实施后的经验增长往往存在滞后，因此建模时采用延迟函数表达滞后效应。人员培训模型中有1个状态变量，3个速率变量，10个辅助变量和6个源自其他模块的影子变量，主要变量及表达式如表10-3所示。

表10-3 人员培训模块主要变量及表达式

变量类型	变量名称	变量表达式
状态变量	员工经验总量	INTEG（"培训增加经验量+招聘增加经验量-离职减少经验量"，TE0）
速率变量	培训增加经验量	员工总数×培训强度×工作中安全经验增加强度
辅助变量	工作中安全经验增加强度	人员承诺相对值
辅助变量	培训强度	安全管理承诺相对值×经验缺口/培训周期
辅助变量	经验缺口	MAX（员工经验目标值-员工经验均值，0）
辅助变量	目标经验	2000 Hours
辅助变量	培训周期	6 Months
速率变量	招聘增加经验量	招聘补充×聘用员工经验均值
辅助变量	聘用员工经验均值	1000 Hours
速率变量	离职减少经验量	离职员工总数×员工经验均值
辅助变量	离职员工总数	新手离职+熟练员工离职
辅助变量	员工经验均值	员工经验总量/员工总数
辅助变量	员工经验相对值	员工经验均值/员工经验参考值
辅助变量	员工经验参考值	2000 Hours
影子变量	招聘补充	由"聘用"模块输入
影子变量	新手员工离职	由"聘用"模块输入
影子变量	熟练员工离职	由"聘用"模块输入
影子变量	员工总数	由"聘用"模块输入
影子变量	员工承诺相对值	由"员工安全承诺"模块输入
影子变量	安全承诺相对值	由"员工安全承诺"模块输入

（2）人员聘用模块

人员聘用模块描述新手员工的聘任及其成长为熟练员工的过程，此过程伴随着一些专业员工（包括新手或熟练员工），会因为不同原因（工作条件差、工作量过大、薪酬水平低、管理者和专业人员对安全缺乏关注）产生离职，模型中用员工"流失率"表示。Cooke 在文献［256］中阐述了采矿业的雇佣关系，McCabe 在文献［259］中提出了类似的航空公司雇员关系，本研究人员聘用模块及其方程是基于这两个模型的改进形式（见图 10-8）。

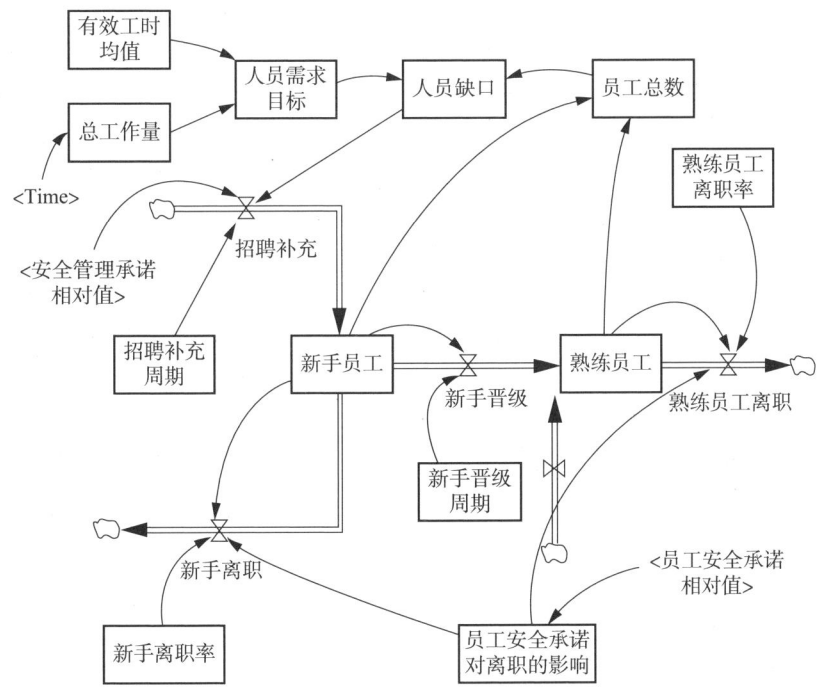

图 10-8　人员聘用模块 SD 流图

根据水上机场运行状况和行业监管对专业人员配置的要求（人员需求目标），聘用被定义为试图弥补组织中现有专业人员总数与需要的专业人员的数量间差距的过程。同时，人员聘用是企业的重要管理决策，取决于管理层的安全承诺水平，它决定了管理层是否聘请和培训更多的人从而满足人员，或者是否对现有的人员施加更多的压力来满足现有的人员缺口。

人员聘用模块包含 2 个状态变量，4 个速率变量，10 个辅助变量，

2个源自其他模块的影子变量，模块主要变量及表达式如表10-4所示。该模块的主要输出是水上机场专业人员总数，在人员培训模块中作为输入变量。与聘用过程相关的时间滞后已经在方程式中进行了描述。

表10-4 人员聘用模块主要变量及表达式

变量类型	变量名称	变量表达式
状态变量	新手员工	INTEG（"招聘补充-新手离职-员工晋级"，RK0）
状态变量	熟练员工	INTEG（"员工晋级-熟练员工离职"，SN0）
速率变量	招聘补充	IF THEN ELSE（人员缺口>0，INTEGER（安全管理承诺相对值×人员缺口/招聘补充周期），0）
辅助变量	人员缺口	人员需求目标-人员总量
辅助变量	人员需求目标	总工作量/有效工时均值
辅助变量	人员总量	新手员工+熟练员工
辅助变量	总工作量	100000×（1-0.1×COS（（Time/6）×3.14）+0.1×INTEGER（Time/12））
辅助变量	有效工时均值	2000 Hours
辅助变量	招聘补充周期	6 Months
速率变量	新手离职	INTEGER（员工安全承诺对离职的影响×新手员工×新手离职率）
速率变量	熟练员工离职	INTEGER（员工安全承诺对离职的影响×熟练员工×熟练员工离职率）
辅助变量	员工安全承诺对离职的影响	IF THEN ELSE（员工承诺相对值<0.2，5，1/员工承诺相对值）
辅助变量	新手离职率	0.01
辅助变量	熟练员工离职率	0.01
速率变量	新手晋级	新手员工/新手晋级周期
辅助变量	新手晋级周期	12 Months
影子变量	安全管理承诺相对值	由"员工安全承诺"模块输入
影子变量	员工安全承诺相对值	由"员工安全承诺"模块输入

10.2.4 个人安全绩效的建模

（1）人因可靠性模块

组织安全文化及组织安全实践最终通过影响员工行为转化为安全绩

第10章 水上跑道侵入组织风险的演化机理

效,系统的人员可靠性(human reliability),通常采用易于数学描述和统计分析的人因差错率(HEP),被认为是最重要的个人安全绩效指标。人员可靠性分析(HRA)是概率安全分析(PSA)的重要组成部分,在核能电力、航空航天等复杂社会技术系统分析中应用广泛。从20世纪50年代提出HRA之后,各类机构发表了几十种分析模型和方法,如人因差错率预测技术(THERP),人因差错评估及降低技术(HEART),标准化人因可靠性风险评估技术(SPAR-H),认知可靠性与误差分析方法(CREAM),班组情境下的信息、决策和行为响应模型(IDAC)等[260]。

其中,人因差错评估及降低技术(HEART)由Williams于1985年开发,是应用最为广泛的人员可靠性分析方法,它考虑了人机、任务和管理因素对个人安全绩效的影响,并将它们的影响定量化。本研究基于HEART及其改进方法——核电动作可靠性评估(NARA)构建人因可靠性模块[261]。HEART和NARA分析共包括四个步骤:

第一,确定基本概率值。

HEART采用9种通用任务类型(Generic Task Types,GTTs)集合来描述操作过程的各种任务,并对每种GTT提供了基本差错概率分布(5%~95%分位点的值)。水上飞机起降过程,飞行员、管制员、安全员所完成的任务和操作较为多样,包括水域瞭望、通信沟通、人机互动、紧急处置等,其中关键任务多属于HEART中F类(在操作规程指导下,改变系统状态或将系统状态复原)和E类(日常的、经常性的、快速的任务、涉及较低的技能),建议的GTT点值为(0.003-0.02),因为本模型是对起降过程中各类关键人员的"关键任务集合"进行分析,因此将GTT基本差错概率取为0.01。

第二,调整基本概率值。

因为员工作业环境存在差异,需要通过考虑绩效影响因子(Performance Shaping Factors,PSFs)的差错生成条件(Error Producing Conditions,EPC)权重和影响强度(Assessed Proportions of Affect,APOA)来进一步校正GTT的差错概率。对于绩效影响因子PSFs的选择,不同模型有所差异[263]。THERP模型中绩效影响因子包括:①外部PSFs:情景特征(工作环境)、任务与设备特征(任务复杂度、人机界面)及工作与任务指导

(组织结构)；②内部 PSFs，人员本身的内在特征：培训、熟练程度、个性等；③压力源，造成人生理或心理紧张的因素：任务负荷、压力、疲劳等[193]。SPAR-H 方法将人的活动分为诊断和执行，并综合人的信息处理等模型总结出 8 个绩效影响因子 PSFs[194,203]：可用时间、压力与压力源、经验与培训、复杂度、工效学与人机界面、规程及其他作业支持工具、岗位适合性和工作过程。

本研究主要集中在个人安全绩效的组织影响因素及影响路径，基于 Boxall 和 Purcell 提出的绩效 AMO 模型[13]，认为绩效（Performance）是能力（Ability）、动机（Motivation）和机会（Opportunity）的函数，如图 10-9 所示。对应于 AMO 三因素，本研究认为个人层面 PSFs 包括：①专业能力，本研究将之等同于从培训模块导入的经验水平，对应的 EPC 为 3；②安全自律（动机），员工遵守安全操作规程，并对环境危害保持警觉的心理状态，由个人安全承诺模块的输出决定，对应的 EPC 为 8；③工作压力（应激），因工作内容、目标要求、组织期望、工作环境等超出个体所能因应的范围，得不到及时有效疏导，进而导致个体生理或心理处于紧张状态，工作压力诱因极为广泛，本研究认为组织资源支持度是员工压力感知的主要来源，本模型中工作压力是指业务量压力，对应 EPC 为 11。

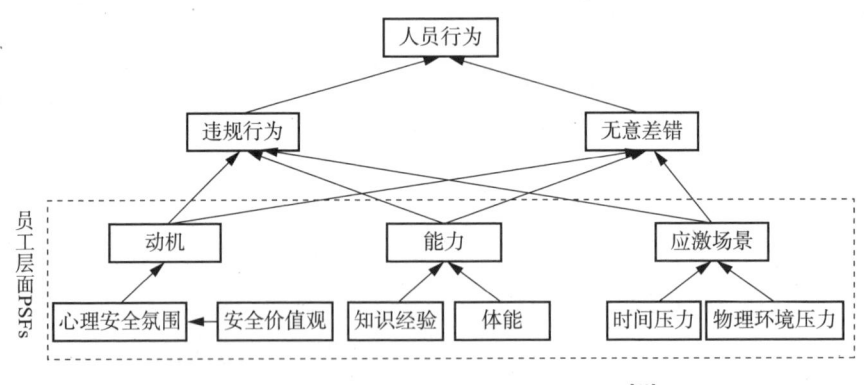

图 10-9 员工层 PSFs 与员工行为的关联[13]

第三，调整 PSFs 的影响强度（APOA）。

模型中，员工经验的 APOA 是总体经验均值的函数，呈负相关；安全遵守的 APOA 是员工安全承诺的函数，也呈负相关；业务量压力的 APOA 是实际业务量与核准业务量比值的函数，呈正相关。APOA 的函数式可以采用简单的线性或幂函数，具体借助专家经验确定。

第四，计算人因失误率。

NARA 的数学表达相对简单，是基本概率和多个 EPC 权重、APOA 影响强度的乘积。

$$HEP = GTT \times \prod_{i=1}^{n} [(EPC_i - 1) \times APOA_i + 1] \quad (10-7)$$

其中，n 代表 PSF 的个数，EPC_i 代表 PSF 的最大权重，$APOA_i$ 是影响比例，GTT 是通用任务的人因差错率。但需要大量的专家经验判断，尤其是在决定差错生成条件（EPC）以及评估影响强度（APOA）阶段。

根据选定的 PSFs 和确定的 GTT、EPC_i、$APOA_i$，参考 Mohaghegh[13] 模型，构建人因可靠性模型（见图 10-10）。

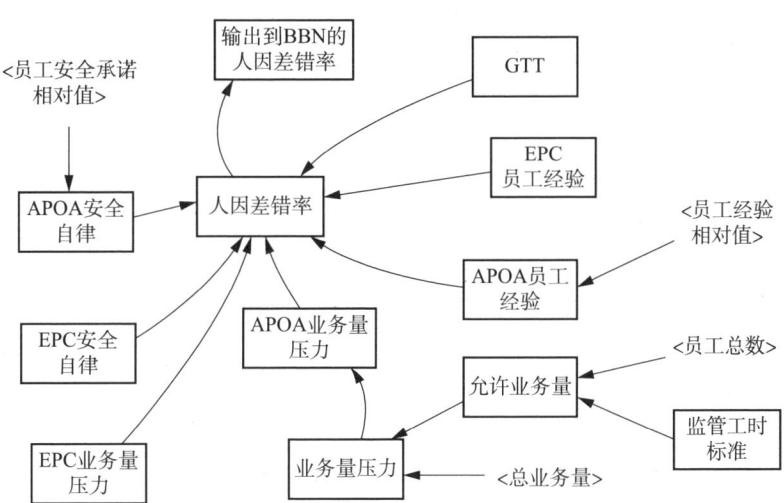

图 10-10 人因可靠性模块 SD 流图

人因可靠性模块不包含水平变量和速率变量，包含 12 个辅助变量和 4 个源自其他模块的影子变量，模型主要变量及表达式如表 10-5 所示。该模块的输出，也即专业人员差错率，反馈到安全管理承诺模块，从而实现安全管理承诺的动态建模。同样，人因差错率被用作"侵入风险"BBN 模型的输入，以获得侵入发生概率，然后推断总体风险水平。

表10-5 人因可靠性模块主要变量及表达式

变量类型	变量名称	变量表达式
辅助变量	技术差错率	GTT×(((EPC业务量压力-1)×APOA业务量压力+1)×((EPC员工经验-1)×APOA员工经验+1)×((EPC安全自律-1)×APOA安全自律+1))/(APOA业务量压力+APOA员工经验+APOA安全自律)
辅助变量	GTT	0.01
辅助变量	EPC安全自律	8
辅助变量	EPC业务量压力	11
辅助变量	EPC员工经验	3
辅助变量	APOA安全自律	A graphical function of "员工安全承诺相对值"
辅助变量	APOA业务量压力	A graphical function of "业务量压力"
辅助变量	APOA员工经验	A graphical function of "员工经验相对值"
辅助变量	业务量压力	总业务量/允许业务量
辅助变量	允许业务量	员工总数×监管工时标准
辅助变量	总业务量	由"聘用"模块输入
辅助变量	员工总数	由"聘用"模块输入
辅助变量	员工安全承诺相对值	由"员工安全承诺"模块输入
辅助变量	员工经验相对值	由"培训"模块输入

(2) 员工安全承诺

AMO模型中员工动机受心理因素和团队氛围的影响,本研究没有对员工安全心理过程进行模拟,为了增加模型的可实施性,采用"员工安全承诺"这个概念表征员工个体对于安全的关注和重视,它直接受组织安全管理承诺的影响。员工安全承诺模块如图10-11所示,这是基于SoTeRiA和库克模型的修改版本[13]。员工安全承诺模块的输出被馈送到人因可靠性模块(见图10-10)作为个人级别的PSF。

与安全管理承诺模块一样,员工安全承诺建模也是对在初始状态下各相关变量变动趋势进行分析。如图10-11所示,安全管理承诺相对值影响员工安全承诺。管理层对安全承诺压力越高,飞行员、管制员等安全相关人员则更加致力于运行安全,并且要遵循标准操作程序(SOP)。显然,若安全管理关注度降低,将会导致专业人员安全意识降低。影响专业人员安全承诺水平的另一个因素是事故发生率（用人因差错概率相对值表征）。操作差错等安全事件率越高，事故发生风险也随之提高，会提升员工安全承诺水平。

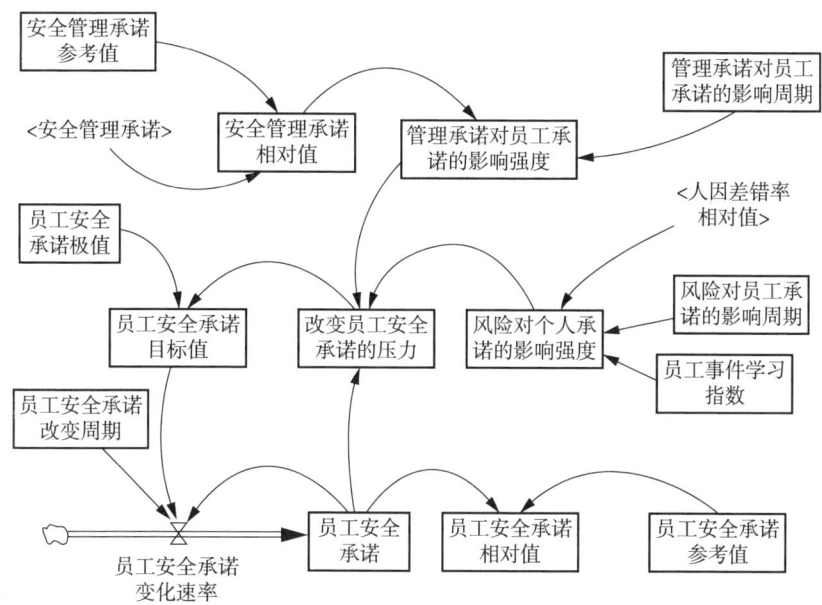

图 10-11　员工安全承诺模块 SD 流图

员工安全承诺模块包含 1 个状态变量、1 个速率变量、13 个辅助变量和 2 个源自其他模块的影子变量，模型主要变量及表达式如表 10-6 所示。该模块的关键输出，也即员工安全承诺相对值，对人因差错率、员工离职率及培训效率都有直接影响，通过对作业、聘用及培训的影响，形成关键反馈回路。

表 10-6　员工安全承诺模块主要变量及表达式

变量类型	变量名称	变量表达式
状态变量	员工安全承诺	INTEG（"员工安全承诺变化速率"，TCS0）
速率变量	员工安全承诺变化速率	（员工安全承诺目标值-员工安全承诺）/员工安全承诺改变周期
辅助变量	员工安全承诺目标值	MIN（员工安全承诺极值，改变员工安全承诺的压力）

续表

变量类型	变量名称	变量表达式
辅助变量	改变员工安全承诺的压力	MAX（员工安全承诺，0.02）×管理承诺对员工承诺的影响强度×风险对个人承诺的影响强度
辅助变量	管理承诺对员工承诺的影响强度	SMOOTH（安全管理承诺相对值，管理承诺对员工承诺的影响周期）
辅助变量	风险对个人承诺的影响强度	SMOOTH（人因差错率相对值^员工事件学习指数，安全风险对员工承诺的影响周期）
辅助变量	员工安全承诺相对值	员工安全承诺/员工安全承诺参考值
辅助变量	安全管理承诺相对值	安全管理承诺/安全管理承诺参考值
辅助变量	员工安全承诺改变周期	6 Months
辅助变量	管理承诺对员工承诺的影响周期	3 Months
辅助变量	安全风险对员工承诺的影响周期	6 Months
辅助变量	员工事件学习指数	0.8
辅助变量	员工安全承诺极值	1
辅助变量	安全管理承诺参考值	0.8
辅助变量	员工安全承诺参考值	0.8
影子变量	安全管理承诺	由"安全管理承诺"模块输入
影子变量	人因相对差错率	由"安全管理承诺"模块输入

按照各模块间借助"影子变量"构建的联系，将上述6个子模块进行整合，得到完整的水上跑道侵入组织风险演化模型，如图10-12所示，为后边演化仿真分析做准备。

10.3 案例选择及变量初始化

10.3.1 案例的选择

案例选取的是我国某滨海水上机场，其水上飞机旅游业务开展较早，运营状态良好，具有较好代表性。案例机场管理基础较好，获取初始数据较容易，可通过问卷调研、访谈、专家咨询、历史数据统计分析确保获取

第10章 水上跑道侵入组织风险的演化机理

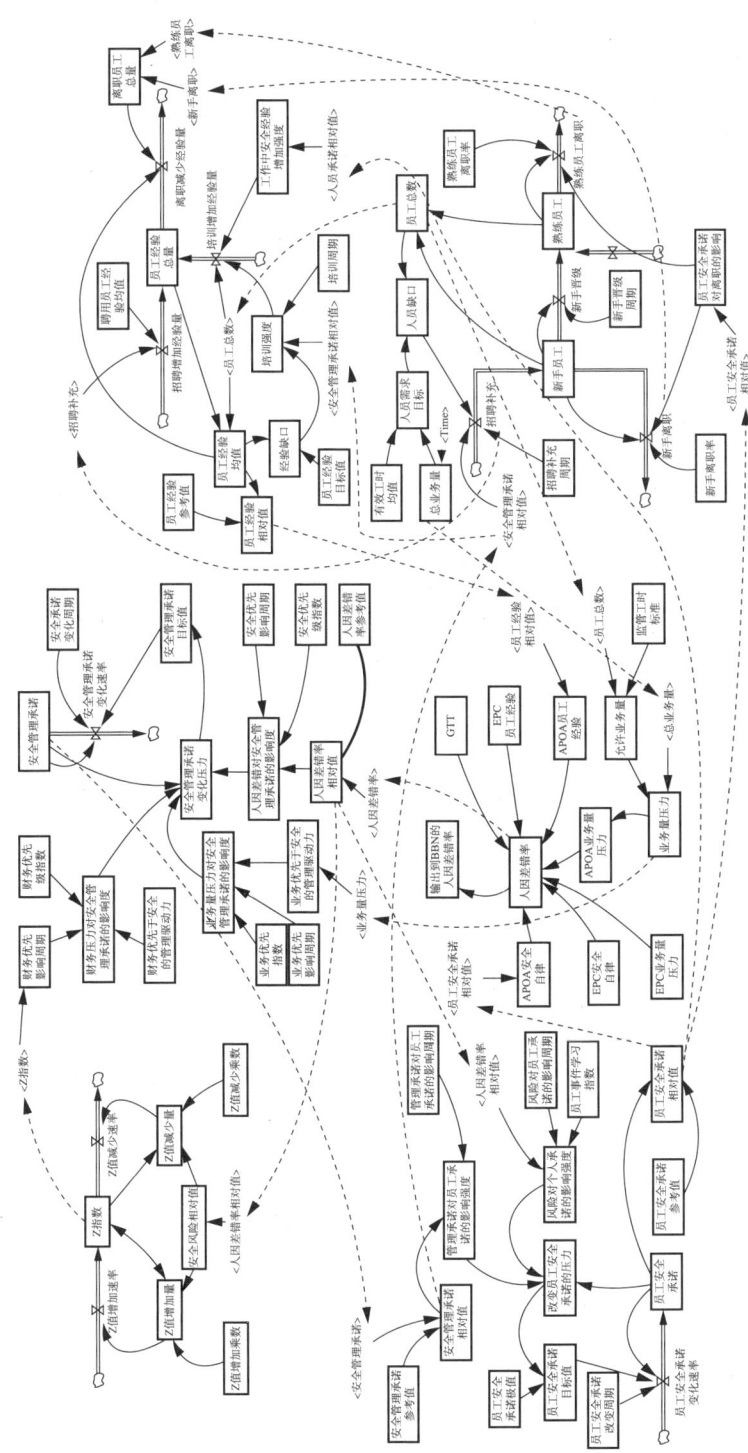

图10-12 水上跑道侵入组织风险演化SD建模

模型中变量的初始值。利用 Vensim 软件对水上跑道侵入风险演化模型进行运算。以 2018 年 5 月为基期，对案例机场未来 10 年水上跑道侵入风险情况进行仿真。模型初始参数设置为：初始时间为 0，最终时间为 120，时间步长为 0.0625，时间单位为月。模型中组织变量通过不同反馈环路对水上飞机起降过程中人因差错率水平产生影响，在对系统初始状态进行仿真的基础上，通过实施不同方案对组织系统进行策略干预，观察安全管理承诺、员工安全承诺、人因差错率等关键系统变量的变化情况，并定量计算出实施各项调整策略对人因差错率的实际作用效率，为水上跑道安全管理提供依据。由于篇幅限制，将从安全标准、响应周期、响应强度、初始资源 4 个方面进行策略仿真。

10.3.2 变量初始值的确定

（1）辅助变量影响度的处理

SD 模型中，将两个状态变量之间作用关系定义为影响度，影响度辅助变量包括财务压力对安全管理承诺的影响度、人因差错对安全管理承诺的影响度、业务量压力对安全管理承诺的影响度、员工安全承诺对离职的影响、管理承诺对员工承诺的影响强度、风险对个人承诺的影响强度等 6 个变量，模型中采用幂函数 $y=x^a$ 表达变量间影响关系。

（2）状态变量中速率变量及初始值的确定

模型中涉及的状态变量包括安全管理承诺、Z 指数、员工经验总量、新手员工、熟练员工、员工安全承诺 6 个变量。涉及的速率变量包括安全管理承诺变化速率、Z 值增加速率、Z 值减少速率、培训增加经验量、招聘增加经验量、离职减少经验量、招聘补充、新手离职、熟练员工离职、新手晋级、员工安全承诺变化速率 11 个变量。状态变量和速率变量关系的方程式为：

$$L_i = L_0 + \sum_{i=1}^{n} F^i \quad (10-8)$$

其中，L_i 为状态变量在 i 月份的值，L_0 为状态变量初始值，F^i 为相关速率变量在 i 月份的值，i 为月份数，$i=1, 2, 3, \cdots, n$。

①安全管理承诺、员工安全承诺的取值范围为 [0, 1]，初始值根据案例机场运行状况由专家评判，确定为 1.5 和 2.0。

②Z 指数按照 5.2.2 节公式核算，当前为 0.8。

③新手员工、熟练员工数量按照公司 2014 年成立时数据设定，分别为

10 人和 15 人，相对应的新手离职率和熟练员工离职率按照 2014—2017 年统计数据确定为 0.01/月，具体流失数量同时受员工承诺相对值影响，员工承诺越高，离职数量越低。

④员工经验总量，按照初始新手员工和熟练员工数量确定，新手员工和熟练员工的平均经验分别为 1000 小时和 1500 小时。经验总量变化来自招聘、离职和培训三个途径，培训增加经验量为培训强度和员工总量乘积，培训强度受安全管理承诺和经验缺口影响。

(3) 常数变量初始值的确定

①参考值确定

SD 模型中，为了体现绝对值与参考值的偏离程度，引入了相对值的概念，包括人因差错率相对值、安全风险相对值、员工经验相对值、员工安全承诺相对值、员工经验相对值、员工安全承诺相对值、安全管理承诺相对值 7 个变量。其计算方法为各期绝对值与参考值的比值，参考值的取值根据行业监管要求和水上机场运行状况确定。例如，当期人因差错率实际值为 0.06，人因差错率参考值为 0.05，则人因差错率相对值为 1.2，大于参考值，需要采取措施进行回调。

②周期值确定

组织安全管理活动都存在延迟，因此在模型中设置了很多周期值来表达活动实施的自然延迟，包括安全承诺变化周期、财务优先影响周期、安全优先影响周期、业务优先影响周期、培训周期、招聘补充周期、新手晋级周期、员工安全承诺改变周期、管理承诺对员工承诺的影响周期、安全风险对员工承诺的影响周期 10 个变量。周期值要依据管理实际统计确定，例如招聘补充周期，水上机场需要招聘的飞行员、管制员、机务员等分布区域广、专业性强、领域狭窄，补充周期较长，根据以往管理实践约为 6 个月；新手晋级周期，案例水上机场对新手员工采用带教制度，需要一年时间才允许新手员工独立承担任务，因此，周期值设为 12 个月，其他周期值采取类似方法确定。

③指数变量确定

在 SD 模型中，变量间影响关系的幂函数 $y=x^a$，底数自变量为财务压力、安全压力、业务压力等变量，幂为其对安全管理承诺的影响程度，指数为常数，包括财务优先级指数、安全优先级指数、业务优先级指数、员工事件学习指数等，主要根据历史数据拟合法确定其取值。

10.4 SD 模型的验证

10.4.1 现实性检验

通过历史数据和模型仿真结果进行对比，计算其偏差，如果偏差在容许的范围内，则说明模型拟合效果较好[118]。验证时间为从 2017 年 4 月到 2018 年 3 月，主要检验水上飞机起降过程中人因差错率的仿真准确性，因目前水上机场并未针对就起降阶段人因差错进行数据采集与统计分析，缺失人因差错率计算的历史数据。通过自动监测设备以及管理报告文件，搜集验证期内飞行员、管制员等关键岗位操作差错数据，这些岗位直接参与起降作业，其差错率直接影响水上跑道侵入风险，差错率计算结果与仿真值对比情况如表 10-7 所示。起降过程人因差错率仿真值与实际值的相对误差，最大为 5.51%，最小为 0.34%，平均误差为 2.82%。依据 SD 的建模标准，仿真值与历史值的相对误差在 ±10% 之内是可接受的，尤其是像水上跑道侵入风险这类较复杂的模型。仿真结果较真实地反映了现实情况，模型通过现实性检验，具有良好的可行性。

表 10-7 起降过程人因差错率 SD 模型现实性检验

时间（月）	人因差错率（%）			统计结果
	历史值	仿真值	偏差	
1	0.0791	0.0835	5.51%	
2	0.0759	0.0736	-2.93%	
3	0.0708	0.0674	-4.84%	
4	0.0608	0.0631	3.82%	
5	0.0586	0.0595	1.40%	$|ET|$ = 33.78%
6	0.0574	0.0553	-3.54%	$|AE|$ = 2.82%
7	0.0505	0.0503	-0.34%	$|E_{Max}|$ = 5.51%
8	0.0449	0.0445	-0.98%	$|E_{Min}|$ = 0.34%
9	0.0390	0.0384	-1.47%	
10	0.0311	0.0328	5.46%	
11	0.0280	0.0282	0.85%	
12	0.0266	0.0259	-2.66%	

10.4.2 极限检验

对模型中的极端状况和异常行为进行检验,考察的是模型的脆弱性,当输入极端情况时,模型仍能正常反映各因子的变化,则说明模型较可靠。测试说明:在水上机场财务状况非常好或者非常差的条件下,安全管理承诺和人因差错率会有明显区别。设两种条件下,Z 指数 = 5,Z 指数 = 0.1,在两种财务压力状态下,安全管理承诺演化趋势如图 10-13 所示,员工安全承诺演化趋势如图 10-14 所示,人因差错率演化趋势如图 10-15 所示。当 Z 指数很大,财务压力很小时,安全管理承诺会处于较高水平,员工安全承诺会处于较高水平,水上机场人因差错率会处于较低水平;相反,当 Z 指数很小,财务压力很大情况下,安全管理承诺会处于较低水平,员工安全承诺会处于较低水平,人因差错率处于较高水平。图 10-13、图 10-14、图 10-15 的仿真结果显示:当 Z 指数极低时,组织安全管理承诺、员工安全承诺都在较低水平上大幅度震荡,而人因差错率会在较高水平上大幅度震荡,能够刻画这一安全管理规律,极限测试通过,模型较可靠。

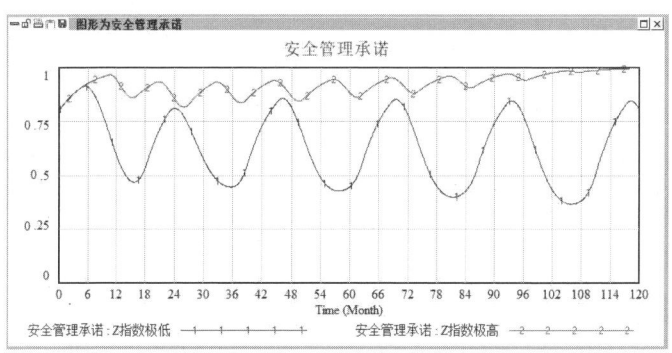

图 10-13　极限检验测试——安全管理承诺演化趋势

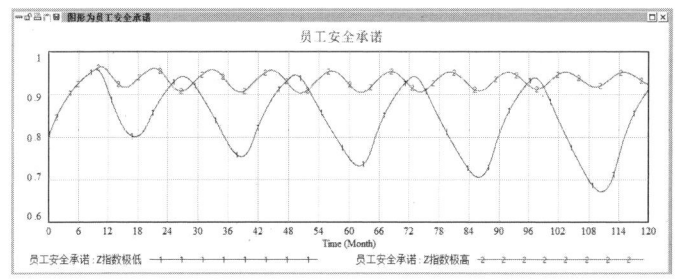

图 10-14　极限检验测试——员工安全承诺演化趋势

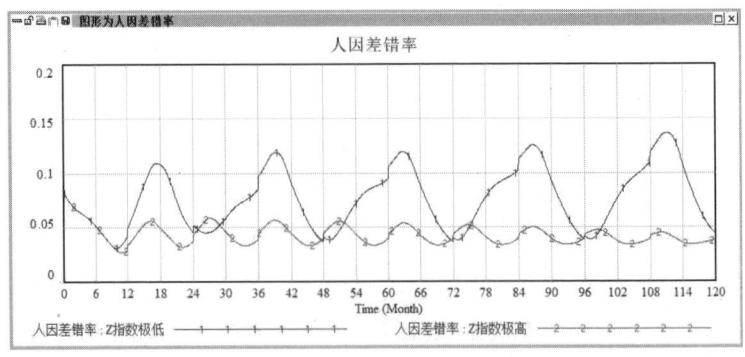

图 10-15　极限检验测试——人因差错率演化趋势

10.5　组织风险演化仿真分析

10.5.1　初始状态仿真

依据案例水上机场初始运行状况，将模型各变量进行初始化，仿真案例水上机场组织风险演化过程，分析模型安全管理承诺水平、财务压力 Z 指数、业务量压力、人均经验水平、个人安全承诺、人因差错率等关键变量的动态变化趋势。

（1）安全管理承诺

系统在初始状态下安全管理承诺仿真结果如图 10-16 所示。安全管理承诺值在仿真期 10 年内呈锯齿型，总体呈下降趋势，初始阶段震荡幅度较大，之后震荡幅度收窄且趋于稳定。按照组织安全承诺参考值 0.8，共有 82 个月安全管理承诺高于参考水平，38 个月低于参考水平。

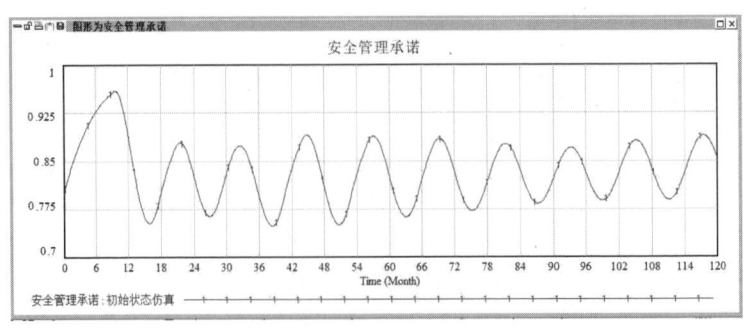

图 10-16　水上机场安全管理承诺仿真图

(2) 人员安全承诺

系统初始状态下人员安全承诺仿真结果如图 10-17 所示。总体来看，人员安全承诺在仿真期 10 年内总体呈锯齿型缓慢下降的趋势，同组织安全管理承诺类似，初始阶段震荡幅度较大，整个仿真期间最大承诺值为 0.963，最小承诺值为 0.891。按照人员安全承诺参考值 0.8，整个仿真期，员工安全承诺水平高于参考值，处于较高水平。

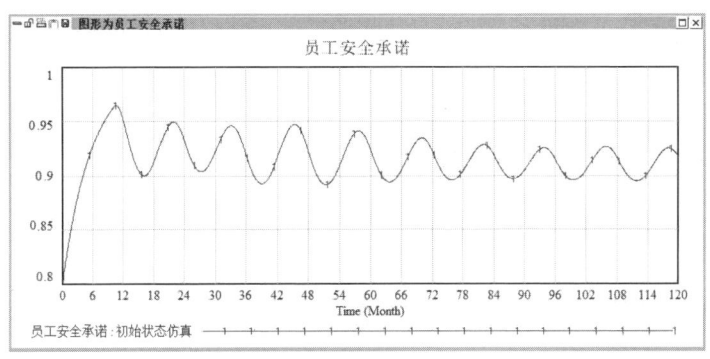

图 10-17　人员安全承诺仿真图

(3) 财务压力 Z 指数

系统初始状态下财务压力 Z 指数仿真结果如图 10-18 所示。总体来看，Z 指数呈小幅波动，并整体持续上升，说明水上机场财务状况持续改善，这会对安全管理承诺形成正向影响。

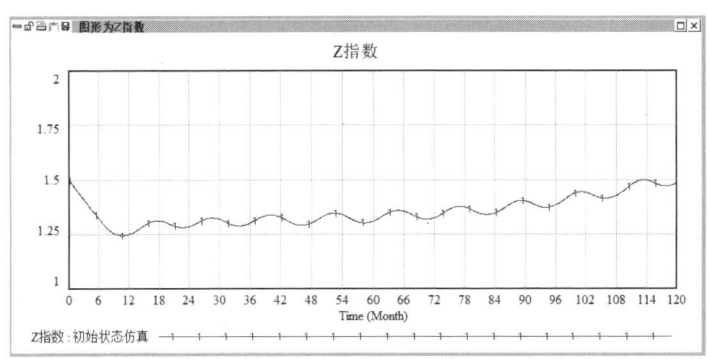

图 10-18　财务压力 Z 指数仿真图

(4) 业务量压力

系统初始状态下业务量压力仿真结果如图 10-19 所示。总体来看，业务量压力周期性明显,每个自然年度 4—7 月压力较高,但随着人员持续补充,业务量压力波动幅度持续降低。

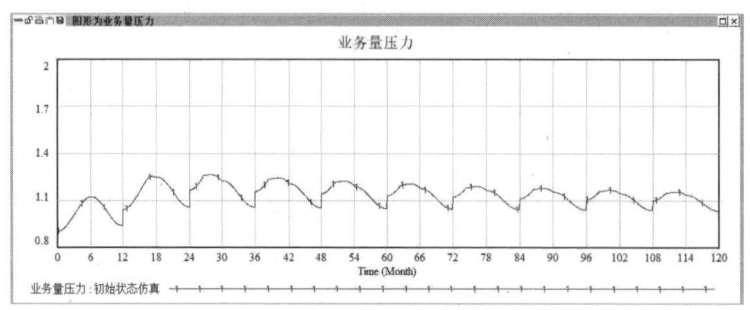

图 10-19　业务量压力仿真图

(5) 人因差错率

系统初始状态下人因差错率仿真结果如图 10-20 所示。总体来看,人因差错率在仿真期内呈锯齿型缓慢下降趋势,在初期阶段波动振幅较大。仿真期内,有 87 个月的人因差错率低于参考值 0.05,33 个月高于参考值,最高值出现在第 3 个月,为 0.0877,最低值出现在第 10 个月,为 0.0253。

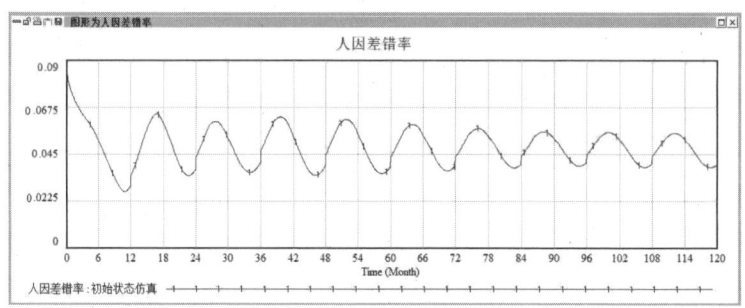

图 10-20　人因差错率仿真图

10.5.2　策略状态仿真

水上机场为改善安全管理实践,提升安全绩效,需要优化策略集合。SD 模型中,策略状态仿真主要通过调整模型中常量变量取值以及水平变量的初始值实现。系统中可以作为策略进行调整的变量包括:①周期值,是指安全承诺、培训、招聘、晋级等管理变量的改变周期或管理活动的持续时长;②标准参考值;③水平变量初始值,例如 Z 指数初始取值表征水上机场初始财务状况；④变量影响指数，系统变量对其影响变量的响应强度，代表水上机场对特定安全事件及风险水平的反应强度。策略状态仿真通过分别调整上述变量，分析各类安全策略与人因差错率的非线性演化关系。

为分析策略效果，计算各种策略对结果变量（人因差错率等）的作用强度（Effect Intensity，EI），对单个月份的作用强度用 EI_i 表示，对仿真期内总的作用强度用 TEI 表示，综合作用强度用 AEI 表示，计算公式如下：

$$EI_i = \frac{R_i - R_{i0}}{R_{i0}} \quad (10-9)$$

$$TEI = \sum_{i=1}^{N} \frac{R_i - R_{i0}}{R_{i0}} \quad (10-10)$$

$$AEI = TEI/N = \sum_{i=1}^{N} \frac{R_i - R_{i0}}{N * R_{i0}} \quad (10-11)$$

其中，i 表示月份，R_i 表示策略状态下第 i 个月份的风险值，R_{i0} 表示第 i 个月份初始状态的结果变量仿真值，N 代表仿真期长。

（1）调整周期值

①缩短安全承诺改变周期

安全管理承诺、员工安全承诺在受到其他变量作用时的调整周期，代表水上机场对人因差错率风险及财务压力、业务量压力等外界刺激的响应敏捷性。缩短改变周期，意味着水上机场对人因差错及起降风险事件的响应时间缩短。初始状态下，两者的调整周期为（6，6），将安全管理承诺及员工安全承诺的改变周期调整为（3，3）。调整后的仿真解决对比如图10-21所示，可见周期缩短后，人因差错率的波动幅度明显增大，初始状态下总体人因失误率为0.4849，缩短周期后为0.4591，综合作用强度 AEI 为-5.33%，总体人因差错率有所降低，但带来了管理不稳定性。因此，应遵循安全管理规律，合理确定安全实践周期。

②调整安全实践周期

模型中主要的安全管理实践模块包括员工招聘、培训、晋级等人力资源管理职能，通过这三项职能，补充员工数量缺口，提升员工经验均值。初始状态下，招聘、培训和晋级的周期值为（6，6，12），通过优化业务流程和提高响应速度，将之调整为（3，3，6）。调整后的仿真解决对比如图10-22所示，周期缩短对水上机场业务量压力综合作用强度

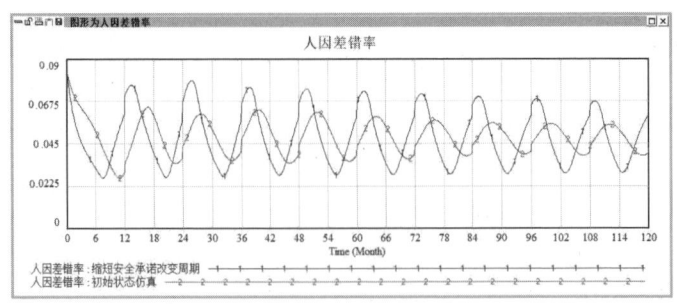

图 10-21　缩短安全承诺周期值后人因差错率仿真

为 −17.13%，对员工经验均值综合作用强度为 12.37%，对人因差错率综合作用强度为 −4.26%，人因风险有了较大幅度降低。采用类似操作，调整新手和熟练员工离职率，仿真结果表明，离职率由 0.01 调整为 0.02 后，对员工经验均值、业务量压力及人因差错率的综合作用强度为（−7.13%，5.46%，3.25%）。

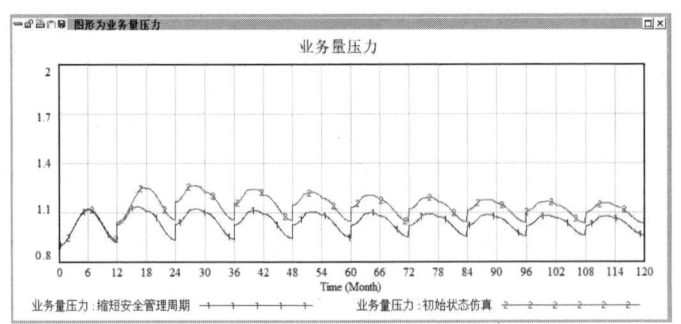

图 10-22（a）　缩短安全管理实践周期值——业务量压力变化趋势

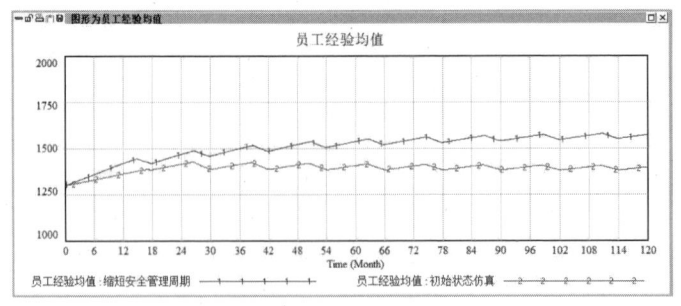

图 10-22（b）　缩短安全管理实践周期值——员工经验均值变化趋势

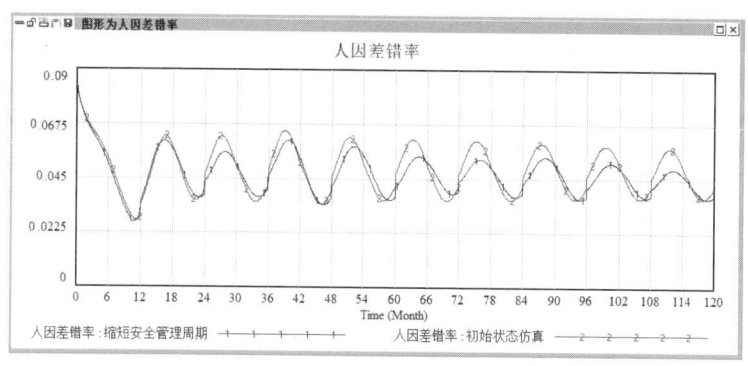

图 10-22（c） 缩短安全管理实践周期值——人因差错率变化趋势

（2）调整标准参考值

模型中，参考值代表行业要求和专家审定的安全标准，用于确定人因差错率、安全管理承诺、员工安全承诺等变量的相对值，依次进行安全决策。初始状态下，安全管理承诺、员工安全承诺和人因差错率的参考值为 A（0.8，0.8，0.05）；方案一，提高标准参考值，调整为 B（0.9，0.9，0.025）；方案二，降低标准参考值，调整为 C（0.6，0.6，0.075）。仿真结果如图 10-23 所示，方案一提高参考值后，人因差错率保持在较低水平，且安全承诺维持较高水平，方案二降低参考值后，人因差错率、安全承诺波动幅度变大，且综合失误率大幅提升，安全承诺水平下降。同时，方案一的财务 Z 指数变动趋势优于方案二，劣于初始状态仿真。决策者在三种策略集合中挑选最优策略时，有（财务，风险）两个收益维度，则①A 和 B 两个策略集的收益明显优于 C；②A 和 B 的优选却存在矛盾，B 相对 A 的财务指数综合作用强度为 -26.16%，人因风险综合作用强度为 -36.24%，财务优先的决策者会选择 A 策略，保持适度的安全标准，同时获得满意的财务表现；③安全优先的决策者会选择 B 策略，为了高标准的安全绩效能够接受较差的财务绩效。

（3）水平变量初始值

模型包括安全管理承诺、员工安全承诺、员工数量、员工经验总量、Z 指数等水平变量，其初始取值表征水上机场初始静态安全状态。对其进行调整，可以分析水平变量初始状态对人因差错率等安全绩效指标的影响趋势。

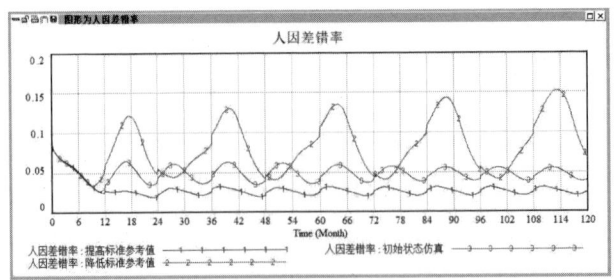

图 10-23（a） 调整标准参考值——人因差错率变化趋势

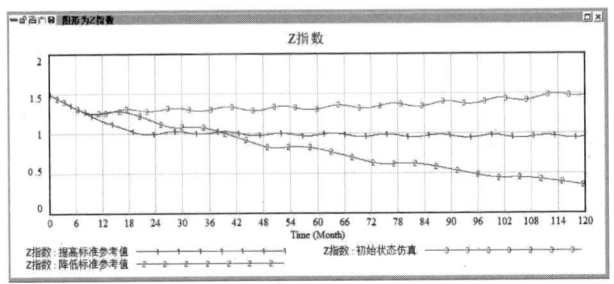

图 10-23（b） 调整标准参考值——Z 指数变化趋势

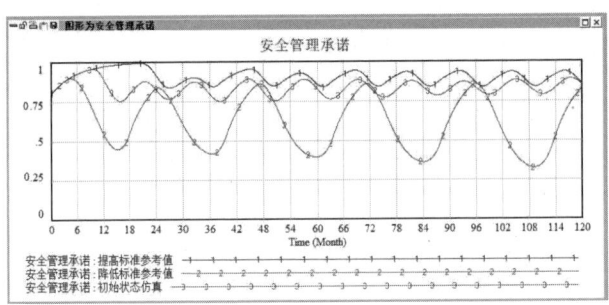

图 10-23（c） 调整标准参考值——安全管理承诺变化趋势

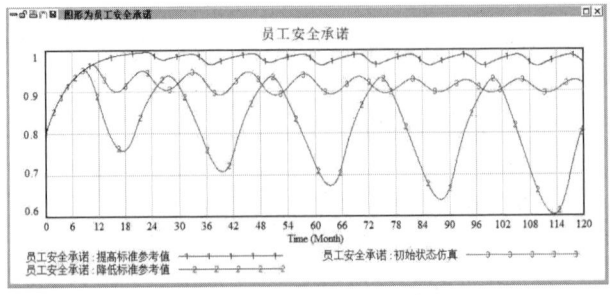

图 10-23（d） 调整标准参考值——员工安全承诺变化趋势

①调整安全承诺初始值

初始状态中,组织安全管理承诺和员工安全承诺变量取值为(0.8,0.8),分别调整为(0.9,0.9)和(0.6,0.6),仿真结果如图10-24所示。三种组合方案仿真结果中,人因差错率在第28个月后基本趋同,综合作用强度不足1%,安全管理承诺和员工安全承诺两个变量的走势也大致相同。这说明,安全承诺初始值只对安全体系初期运行阶段产生影响,之后安全风险指标的趋势由安全体系综合特征决定。

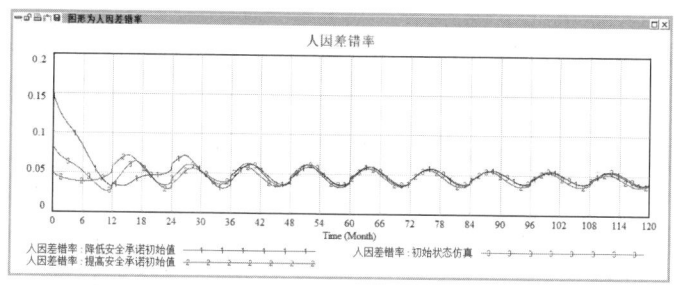

图 10-24（a） 调整安全承诺——人因差错率变化趋势

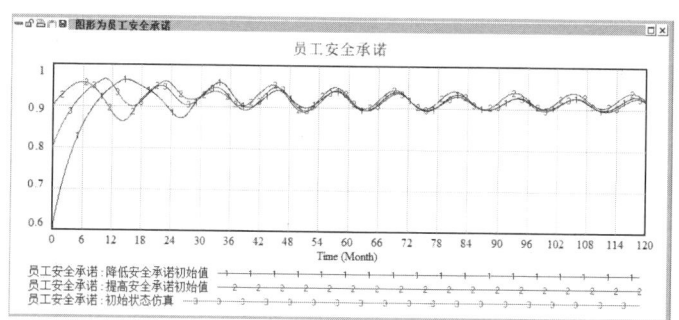

图 10-24（b） 调整安全承诺——员工安全承诺变化趋势

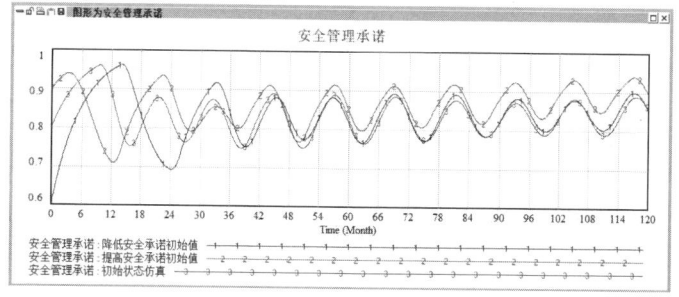

图 10-24（c） 调整安全承诺——安全管理承诺变化趋势

②调整员工数量初始值

初始状态中，新手员工和熟练员工数量为（10，15），分别增加50%调整为（15，23），增加100%调整为（20，30），同时对应调整经验总量初始值，仿真结果如图10-25所示。三种组合方案仿真结果中，员工数量越充裕，业务量压力越小，人因差错率越低。同时，员工数量增加受财务指数限制，确定适度的员工规模，需要在安全和财务之间取得平衡。

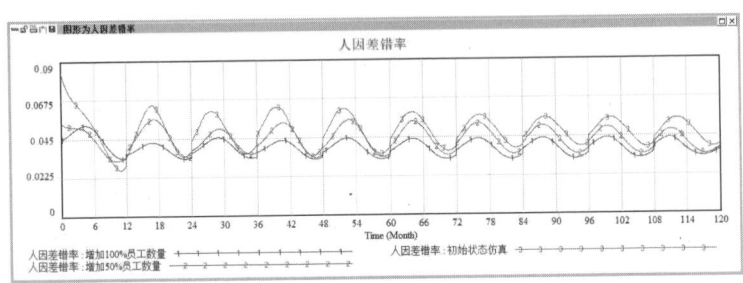

图10-25（a） 增减初始员工数量——人因差错率变化趋势

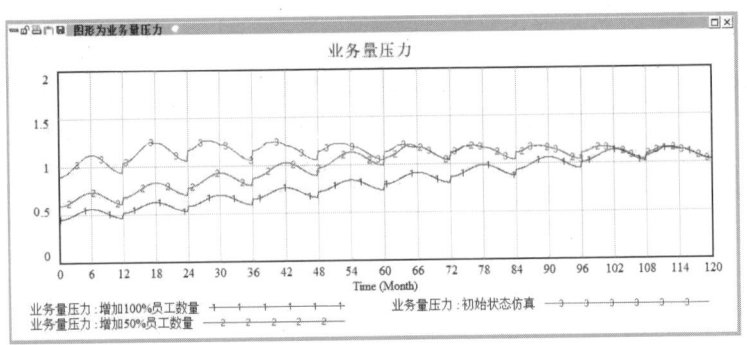

图10-25（b） 增减初始员工数量——业务量压力变化趋势

按照类似操作，调整初始状态新手员工与熟练员工比例，将目前的（10，15）调整为（0，25）或者（25，0），同时对应调整经验总量初始值，仿真结果如图10-26所示。三种组合方案仿真结果中，新手员工比例越高，员工经验均值越低，人因差错率越高，这也符合安全管理实践，因此要保持合理的新老员工比例。

③调整初始财务状况

从5.4.2节的极限检验可知，初始财务状况对仿真期安全绩效发展趋

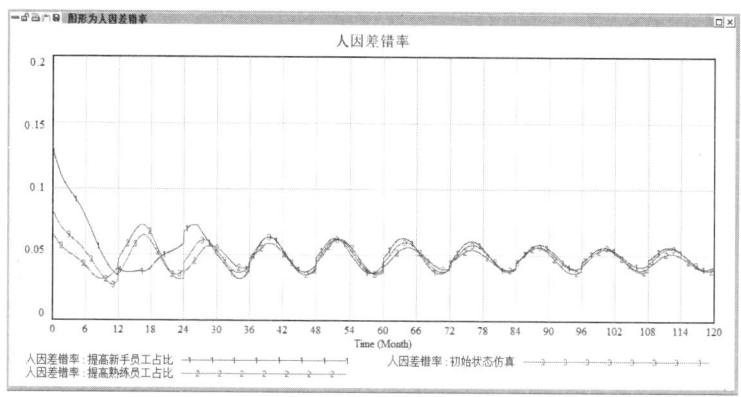

图 10-26（a） 调整新老员工比例——人因差错率变化趋势

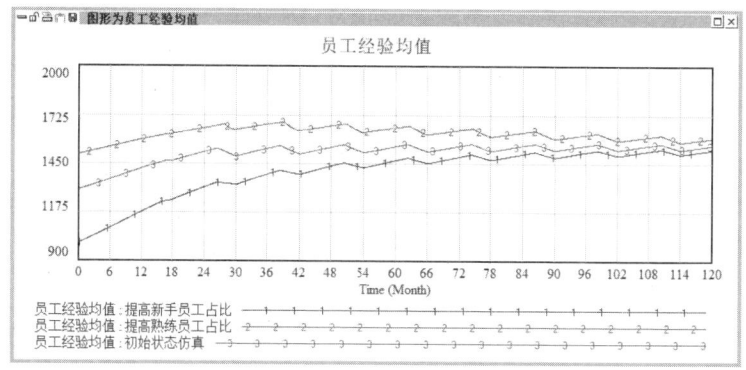

图 10-26（b） 调整新老员工比例——员工经验均值变化趋势

势有很大影响。Z 指数越低，代表企业财务压力越大，决策者对安全风险的关注度会越低，也即安全管理承诺越低，进而对聘用、培训及其他安全管理实践的投入度也越低，人因差错率也会越高。

（4）变量影响指数

系统中，影响指数代表某一变量对其他变量的应急响应水平，表征水上机场安全管理过程对特定安全事件及风险水平的反应强度。模型中共有财务优先指数、业务优先指数、安全优先指数及员工事件学习指数等，分别代表决策者和员工对财务压力、业务压力、安全压力的反应强度。

①调整员工事件学习指数

初始状态中，员工事件学习指数为 0.8，分别降低 50%调整为 0.4，增加 50%调整为 1.2，仿真结果如图 10-27 所示。三种方案的仿真结果中，相对初始状态，指数为 1.6 时，对安全管理承诺、员工安全承诺和人因差错率的综合作用强度为（11.26%，4.36%，-3.71%），人因差错风险有小幅下降；指数为 0.4 时，综合作用强度为（-38.15%，-21.67%，36.71%），人因差错风险有大幅度提高。因此，应保证员工对于安全事件的较高反应强度。

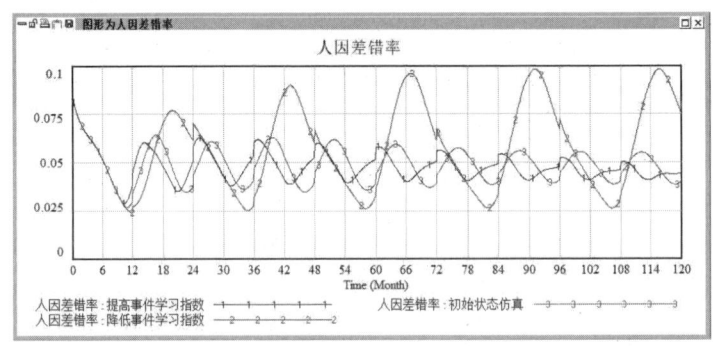

图 10-27（a） 调整员工事件学习指数——人因差错率变化趋势

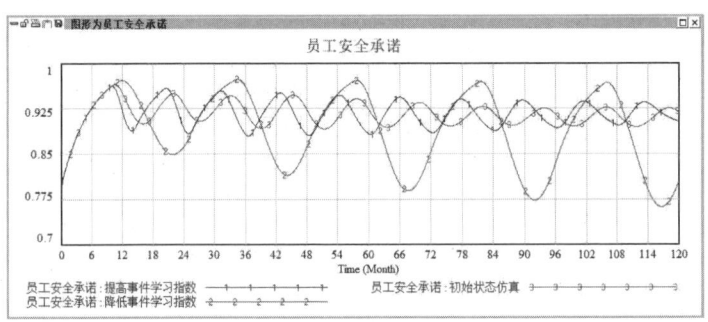

图 10-27（b） 调整员工事件学习指数——员工安全承诺变化趋势

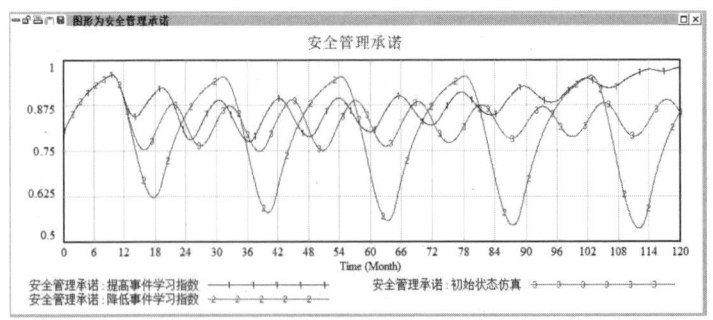

图 10-27（c） 调整员工事件学习指数——安全管理承诺变化趋势

②调整安全管理承诺相关影响指数

初始状态中，财务压力、业务量压力和安全压力对安全管理承诺的影响指数为（0.4，0.4，2.0），同步降低50%调整为（0.2，0.2，1.0），同步增加50%调整为（0.6，0.6，3.0），仿真结果如图10-28所示。三种方案的仿真结果中，相对初始状态，提高影响指数时，对安全管理承诺、员工安全承诺和人因差错率的综合作用强度为（5.68%，3.42%，-2.35%），人因差错风险有小幅下降；降低影响指数时，综合作用强度为（-3.12%，-1.53%，1.39%），人因差错风险有小幅度提高。因此，体系对影响指数的同步升降不够敏感。按照类似操作，异步调整财务、业务量和安全的影响指数，仿真结果展现了财务、安全绩效目标的互斥和统一，有利于优化反应强度。

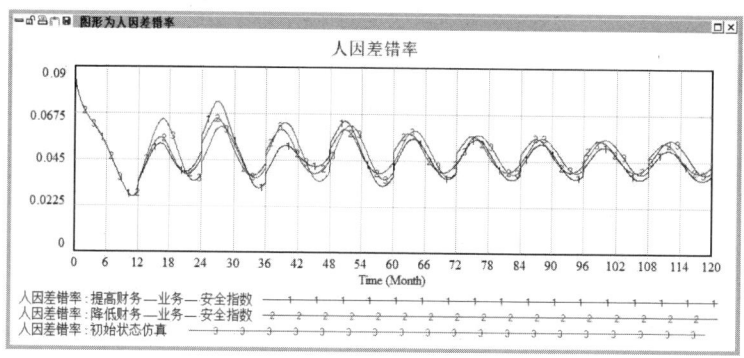

图10-28（a） 调整财务—业务—安全影响指数——人因差错率变化趋势

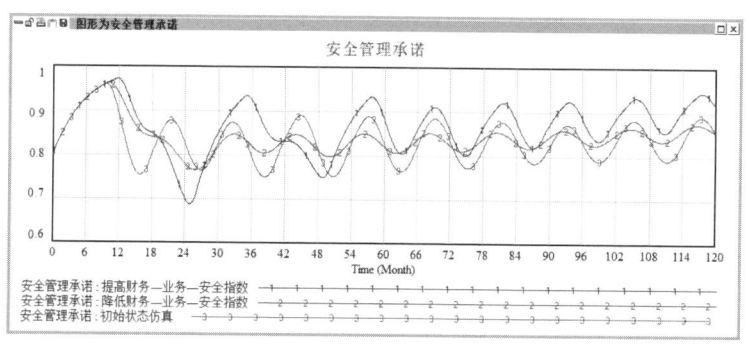

图10-28（b） 调整财务—业务—安全影响指数——安全管理承诺变化趋势

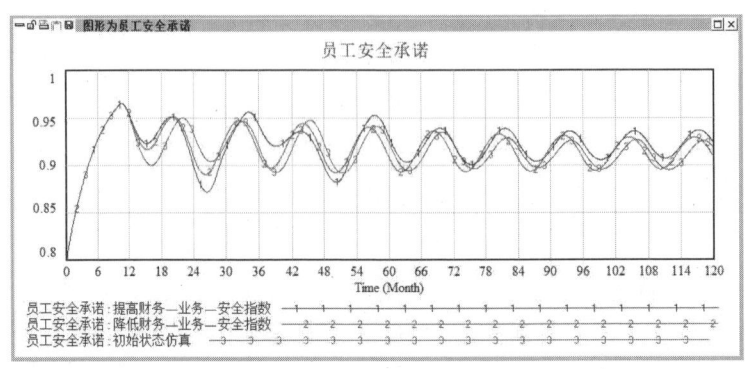

图 10-28（c） 调整财务—业务—安全影响指数——员工安全承诺变化趋势

10.5.3 作用效果分析

从仿真结果来看，围绕员工经验、业务量压力和安全自律等 PSFs，安全标准、响应周期、响应强度、初始资源这四类变量对水上飞机起降过程中员工安全绩效（人因差错率）影响显著。其中，安全承诺、人因差错率等安全标准参考值对人因差错风险的作用效果最大，其次是招聘、培训、晋级等安全管理实践活动的响应周期，员工事件学习指数、安全管理承诺相关影响指数等响应强度变量，以及员工离职率、员工数量初始值、初始财务状况等初始资源状态变量。

究其原因，主要在于能够通过安全标准参考值确定安全相对值，安全相对值通过多个路径对人因差错风险产生影响。例如，员工安全承诺相对值通过 12 条路径作用于人因差错率，叠加耦合效应明显，典型作用路径如下：①↑员工安全承诺→↑员工安全承诺相对值→↓APOA 安全自律→↓人因差错率；②↑员工安全承诺→↑（参考值）员工安全承诺相对值→↑工作中安全经验增加强度→↑培训增加经验量→↑员工经验总量→↑员工经验均值→↑员工经验相对值→↓APOA 员工经验→↓人因差错率；③↑员工安全承诺→↑员工安全承诺相对值→↓员工安全承诺对离职影响→↓新手离职→↑新手员工→↑员工总数→↑允许业务量→↓业务量压力→↓APOA 业务量压力→↓人因差错率。

安全管理承诺和人因差错率属于不同的组织层级，跨层次作用路径较长，但作用路径叠加，过程较为复杂，主要的作用路径有两类，分别经过员工安全承诺和培训子模块：①↑安全管理承诺→↑安全管理相对值→↑

培训强度→↑培训增加经验量→↑员工经验总量→↑员工经验均值→↑员工经验相对值→↓APOA员工经验→↓人因差错率；②↑安全管理承诺→↑安全管理相对值→安全管理影响强度→↑员工承诺改变压力→↑安全承诺目标值→↑员工安全承诺变化率→↑员工安全承诺→……→↓人因差错率。

人因差错率的参考值代表水上机场决策者对于差错率的容忍程度，按照"风险接受准则"，参考标准定得越高，差错率的相对值也会越高，对安全管理承诺、员工的风险影响强度及财务压力等都有会有直接影响。影响路径较短，且多路径叠加，典型作用路径如下：①↑人因差错率→↑人因差错率相对值→↑风险影响强度→↑员工承诺改变压力→↑安全承诺目标值→↑员工安全承诺变化率→↑员工安全承诺；②↑人因差错率→↑人因差错率相对值→↑人因差错对安全管理承诺影响度→↑安全管理承诺变化压力→↑安全管理承诺目标值→↑安全管理承诺变化→↑安全管理承诺；③↑人因差错率→↑人因差错率相对值→↑安全风险相对值→↓Z值增加量（↑Z值减少量）→↓Z值增加速率（↑Z值减少速率）→↓（↑）Z指数。

招聘、培训、晋级等的周期值对人因差错率的作用路径较短，主要路径均通过员工经验均值或业务量压力变量，典型作用路径如下：①↓招聘周期→↑招聘补充→↑招聘增加经验量→↑员工经验总量→↑员工经验均值→↑员工经验相对值→↓APOA员工经验→↓人因差错率；②↓培训周期→↑培训强度→↑培训增加经验量→↑员工经验总量→↑员工经验均值→↑员工经验相对值→↓APOA员工经验→↓人因差错率；③↓晋级周期→↑新手晋级→↑熟练员工→↑员工总数→↑允许业务量→↓业务量压力→↓APOA业务量压力→↓人因差错率。

员工安全承诺是模型的核心变量，员工事件学习指数对员工安全承诺的作用路径较短：↑员工事件学习指数→↑风险影响强度→↑员工承诺改变压力→↑安全承诺目标值→↑员工安全承诺变化率→↑员工安全承诺→……→↓人因差错率。对于财务压力、业务量压力和安全压力的响应强度，要进行适度调整，避免高响应强度在上述压力降低情境下出现松弛现象。充足的人力资源和财务资源能够缓解业务量压力和财务压力，进而提高水上机场安全管理承诺，尤其是仿真结果显示，初始阶段的人力、财务资源状况，会对人因差错率产生持续影响。

第11章
水上机场安全监管风险的演化博弈分析

按照前述章节分析，水上机场运行安全体系是典型的复杂社会技术系统，跑道安全事故是系统中多因素耦合叠加产生的涌现现象。依据风险致因的系统迁移模型，风险事件是由于系统中主体行为在效率梯度和效益梯度共同作用下对正常状态的偏离[165]。因此，在对风险因素及作用关系分析的基础上，应该关注水上机场运行系统中的行为主体及行为策略背后的决策逻辑，演化博弈理论为此类分析提供了思路。同时，组织风险建模原则认为风险分析是多层框架[174]，前述章节分别从微观作业层、中观的组织管理层进行风险演化研究，还需要更为宏观的研究视角。鉴于此，本章从宏观的行业安全监管层面，分析民航和海事等安监机构、水上机场管理决策层、作业层员工等主体行为决策过程，并运用系统动力学进行建模仿真，提出优化对策。

11.1 水上机场安全的利益相关方

水上机场跑道侵入事故是多主体行为共同作用的结果，包括飞行员、管制员、安全员等作业层员工的疏忽或违规操作，水上机场管理决策层的安全资源投入及安全措施遵守和落实，以及各级民航/海事安监机构的安全审计和安全监管。同时，水上跑道安全事故也会对安监机构、管理决策层、作业层员工等各主体产生影响。飞行员、管制员、安全员、机务员等作业层员工可能会在事故中受到人身伤害，同时需承担疏忽或违规行为对应的法律责任以及由此导致的职业生涯损失；安全事故造成的财产损失和人身伤害需要由水上机场承担，主要管理决策层和安全负责人需承担相应的法律责任；以国家和地方民航局/海事局、安监局为代表的行业政府则承担行业监管责任。水上跑道安全体系各参与主体的利益诉求并不一致，行为策略之间存在冲突。安全监管运用行政强制力量，对安全进行监督与管制，是调和各方责任义务的有效工具，是安全管理实践的重要组成部分。

我国民用航空领域依托各级民航管理部门，借鉴国际民航组织相关规章，针对运输航空业的机场、航空公司及空管机构，形成了较为完善的安全监管与安全审计体系。该体系包括系列法规及组织保障体系，法规体系包括《民用航空法》《安全生产法》《中国民航航空安全方案》《民用航空安全管理规定》《民用航空器事故和飞行事故征候调查规定》《中国民用航空安全审计指南》《航空公司安全审计手册》等，此外，还包括由国家民航局各职能部门颁布的管理程序（AP）、咨询通告（AC）、管理文件（MD）、工作手册（WM）和信息通告（IB）等民航规范性文件。组织保障体系包括国家和各级地方民航局设立的航空安全办公室，负责监督检查民航企业贯彻执行安全生产方针、政策、法律、法规、规章、标准、指令以及安全工作部署的情况。很长时期以来我国通用航空产业规模较小，不是民航机构安全监管的重点。面对近几年通用航空产业迅猛发展及事故高发态势，国家民航局提出要加强安全监管体系建设，促进通用航空安全有序发展。目前，针对通用航空企业的安全监管尚处于逐步完善阶段，安监机构能否严格监管、水上机场能否落实安全规程、作业层员工能否遵守标准操作规程（SOP），需要有完善的监管制度设计。各级民航管理机构作为通航安全监管主体，如何充分发挥安全监管作用，减少通航公司的违规行为，避免作业层员工的违规操作，杜绝水上跑道侵入等通航事故，是亟待研究的问题。

11.2 演化博弈分析方法

11.2.1 演化博弈理论的应用

关于如何建立科学的安全监管机制，学者们采用多种方法进行了研究。因为安全绩效是监管部门、水上机场、作业层员工之间基于核心利益和策略集合频繁博弈的结果，许多学者从博弈论的角度围绕安全监管问题进行了研究。

文军基于演化博弈论研究了航空运输安全生产监管过程，求解和分析了监管博弈的纯策略和混合策略纳什均衡,认为应该对事故率高的航空公司重点抽查[264]。王永刚、江涛等基于不完全信息假设,构建了民航安全监管的演化博弈模型,分析了航空公司与政府安监部门间的监管博弈关系,研究结果表明安全投入、监管成本、航空公司规模等因素对博弈产生重要影响[119]。程敏等在有限理性前提下的演化博弈分析框架,就政府安全监管部门对建筑企业监管策略进行建模,借助系统动力学模型探讨了科学的建筑安全监管策略[120]。王永刚、吴立鹏等构建了航空公司不安全事件处罚的演化博弈模型,并采用系统动力学方法进行模型仿真,研究结果显示安监机构应采取适宜的处罚力度,同时加大奖励额度,增加监管频次[267]。演化博弈和 SD 仿真结合研究安全监管问题,已经形成较为成熟的范式。

上述多数研究博弈参与主体只包括两方:政府安全监管机构和航空公司、煤矿企业、建筑企业等监管对象,忽略了作业层员工的收益和策略分析。在建筑、煤矿等劳动密集企业,作业层员工准入门槛低,可替代性强,议价能力弱,通常只作为生产安全事故损害的被动接受者,无须承担额外的法律处罚或职业损失,因此,其行为策略通常与企业保持高度一致。而水上机场的飞行员、管制员、安全员等作业层员工,存在严格的资格准入,且对侵入事故承担直接责任,当水上机场存在违规操作时,其行为策略并不总是与水上机场管理决策层一致。作业层员工遵守 SOP 直接影响最终安全绩效,接受管理决策层和安监机构的双重监管。

综上,本章对安全监管机构、水上机场、作业层员工三方在水上机场运行过程中的安全策略和收益进行演化博弈分析,在当前通用航空产业迅猛发展但安全监管体系尚不健全的条件下,可以为完善和建立我国通用航空安全监管体系提供理论借鉴。

11.2.2 演化博弈分析的思路

演化博弈理论最早源于生物学研究领域,分析不同物种间的冲突与合作博弈行为,学者们研究发现经历重复博弈后,物种演化结果不以任何理性假设为前提。学者将经典博弈理论与动态演化分析相结合提出演化博弈理论[268],并将其应用范围拓展至经济学、管理学、社会学、政治学等领域。不同于经典博弈模型,演化博弈以有限理性的群体参与者为研究对象,利用动态分析法将群体行为的各类影响因素纳入分析模型,并分析参与群体的行为策略演化趋势。演化博弈突出优势体现在：以群体行为为研究对象，参与者有限理性更契合现实系统，研究行为策略的动态演化过程，可以分析复杂系统的稳态及演化路径。

演化博弈理论的核心是复制动态和演化稳定策略（ESS），前者是博弈参与主体进行学习和策略调整所依据的原则，后者是博弈参与主体的群体稳定性和演化趋势的策略性体现[269]。复制动态方程的微分形式为：

$$\frac{dx_i(t)}{dt}=[f(s_i,x)-f(x,x)]x_i \quad (11-1)$$

可以看出，如果群体中选择纯策略 s_i 的个体得到的收益少于群体平均收益，那么该类个体在群体中所占比例会随着时间不断减少；反之，若大于群体平均收益，则该类个体比重将不断增加；与此同时，群体中各类纯策略个体所占比例也会随之变动，比例变动会进而影响各类纯策略个体的收益，若选择纯策略 s_i 的个体收益等于群体平均收益，则选择该纯策略的个体比例保持稳定。对于演化博弈系统中某个群体（博弈参与主体），若其所采用的某一博弈策略可抵抗任何微小波动而保持稳定，不向其他策略转移，也即该策略的期望收益恒高于其他策略收益，则该策略即为演化博弈的演化稳定策略。

常见的演化博弈研究仅包含两个参与者，也有研究者基于现实问题需求，提出三方演化博弈分析框架，申亮研究公共服务外包中的协作过程中，政府监管、公众参与、外包商努力演化均衡状态的达成条件[270]，赵贤利研究民航机场跑道安全保障过程中，行业政府、民航机场、航空公司三方的演化博弈均衡条件[116]，两者的研究都选择了将演化博弈与系统动力学仿真相结合。上述多主体演化博弈分析通常会借助 SD 对博弈模型进行仿真分析：模型构建要对博弈参与各方的收益函数等做出假设，并以此为基础求模型的均衡解；将演化博弈模型转化为对应的 SD 模型，通过调整系统结构及外部变量，进行策略仿真分析。

11.3　水上机场安全监管风险的演化博弈建模

11.3.1　演化博弈假设

对于三方演化博弈参与主体：安全监管机构、管理决策者（代表水上机场公司）、作业层员工（包括飞行员、管制员、安全员、机务员等）而言，各群体参与者都是有限理性，无法掌握完整信息做出最优决策，同时都以各自收益最大化为决策准则，都会在多次重复动态博弈过程中调整和优化各自策略选择。

（1）三者之间的博弈可采用战略式表述：$G=\{S, U\}$。

（2）博弈的参与主体集合 $i=(1,2,3)$，即安监机构（$i=1$）、水上机场（$i=2$）、作业层员工（$i=3$）。

（3）假定参与主体 i 的纯战略空间为 s_i，$S_i=(S_{i1}, S_{i2})$，$i=1,2,3$。其中，安全监管机构的纯战略为（严格监管，不严格监管），水上机场管理决策层的纯战略为（落实安全规范，不落实安全规范）、作业层员工的纯战略为（遵守 SOP，不遵守 SOP）。水上机场落实安全规范，作业层员工遵守 SOP，共同控制水上跑道侵入风险，民航/海事等安监机构负责监督落实安全规章。

（4）安监机构、管理决策层、作业层员工等的收益函数为 $u_i(s_1, s_2, s_3)$，$i=1,2,3$。三个参与者支付和收益的基本假设如下：

假设 1：安监机构对水上跑道安全风险进行外部监管，监管成本为 G_c，若不实施监管，则不产生成本。

假设 2：水上机场落实安全规范体现在安全投入和依规作业方面，需要进行人力、设备设施等安全资源投入，投入安全资本的当期分摊为 A_c，依规作业会因为良好的安全绩效产生溢出效应，吸引更多业务量，安全溢出为 A_y，当水上机场进行违规作业时，例如，气象水文条件不具备时进行起降作业，机械设备不进行定期保养检修等，会产生违规收益 A_w。

假设 3：安监机构与水上机场之间的博弈，安监机构对水上机场落实安全规范情况进行监管，若水上机场完全落实安全规范，则进行奖励 G_{jcjl}，反之，则进行处罚 G_{jccf}。

假设 4：安监机构与作业层员工之间的博弈，安监机构对作业层员工遵守 SOP 情况进行外部监管，若作业层员工遵守 SOP，则进行奖励 G_{grjl}，反之，则进行处罚 G_{grcf}。

假设 5：水上机场与作业层员工之间的博弈，水上机场对作业层员工进行内部监管，监管准则是员工与机场决策的"一致性"，例如，在起降条件不具备情况下，机场下达起降指令，飞行员是否遵照执行，若接受指令"合谋"违规,则机场对员工进行"合谋"奖励 A_{gmjl},反之,进行"合谋"处罚 A_{gmcf};同样,机场决定符合安全规范运行前提下,员工遵守 SOP,则机场对员工进行"合规"奖励 A_{hgjl},反之,则要实施"合规"处罚 A_{hgcf}。

假设6:水上跑道侵入事故责任追究,责任追究是安全监管事后处罚手段,也是安全监管的重要构成部分。若发生侵入事故,需按承担责任,对水上机场安全监管体系三方进行处罚,若安监机构没有实施监管,则需要承担监管责任 G_{sg},若水上机场没有落实安全规范,则需承担事故损失 A_{sg}(假设有完善的航空保险,非责任事故可以进行理赔),若作业层员工没有遵守SOP,则需承担事故责任 E_{sg}。侵入事故发生概率是员工和机场违规概率的函数,与安监机构监管强度不直接相关。

11.3.2 博弈模型的收益函数分析

根据上节对于博弈参与主体策略集合、支付及收益的假设,可以得到安监机构、水上机场、作业层员工等三方的收益函数矩阵。当三方采取不同的策略组合时,表11-1中的函数项分别对应三方的收益函数表达式。

博弈三方选择混合策略的概率分布分别为:安监机构(α,1-α),水上机场(β,1-β),作业层员工(γ,1-γ),其中α,β,$\gamma \in [0,1]$。假设民航/海事安监机构选择"严格监管"和"不严格监管"两种策略的期望收益分别为 U_α 和 $U_{1-\alpha}$,根据表11-1中安监机构的收益函数表达式可得到:

$$U_\alpha = \beta\gamma(-G_c-G_{jcjl}-G_{grjl})+\beta(1-\gamma)(-G_c-G_{jcjl}+G_{grcf})+$$
$$(1-\beta)\gamma(-G_c+G_{jccf}-G_{grjl})+(1-\beta)(1-\gamma)(-G_c+G_{jccf}+G_{grcf})$$
$$=(G_{grjl}+G_{grcf})(1-\beta-\gamma)-G_c$$

(11-2)

$$U_{1-\alpha}=\beta(1-\gamma)(-G_{sg})+(1-\beta)\gamma(-G_{sg})+(1-\beta)(1-\gamma)(-G_{sg})$$
$$=(1-\beta\gamma)(-G_{sg})$$

(11-3)

表 11-1 水上机场安全监管博弈矩阵

		水上机场			
		落实安全规范 S_{21}		不落实安全规范 S_{22}	
		作业层员工		作业层员工	
		遵守 SOP S_{31}	违反 SOP S_{32}	遵守 SOP S_{31}	违反 SOP S_{32}
安监机构	严格监管 S_{31}	$-G_c-G_{jcjl}-G_{grjl}$ $-A_c+A_y-A_{hgjl}+G_{jcjl}$ $A_{hgjl}+G_{grjl}$	$-G_c-G_{jcjl}+G_{grcf}$ $-A_c+A_{hgcf}+G_{jcjl}$ $-A_{hgcf}-G_{grcf}-E_{sg}$	$-G_c+G_{jccf}-G_{grjl}$ $A_{gmcf}-G_{jccf}-A_{sg}$ $-A_{gmcf}+G_{grjl}$	$-G_c+G_{jccf}+G_{grcf}$ $A_{gmjl}+A_w-G_{jccf}-A_{sg}$ $A_{gmjl}-G_{grcf}-E_{sg}$
	不严格监管 S_{32}	0 $-A_c+A_y-A_{hgjl}$ A_{hgjl}	$-G_{sg}$ $-A_c+A_{hgcf}$ $-A_{hgcf}-E_{sg}$	$-G_{sg}$ $A_{gmcf}-A_{sg}$ $-A_{gmcf}$	$-G_{sg}$ $A_{gmjl}+A_w-A_{sg}$ $A_{gmjl}-E_{sg}$

由此，安监机构的期望平均获益 U 为：

$$U = \alpha U_\alpha + (1-\alpha) U_{1-\alpha} \qquad (11-4)$$

在某一时刻 t，民航/海事安监机构对水上机场安全监管的概率为 α，则在下一时刻 α 的变化率取决于以下因素：上一步长周期采取"严格监管"纯策略的概率 α，以及严格监管纯策略收益与期望平均收益的差距[271]，也即取决于复制动态方程的取值。根据式（11-1）和表 11-1，民航/海事安监机构收益函数的复制动态方程表达式为：

$$\frac{d\alpha}{dt} = G(\alpha, \beta, \gamma) = \alpha(1-\alpha)(U_\alpha - U_{1-\alpha})$$

$$= \alpha(1-\alpha)[G_{sg} - G_c + G_{jccf} + G_{grcf} + \gamma(-G_{grjl} - G_{grcf}) + \beta(-G_{jcjl} - G_{jccf}) - \beta\gamma G_{sg}]$$

$$(11-5)$$

遵循类似推导过程，可得到水上机场和作业层员工的收益函数复制动态方程，见式（11-6）和式（11-7）。

$$\frac{d\beta}{dt} = A(\alpha, \beta, \gamma) = \beta(1-\beta)(U_\beta - U_{1-\beta})$$

$$= \beta(1-\beta)\{[-A_c + A_{hgcf} + \gamma G_{jcjl} + \alpha(A_y - A_{hgjl} - A_{hgcf})] - [-A_{gmjl} + A_w - A_{sg} + \gamma(-G_{jccf}) + \alpha(A_{gmcf} + A_{gmjl} - A_w)]\}$$

$$= \beta(1-\beta)[A_{hgcf} + A_{gmjl} + A_{sg} - A_w - A_c + \gamma(G_{jcjl} + G_{jccf}) + \alpha(A_y + A_w - A_{hgjl} - A_{hgcf} - A_{gmcf} - A_{gmjl})]$$

$$(11-6)$$

$$\begin{aligned}\frac{d\gamma}{dt}&=E(\alpha,\beta,\gamma)=\gamma(1-\gamma)(U_\gamma-U_{1-\gamma})\\&=\gamma(1-\gamma)\{[-A_{gmcf}+\beta(A_{hgjl}+A_{gmcf})+\alpha G_{grjl}]-[A_{gmjl}-E_{sg}+\beta(-A_{hgcf}-A_{gmjl})+\alpha(-G_{grcf})]\}\\&=\gamma(1-\gamma)[(E_{sg}-A_{gmcf}-A_{gmjl})+\beta(A_{hgjl}+A_{gmcf}+A_{hgcf}+A_{gmjl})+\alpha(G_{grjl}+G_{grcf})]\end{aligned}$$
(11-7)

11.3.3 博弈模型的均衡解

联立安监机构、水上机场、作业层员工等演化博弈参与主体收益函数的复制动态方程[116]，令：

$$f(\alpha,\beta,\gamma)=\begin{cases}G(\alpha,\beta,\gamma)\\A(\alpha,\beta,\gamma)=0\\E(\alpha,\beta,\gamma)\end{cases} \quad (11-8)$$

将前述求得的复制动态方程代入式（11-8），得：

$f(\alpha,\beta,\gamma)=$
$$\begin{cases}\alpha(1-\alpha)[G_{sg}-G_c+G_{jccf}+G_{grcf}+\gamma(-G_{grjl}-G_{grcf})+\beta(-G_{jcjl}-G_{jccf})-\beta\gamma G_{sg}]\\\beta(1-\beta)[A_{hgcf}+A_{gmjl}+A_{sg}-A_w-A_c+\gamma(G_{jcjl}+G_{jccf})+\alpha(A_y+A_w-A_{hgjl}-A_{hgcf}-A_{gmcf}-A_{gmjl})]=0\\\gamma(1-\gamma)[(E_{sg}-A_{gmcf}-A_{gmjl})+\beta(A_{hgjl}+A_{gmcf}+A_{hgcf}+A_{gmjl})+\alpha(G_{grjl}+G_{grcf})]\end{cases}$$
(11-9)

求解以上方程组可得，安监机构、水上机场、作业层员工均有0，1两个策略选择，可得到8个有效解：（0，0，0），（0，0，1），（0，1，0），（0，1，1），（1，0，0），（1，0，1），（1，1，0），（1，1，1）。上述有效解均处于三维策略组合空间的顶点，也是易于解释的策略组合。在这8种有效解所表达的策略组合中，博弈三方不会主动改变策略，博弈暂时处于均衡状态，但方程求解无法表达演化路径，对于监管部门、水上机场和作业层员工的策略选择仍然具有较强不确定性。此外，在三维策略组合空间中，还存在非顶点的第9个均衡策略解，但因为联立方程包含未知数（α，β，γ）的二次项，均衡解表达式的解释能力较弱。鉴于上述分析，利用系统动力学理论，基于前文收益函数关系建立三方演化博弈模型，动态仿真不同博弈初始值对博弈演化过程的影响，分析监管系统中各方的均衡策略。

11.4 水上机场安全监管博弈的 SD 仿真分析

11.4.1 演化博弈的 SD 建模

(1) 构建系统流图

依据演化博弈分析框架,构建系统动力学模型。模型转化过程中,演化博弈模型中的收益支付变量转化为系统动力学模型中的辅助变量,概率分布对应水平变量,复制动态方程对应速率变量。运用 SD 仿真软件 Vensim PLE 构建三主体演化博弈的系统流图,将在不同策略间转换的比例设为变化率,可以更为直观地分析监管系统中收益支付变量的作用效果以及主体策略选择的演化路径,分析安监机构、水上机场、作业层员工之间的作用关系。水上机场安全监管演化博弈的 SD 流图如图 11-1 所示。

作业层员工受安监机构和水上机场双重监管和管理。安监机构对作业层员工的监管和奖惩准则是"遵守 SOP",水上机场对员工的管理和奖惩准则是"与机场行动策略一致"。例如,当水上机场选择"不落实安全规范"条件下,期望员工选择"不遵守 SOP",与机场违规"合谋"保持一致,员工得到"合谋奖励",否则员工得到"合谋处罚";当水上机场选择"落实安全规范",期望员工选择"遵守 SOP",与机场"合规"策略保持一致,员工得到"合规奖励",否则员工得到"违规处罚"。

(2) 确定方程式

该模型包括 6 个流位变量、3 个流率变量、20 个中间变量(其中包括 8 对收益变量)、13 个外部变量。

以水上机场为例,主要方程如下:

机场不落实安规 NLS=INTEG(-落实变化率 ULS,INITIAL)

机场落实安规 LS=INTEG(落实变化率 ULS,INITIAL)

落实变化率 ULS=(落实期望收益 LSI-不落实期望收益 NLSI)/ABS(不落实期望收益 NLSI+落实期望收益 LSI)

不落实期望收益 NLSI=机场落实安规 LS×机场不落实安规 NLS×"LS/BLS 期望收益差 LSC"

落实期望收益 LSI=违规处罚-合规奖励+监管奖励-落实成本+安全溢价

不落实期望收益 NLSI = 合谋处罚 + 违规额外收益 - 事故损失 - 监管处罚 - 合谋奖励

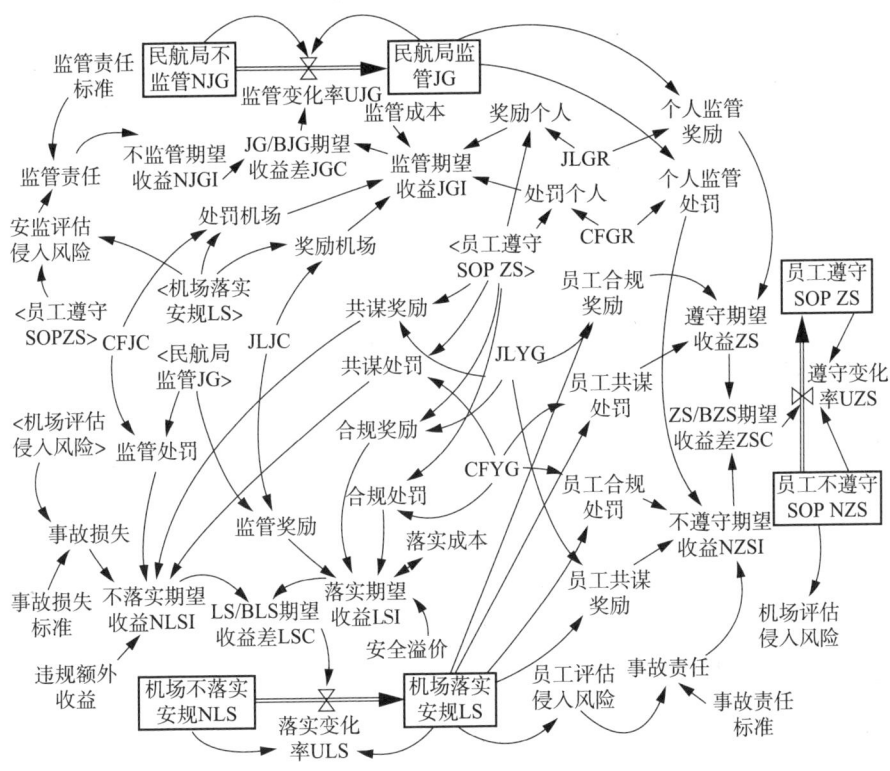

图 11-1　水上机场安全监管演化博弈的 SD 流图

安监机构的监管责任、水上机场的事故损失、员工的事故责任是相应的责任标准与各自评估的侵入风险的乘积，各自评估侵入风险与博弈参与主体的策略有关：

机场评估侵入风险 = (员工不遵守 SOP NZS + 1)/100

员工评估侵入风险 = (机场不落实安规 NLS + 1)/100

安监评估侵入风险 = (ω × 机场不落实安规 NLS + (1 - ω) × 员工不遵守 SOP NZS)/100，$\omega \in [0, 1]$

同理，可以设定与安监机构和作业层员工相关的主要方程。

仿真周期及步长 INITIAL TIME = 0，FINAL TIME = 300，TIME STEP = 0.0625。

(3) 外部变量取值

外部变量主要包括监管奖励、处罚标准以及运营收益、安全投入、事故损失标准额等，其取值主要依照民航/海事监管和水上机场运营实践进行估算。此外，部分外部指标的取值参考了行业专家意见，如"安全溢价""落实成本""事故责任标准""监管责任标准""事故损失标准"等。各外部变量取值如表 11-2 所示，外部变量间关系存在以下约束：

①外部安全监管和内部监管的处罚标准大于奖励标准；

②内部监管过程，员工行动策略与组织一致，就有奖励收益，否则就受处罚；

③外部监管过程，既对水上机场进行监管，又对员工进行监管，监管准则为是否落实安全规范和遵守 SOP，内部奖励和处罚标准是对一致性的考量；

④违规额外收益大于安全溢价，但侵入事故损失远大于违规额外收益。

表 11-2 水上机场安全监管博弈 SD 模型外部变量取值

外部变量	取值	外部变量	取值
事故损失标准	5000 万元	机场奖励员工标准 JLYG	5 万元
监管责任标准	3000 万元	机场处罚员工标准 CFYG	10 万元
事故责任标准	200 万元	违规额外收益	50 万元
安监奖励机场标准 JLJC	100 万元	安全溢价	20 万元
安监处罚机场标准 CFJC	200 万元	落实安规成本	100 万元
安监奖励个人标准 JLGR	5 万元	安全监管成本	100 万元
安监处罚个人标准 CFGR	20 万元		

11.4.2 静态监管策略的仿真

根据 11.3 节演化博弈复制动态方程求解，安监机构、水上机场、作业层员工等博弈策略存在有效解 (0, 0, 0)，(0, 0, 1)，(0, 1, 0)，(0, 1, 1)，(1, 0, 0)，(1, 0, 1)，(1, 1, 0)，(1, 1, 1)，但这些有效解的稳定性需要通过 SD 进行仿真分析。当初始有效解为 (0, 0, 1) 时，假设安监机构、作业层员工的策略不变，而将水上机场的突变概率设置为

$\beta=0.01$ 时（也即 0.01 概率进行策略迁移），博弈演化过程如图 11-2 所示。

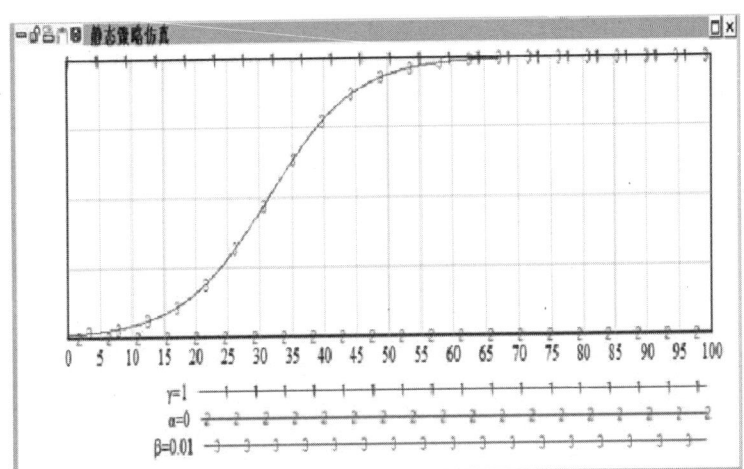

图 11-2　水上机场合规策略突变 $\beta=0.01$ 博弈演化趋势

图 11-2 显示水上机场以 $\beta=0.01$ 的较小概率进行策略调整，此时新的策略能产生较大收益，均衡策略组合由（0，0，1）演化为（0，1，1），采用同样的方法求证（0，1，1）的均衡性，令作业层员工遵守 SOP 概率 $\gamma=0.5$，三方博弈演化过程如图 11-3 所示。

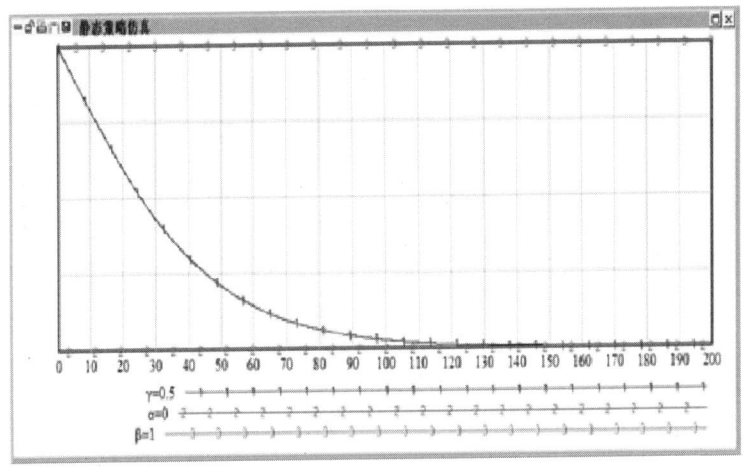

图 11-3　作业层员工遵守 SOP 概率 $\gamma=0.5$ 博弈演化趋势

图 11-3 显示（0，1，1）也不是演化博弈稳定均衡状态，当作业层员

工初始策略有所调整时,均衡策略组合由(0,1,1)演化为(0,1,0)。取系统初始值为(α,β,γ)=(0.5,0.5,0.5),仿真图如图11-4所示,员工有稳定策略选择,安监机构和水上机场都没有稳定均衡状态,在一定概率范围震荡,系统安全存在较大不确定性。

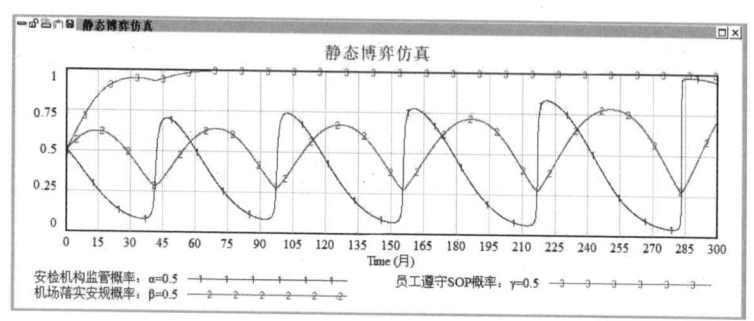

图11-4 三方初始策略概率为0.5时的博弈演化趋势

由前述分析可知,安全监管演化博弈系统存在多个不稳定均衡解,博弈主体的策略选择具有较强的不确定性,对水上机场运行安全监管具有不可预测性。尤其从图11-4中可以看出,演化博弈系统处于不稳定状态,若要寻找稳定均衡解,需要对安全监管策略进行调整。

11.4.3 动态监管策略的仿真

水上机场和作业层员工会根据各自收益进行策略选择,安监机构的动态监管策略主张依据安全风险水平和违规概率进行奖惩,将处罚额度调整为合规概率的函数,则$1-\beta$,$1-\gamma$可以表示水上机场不落实安规、员工不遵守SOP而诱发的水上跑道安全风险程度。安监部门对水上机场和作业层员工的动态经济处罚策略为$CFJC'=CFJC\times(1-\beta)$,$CFGR'=CFGR\times(1-\gamma)$。系统仿真初始值取值为$CFJC=200$(万元),$CFJC=20$(万元),在动态监管策略下的SD模型中加入中间变量$CFJC'$和$CFGR'$,取系统初始值为(α,β,γ)=(0.5,0.5,0.5),仿真结果如图11-5所示。

图11-5显示在动态监管策略下,安监机构、水上机场和作业层员工的博弈策略趋向稳定,逐步收敛于(α,β,γ)=(0.16,0.4,0.62)的纳什均衡点,也即在现有奖惩标准和制度设计条件下,安监机构监管意愿较低,水上机场落实安全规范的意愿很低,员工遵守SOP的概率较低。该均衡点并不能保证水上机场安全,水上跑道安全风险水平依然较高,需要对

支付标准及制度设计进行针对性调整。

但同时看到，在强化动态监管策略的条件下，系统达到了均衡，各方策略达到均衡。动态监管策略受水上机场和作业层员工策略选择概率的影响，当安监机构对水上机场和作业层员工实施动态监管策略，水上机场和作业层员工迫于经济处罚压力，对水上跑道安全风险的控制力度增大，水上机场、作业层员工以及安监机构存在三方演化稳定均衡。只需进一步对奖惩变量进行调整，就能使三方达到期望的安全监管状态。

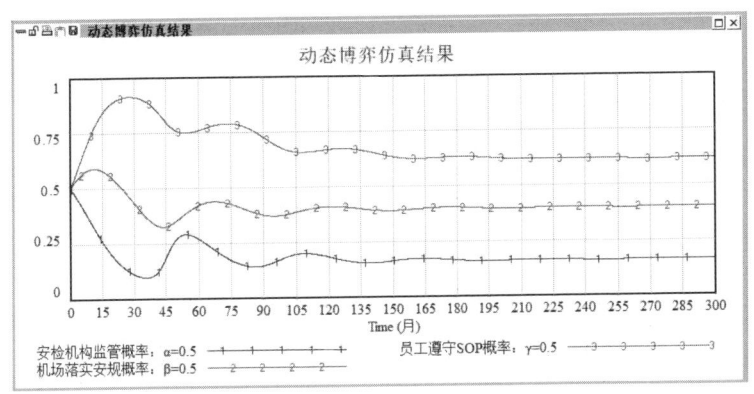

图 11-5 动态监管策略下三方博弈演化过程

11.4.4 外部变量的仿真

为改善水上机场安全监管实践，提升安全绩效，需要优化监管体系的策略集合。SD 模型中，优化策略仿真主要通过调整模型中外部变量取值以及辅助变量间关系来实现。

（1）加大事故追责力度

发生水上跑道侵入事故时，安监机构被追究监管责任，水上机场承担事故损失，作业层员工承担事故责任，三者承担责任标准为（3000，5000，200）。通过强化安全事故责任追究制度，对负责安全监督的公务员、水上机场负责人及作业层员工等个人进行追责，造成严重后果的重点责任人追究刑事责任。将事故责任标准折算为经济数额，标准提高到（6000，10000，400），仿真结果如图 11-6 所示。图 11-6 中，形成的均衡策略集为（0，1，1），意味着在事故追责力度足够大的条件下，安监机构可以不实施监管，水上机场和作业层员工为了避免事故后的高强度追责，而选择合规运行。这种场景设置印证了目前安全监管领域的一种代表性观点,"事后追责可以替代过程监管",但这只是理想状况,在实际安全监管过程中,还是需要安监机构的过程监管,实施有效的风险管控。

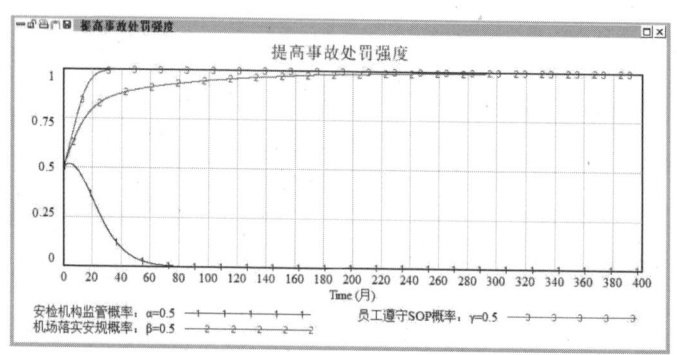

图 11-6 提高事故处罚强度的博弈演化过程

(2) 提高监管奖惩强度

安全监管机构监管过程中,若发现通用航空企业和作业层员工的违规行为,会对企业和个人进行处罚,反之则进行奖励。初始状态下,处罚强度为(200, 20),奖励强度为(100, 5),按照激励理论,刺激强度与应激反应成正比,加大奖惩力度,分别调整为(400, 40)和(200, 10),仿真结果如图 11-7 所示。稳定均衡解为(0.15, 0.51, 0.95),与初始奖惩标准仿真结果(见图 11-5)相比,作业层员工遵守 SOP 概率大幅提高,安全管理层落实安全规范的概率小幅提高,而安全监管机构监管概率下降,整体安全监管状况有所改善。

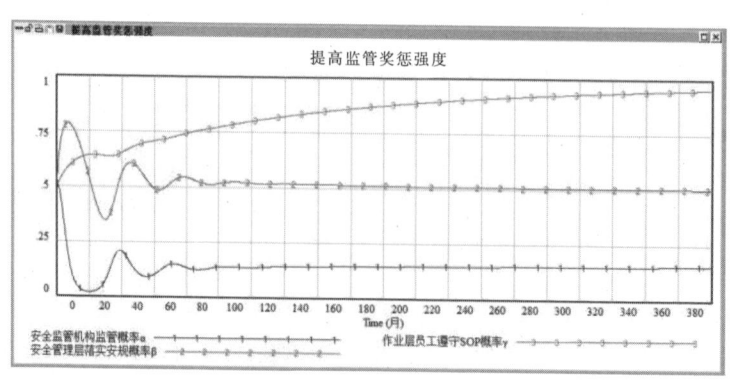

图 11-7 提高监管奖惩强度的博弈演化过程

第11章 水上机场安全监管风险的演化博弈分析

(3) 降低安全实现成本

水上机场落实安全规范，需要安全资源投入，产生安全落实成本，安监机构实施安全监管，需要支付安全监管成本，安全实现成本会影响水上机场合规和安检机构监管的概率。初始状态监管成本和安全实现成本都为 100 万元，通过财政增拨或者税收减免等方式，将之降为 50 万元，仿真结果如图 11-8 所示。与初始状态仿真结果（见图 11-5）相比，安监机构监管概率有了显著提高，水上机场落实安全规范的概率提高。

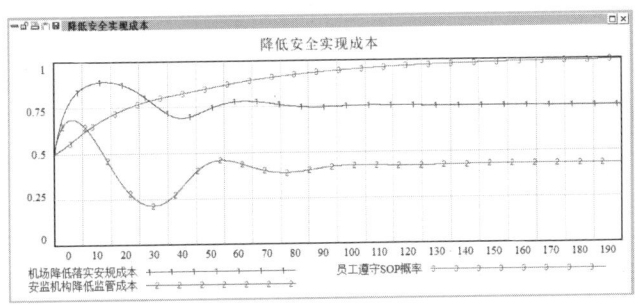

图 11-8 降低安全实现成本的博弈演化过程

(4) 调整内部监管强度

飞行员、空管员、安全员等作业层员工接受安监机构和水上机场双重监管，通过奖惩改变其策略选择。水上机场通过调整奖惩强度，要求员工行为策略与企业保持一致，尤其是"合谋"违规时，需要员工克服违规带来的成本压力，需要更高强度的奖惩进行驱动。将初始状态奖惩强度（5，10）调整为（10，20），仿真结果如图 11-9 所示。员工违反 SOP 的概率大幅度提升，可见内部监管强度对水上机场安全体系影响巨大。

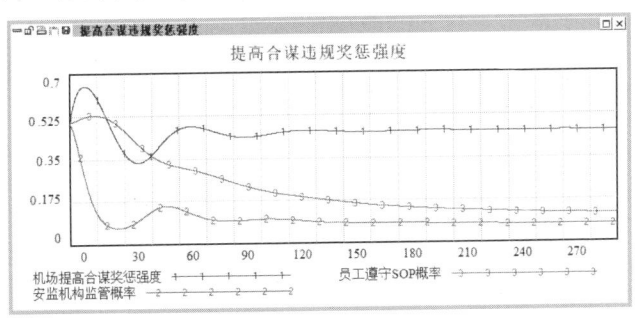

图 11-9 提高"合谋"违规奖惩强度的博弈演化过程

(5) 综合优化策略

水上机场安全监管体系各项参数的调整受到现实资源限制,不可能朝向降低体系风险方向无限制优化,因此,需要对多个参数进行综合调整。将事故责任标准提高到(5000,7000,300),外部监管处罚强度调整为(300,30),将奖励强度调整为(150,10),将监管成本和安规落实成本调整为75,仿真结果如图11-10所示。此时,形成均衡策略集(0,1,1),各方条件优化的前提下,能够达到演化博弈稳定均衡解。此种情况下,安监机构不用投入监管,水上机场和作业层员工完全合规运行和操作。此种状态的管理启示在于,决策层要对安监体系各变量进行逐步优化,从而达成体系最优。

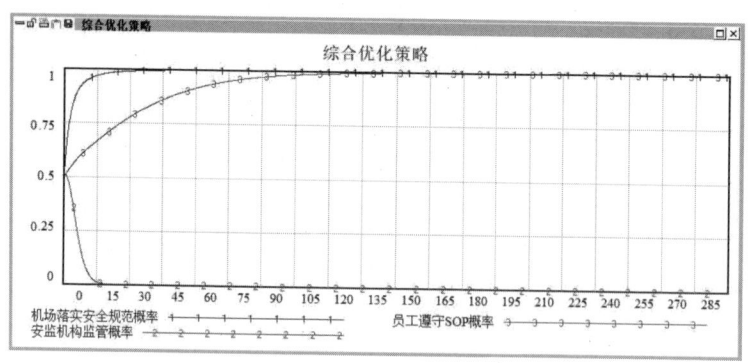

图 11-10 综合优化策略的博弈演化过程

11.4.5 基于监管博弈模型的侵入风险预警

民航安全监管机构的外部监管策略对水上机场和作业层员工的行为策略产生影响,水上机场落实安全规范的概率和作业层员工遵守 SOP 的概率对水上跑道侵入风险产生影响。在确定现行安全监管体系各项取值之后,可以通过仿真,对三方策略选择概率进行预测,并将员工违规概率、水上机场落实安规概率、安监机构监管强度作为风险影响因素,输入 BBN 风险评估模型中,对总体水上跑道侵入模型进行评估预警,也可以对上述指标划定预警阈值,进行单指标预测预警。

第12章 水上跑道侵入风险的动态预警模型

风险管理是识别、分析、评价和控制风险的循环过程，风险预警是将关口前移，根据关键风险指标变动情况，预测总体风险走势，并提出针对性风险管控预案。风险分析的多层框架中，起降作业层次属于事故近端，对水上跑道侵入风险场景的分析最为直观，组织安全管理是导致人员不安全行为和起降流程失序的深层原因，而外部安全监管是起降保障系统落实SMS的重要驱动力。因此，需要一个能够涵盖多层框架的风险预警模型，预测评估风险演化的动态过程。本章将在前述章节的基础上，将水上跑道侵入风险的风险评估模型、组织风险演化模型和安全监管博弈模型进行整合，综合运用多种建模工具和方法，构建水上跑道侵入风险动态预警模型（Dynamic Risk Early Warning Model For Water Runway Incursion，DREW-WRI），并以某水上机场一段时间的起降作业为例进行仿真分析。

12.1 水上跑道侵入风险动态预警模型的构建

12.1.1 高层结构图

本书第9、第10、第11章，利用贝叶斯网络、系统动力学、演化博弈理论分别构建了起降作业风险模型、组织安全管理风险模型、外部安全监管模型，三个模型分别属于三个层次：起降作业层、安全管理层、外部监管层。本部分将基于三个层次的互动关系，有效整合三个模型，描述侵入风险的动态演化过程，实现侵入风险的动态预警和管控。图12-1所示的是水上跑道侵入风险动态预警模型的高层结构图，涵盖起降作业、组织管理、安全监管三个子系统，子系统间通过变量交换实现互动关系。

由前文可知，水上机场运营过程需要均衡安全、财务、生产（业务量）三个绩效目标，其中安全并非水上机场唯一目标，也非最重要目标。三个目标相互作用和制约，形成反馈回路，包括安全管理承诺（安全文化）、安全管理系统（安全事件）、人因差错率（安全绩效）三个子系统。囿于组织资源限制，管理者对三个目标的关注和投入会有所差异，通常是某一目标压力越大，关注和投入会越大。组织安全管理承诺受到三个目标影响，如果财务压力过大，则管理者会将更多注意力放在营销和服务上；如果事故征候率高或者出现事故，则安全压力增大，导致管理者会增加对安全的关注和投入；如果旺季起降架次较多，也会导致对安全的关注减弱。

外部安监机构的安全监管也是水上机场进行安全投入、落实安全规范的重要驱动力，通过安全审计和对应的奖惩措施，有效督促水上机场合规运行。同时，外部安全监管对飞行员、管制员等作业层员工也有较强的约束力，可以根据员工安全绩效，执行职业资格的批准、审核与撤销，并在负面安全事件发生后，对相关责任人进行追责。三方在既定的奖惩框架下，进行演化博弈，最终确定监管强度、合规运行概率及遵章概率等。因此，外部安全监管模块与组织安全管理模块间存在互相作用关系。

起降作业模块基于概率风险分析思路，构建了 BBN 模型，定量分析人机环管等风险因素，并进行风险评估预警。起降作业模块的风险因素受另外两个模块的作用，同时，又将风险评价结果反馈给另两个模块，构成反馈循环回路。图 12-1 中间部分表示的是组织管理层面，左侧部分表示的外部安全监管层面，而右侧部分表示的是水上跑道起降作业的起降作业层面，包括人员因素、管理因素以及设施设备和环境等风险因素。

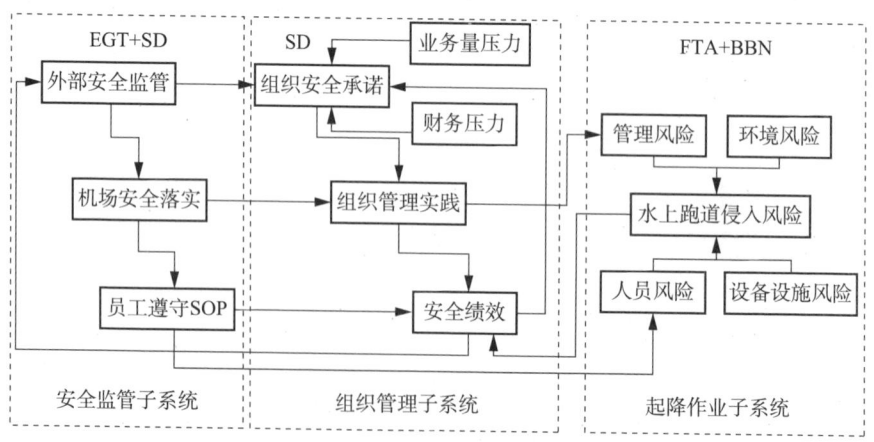

图 12-1　水上跑道侵入风险动态预警模型高层结构图

12.1.2 模型整合

系统动力学采用系统流图表达复杂系统中变量间相互作用关系，同时利用状态方程表达水平变量在时间序列上的变动和演化趋势，比较适合对组织进行建模仿真。然而该方法通常采用权重法表达多个风险因素（事件）对单个因素（事件）的作用强度，无法清晰表达多个因素（事件）间的条件概率分布，并给出事故发生的后果和概率，即对风险的传统描述略显不足；而基于概率风险评估（PRA）等方法表达的是风险因素或事件在某一时点上的连锁作用关系，虽然可以给出风险的大小，却不能实现因素间的反馈回路与动态联系，难以对风险系统进行动态建模分析。

关于建模方法，由前述建模原则 M 可知，水上飞机起降运行体系是一个类技术系统，有严格的操作规程，其组织保障体系是较为宽松的社会系统，应该采用不同的建模方法。起降作业执行流程较为明确，飞行员、管制员、安全员等主体间互动关系直观，变量（因素）间关系容易量化，因此采用传统概率风险分析方法建模。水上机场组织保障体系是一个复杂、开放且因素间因果关系不明确、因素耦合度高的社会系统，需要采用系统动力学等系统建模仿真分析方法。而演化博弈和系统动力学仿真对安全监管过程多主体基于收益的策略选择分析具有较好适用性。

不能因为建模方法限制而人为割裂各个子系统的客观联系，本研究前面章节已分别基于贝叶斯网络、系统动力学、演化博弈理论等方法对水上机场的起降作业、安全管理和安全监管系统分别构建了子模型，本节将依据各子系统变量间关系，建立整体的水上跑道侵入风险动态预警模型，如图 12-2 所示。风险动态预警模型的动态性体现在依托系统动力学实现的时间维度上各模块因素间的互相作用，模型的评估预警功能是基于 BBN 所构建的各层次事件间的条件概率作用。

（1）安全监管子系统与组织管理子系统（连接Ⅰ）

连接Ⅰ反映的是外部安监机构的监管强度对水上机场安全管理承诺的影响。在组织安全管理子系统中，假设安全管理承诺只受组织内部的财务压力、生产压力和安全压力三个变量影响，而在水上机场的实际运行中，来自组织外部的安全审计与安全监管，是驱动管理层重视安全管理的重要力量。安监机构的监管强度，作为外部变量，作用于"安全管理承诺变化压力"。

安全监管子系统中，水上机场"落实安全规范"概率与"安全管理承

"诺"具有表意相似性。两者的区别体现在前者代表安全资源投入和安全规范执行,是执行层面的概念,后者代表组织安全文化和氛围,代表对安全的态度和意愿,是战略层面的概念,安全管理承诺对落实安全规范有正向作用。落实安全规范可以看作内部安全监管,对员工行为产生影响,与聘用、培训等安全管理实践职能并列。

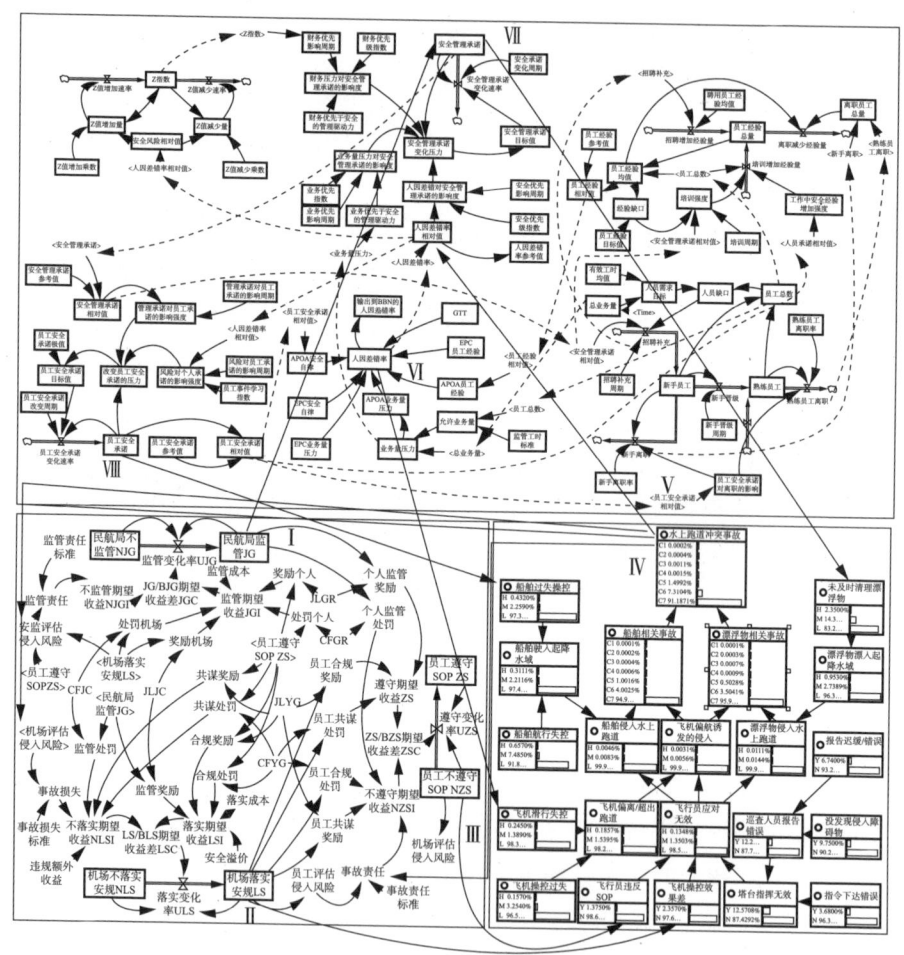

图 12-2 水上跑道侵入风险动态预警模型

(2) 安全监管子系统与起降作业子系统(连接Ⅱ、Ⅲ、Ⅳ)

连接Ⅱ反映的是机场落实安全规范强度(概率)对起降水域交通组织、飞行计划变更频度、沟通与信息交流、现场监管与应急处置等管理风险因素的作用。BBN 风险评估预警模型中,管理风险因素是根节点因素,对顶节点的侵入风险起根源性影响。多为离散等级变量，取值依据为系统状态的专家评价。

连接Ⅲ反映的是员工遵守SOP概率对飞行员、管制员和安全员的安全意识、技能、经验等个人风险因素的作用。BBN模型中也有"员工违反SOP"的触发事件节点，其取值受其他风险因素影响。模型联合时，将安全监管中的遵守SOP概率定义为个人层面对安全规范的贯彻，后者仅限于起降应急操作时违反SOP。

连接Ⅳ的三条连线反映的是侵入风险对监管机构、水上机场、作业层员工风险预期的影响。在演化博弈分析中，三者收益函数中包含侵入事故发生后的监管责任、事故损失、安全责任，三个变量都是损失标准与风险概率的乘数，模型中风险概率是水上机场、作业层员工违规概率的函数。模型整合后，将之替换为BBN模型的侵入风险。通过连接Ⅱ、Ⅲ、Ⅳ，实现了机场合规概率、员工遵守SOP概率对BBN根节点的作用关系，以及BBN顶节点对监管机构、机场和作业层员工风险损失预期的影响，构成了两个子系统间的动态反馈回路。

（3）起降作业子系统与安全管理子系统（连接Ⅴ、Ⅵ、Ⅶ）

连接Ⅴ反映的是BBN侵入风险水平对组织安全管理承诺的作用。安全管理子系统中，人因差错率受员工安全承诺、生产（业务量）压力、经验相对值等因素共同作用，表征组织系统的安全绩效，对组织安全承诺、财务压力、员工安全承诺产生影响。但在实际安全管理实践中，人因差错率还受气象水文、机场布局等环境压力影响。因此，采用BBN模型中侵入风险输出替代SD模型的人因差错率更为准确。连接Ⅵ反映组织安全管理因素影响下的人因差错率对飞机滑行失控和操纵过失的影响。此外，安全管理子系统中员工经验相对值变量也被输出到BBN中，作为驾机经验的前置变量。连接Ⅶ反映安全管理SD子系统中安全管理承诺对起降作业BBN子系统中管理风险因素的影响，与连接Ⅴ、Ⅵ共同构成了BBN模型与SD模型的反馈回路。

对于系统安全绩效的表征，BBN模型输出的是各类事故后果及其概率分布，并转化为响应的风险预警等级。演化博弈模型和组织SD模型中输入的总体风险是概率风险，设定为BBN模型中"安全事故征候"及以上等级事故后果发生概率的总和，也即总体概率风险为：

$$R_{Total} = 1 - F_{no-impact} \tag{12-1}$$

由于模型需要整合SD、BBN和RVM三种建模方法，将之纳入统一模拟体系，但三种方法各自有独立的软件实现环境。为了实现不同软件平台间数据交换，本研究采用 EXCEL 作为不同软件之间的接口。三个模块涵盖很多变量，变量的周期有所差异，例如能见距离、风速、浪高等气象水文因素变动周期为小时，安全意识、保养维护、生产（业务量）等变量变动周期为月度，驾机水平、飞行经验、飞机性能等变量变动周期为年度。因此在整合模型时，将相对稳定变量设为全局变量，周期较短或者受辅助变量影响而变动的变量作为局部变量，在每期运算中予以更新。DREWWRI 预警仿真流程如图 12-3 所示。

InitializeSD，EGT，RVM，BBN	//初始化全局变量，包括SD中财务、业务量、员工规模、初始经验水平等变量，以及演化博弈EGT中监管奖惩标准参数等
For t=0 to T	//T为预警仿真周期，步长设为1周
Do 1-step SD simulation	//SD组织管理模块仿真运算
SD→人因差错率、安全管理承诺、员工安全承诺、员工经验相对值	//SD组织管理模块输出运算结果
Do 1-step EGT calculation	//EGT安全监管模块运算
EGT→外部监管强度，机场合规概率，员工遵守SOP概率	//EGT安全监管模块输出运算结果
Update BBN中驾机技能、飞行经验、管制能力、安全意识等人因风险变量，安全监管、现场监管处置、水域交通组织、飞行计划变更等管理风险变量	//更新当期局部变量，依据SD和EGT两个模块的输出，结合专家判断，更新风险因素的先验概率表
RVM←风险因素集合的先验概率表	//将风险因素层变量先验概率分布输入RVM
Do RVM modeling	//RVM计算
RVM→触发层事件船舶失控、操船过失、飞机过失偏离、飞机失控偏离、飞机操纵效果差、塔台指挥无效等的先验概率分布	//RVM输出触发层事件先验概率分布
BBN←触发层事件集合先验概率分布	//将触发层事件先验概率分布输入BBN
Do 1-step BBN calculation	//BBN计算
BBN→风险预警等级、风险概率分布	//BBN输出风险评估预警结果
SD←风险概率分布、安全监管强度	//更新SD组织管理模块参数
EGT←风险概率分布	//更新EGT侵入风险概率
End	预警仿真结束

图 12-3 DREWWRI 预警仿真流程

12.2 水上跑道侵入风险动态预警仿真分析

12.2.1 案例机场概况

本章选取 4.4.2 节的案例机场作为案例进行预警仿真。该机场水上飞机旅游业务开展较早，运营状态正常，具有代表性，安全管理体系完备，安全管理水平较高，获取初始数据较容易，可通过问卷调研、访谈、专家咨询、历史数据统计分析确定模型中变量的初始值。对于外部环境变量，例如水上机场的风速/风向、浪高、能见距离等因素，基于历史统计数据进行预测；对于船舶通行频度、水域清净条件、水上飞机起降频次等变量，依据历史数据和实际观测进行估计；对于导航标志模糊、跑道布局等水上机场布局因素，通过专家判定给出具体值；飞行员技能、经验、管制能力、现场监管、交通组织等人员和管理因素，通过监管强度、落实概率、遵章概率以及安全管理承诺、员工安全承诺、人因差错率等综合确定。

12.2.2 预警仿真结果

由前文组织风险分析可知，安全并非水上机场运营的唯一目标，通用航空企业运行过程需要不断平衡财务、安全、生产（业务量）等多绩效目标。跑道侵入风险受三个层面的影响：①外部安监机构的安全监管；②水上机场安全管理承诺；③起降作业过程因素。外部安全监管强度驱动水上机场和作业层员工落实安全规范，进行合规运营；安全管理承诺驱动组织的各项安全管理实践，并对员工安全承诺施加影响，最终影响员工操作差错率；作业过程中，直接参与起降作业的各主体在环境因素作用下达成最终的安全绩效。三个层次对侵入事故的影响由远端到近端，但安全体系中的奖惩机制，使得三个层面形成了多重反馈回路，不管是监管机构、机场当局还是作业层员工，共同面对和克服环境和技术系统的不确定性。因此，将主要从安全监管强度、组织安全管理承诺和侵入风险等级三个方面来分析 DREWWRI 模型仿真结果。

（1）水上跑道侵入风险

图 12-4 显示的是该水上机场跑道侵入概率风险的总体走势，图 12-5 表示风险预警等级总体分布。前文风险评估矩阵中，按照风险接受准则，

将风险分为四个等级：依次是"不可接受、不期望、可接受、可忽略"，对应"红橙黄绿"四种预警等级。依据四级预警机制，在整个仿真预警年度，共有32周处于绿色"可忽略"风险等级，系统处于安全状态；有17周处于黄色"可接受"风险等级，且黄色风险等级集中地出现在21~44周之间，应引起水上机场当局一定的重视；在第26、第32、第34、第38、第43周出现了"不期望"的橙色风险预警等级；在第33周出现"不可接受"的红色风险预警等级。总体来看，21~44周间侵入风险处于较高概率和预警等级，这与夏季沿海地区气候多变有关，同时也与暑期飞行业务量密集有关，此外，夏秋季海滨船舶等活动也较为频繁，气象水文因素、水域清净条件与生产（业务量）因素耦合叠加，导致侵入风险水平的上升。

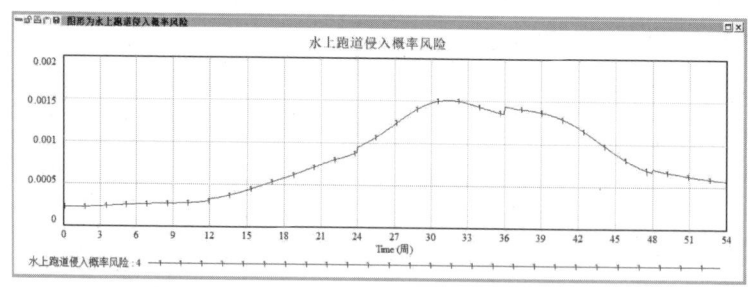

图12-4　水上跑道侵入概率风险变化趋势

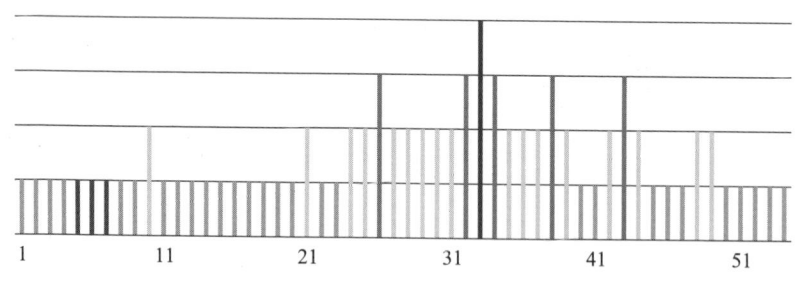

图12-5　水上跑道侵入风险预警等级分布

（2）安全监管强度

仿真期内，外部安全监管强度变化趋势如图12-6所示。其变化趋势与侵入概率风险基本一致，但总体滞后。由前文可知，安全监管强度是监管机构与水上机场和作业层员工基于收益函数的演化博弈均衡解，监管机构的支付收益函数中，包含侵入事故发生后所承担的监管责任，且监管责任额度是风险概率正向函数,因此,风险越高,监管强度应该越大。因为风险概率是监管强度的前置变量,往往会出现监管的滞后,这在图 12-6 中也有体现。

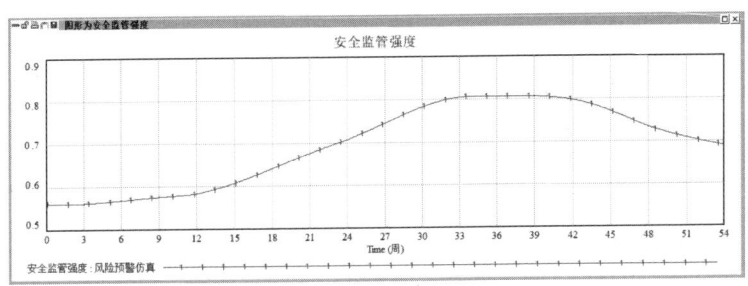

图 12-6　外部安全监管强度变化趋势

(3) 机场安全管理承诺

安全管理承诺是组织层面对于安全的重视程度,其在仿真期内变化趋势如图 12-7 所示。其变化趋势受多种因素作用,逐步提升至较高水平。安全监管强度对安全管理承诺有正向作用,但其同时受生产(业务量)压力、财务压力和安全压力等多种影响,因素间耦合效应较强。安全压力高位运行阶段,同时生产(业务量)压力也处在较高水平,两者作用方向相反,作用效果会有抵消。体现在安全管理承诺的变化趋势上,就是 21 周至 44 周间(5~10月)风险水平较高,但安全管理承诺却处于较低水平,而当生产(业务量)压力降低后,安全承诺有了较大幅度提升。从图 12-8 中可以看出,机场安全承诺相比外部安全监管,滞后更为明显,且承诺强度明显低于监管强度。这也与水上机场安全管理实际相符,负向安全事件→外部安全监管→组织安全承诺→安全管理实践→员工安全行为,在这个安全改善链条上,相邻步骤的不同主体行为往往存在延迟和衰减,这固然是客观规律,但也是需要通过协同和快速反应,逐步克服和改善。

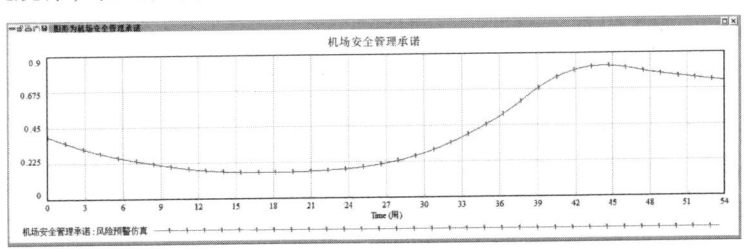

图 12-7　水上机场安全管理承诺变化趋势

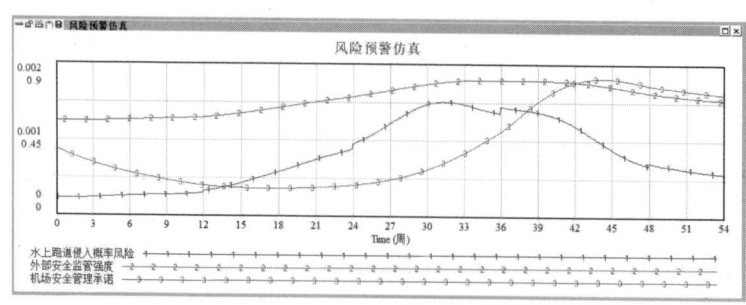

图 12-8 关键变量变化趋势对比

12.3 水上跑道侵入风险管控策略

按照组织建模 M 原则，组织分析要遵循多层框架，水上跑道安全研究从三个层面展开：①宏观层面的政府行业监管；②中观层面的企业战略及落实执行；③微观层面的员工操作与判断。前述章节分别从三个层面，对外部安全监管、组织安全管理、起降作业风险进行了系统化分析，以下从这三个维度提出水上跑道侵入风险管控策略。

（1）强化安全监管责任

安监机构的安全监管是水上机场落实安全规范、作业层员工遵章操作的重要驱动力。从预警仿真结果看，安全监管强度滞后于侵入风险。安全监管博弈分析中，安全监管机构需要承担侵入事故的监管责任。强化安监机构的安全监管责任，明确追责体制机制，有利于发挥安监机构主动性，加强安全监管力度。实施动态监管，对于水上机场和作业层员工的违规行为，按照其违规程度实施违规处罚。此外，综合利用多种措施，提高监管效率，例如降低安全实现成本，可以采用财税支持机场的安全投入；奖惩措施要采用经济和非经济手段相结合；提高事故追责力度，强化监管机构、水上机场决策者、作业层员工的安全责任意识。

（2）完善安全管理体系

完善的安全管理体系（SMS）是通航安全的基础保障。

①落实全面风险管理，识别、监控、预警和排除危险并将之降低到可接受的程度，严格执行危险源识别、风险评估预警、选择风险控制方案、实施风险控制、持续监控，排除起降运行安全风险。②建立权责清晰、管

理高效的组织机构和运行机制,完善安全运行的问责办法,落实全员安全责任制;强化安全及遵纪守纪意识培训,推动安全文化建设,提高业务水平。③建立安全导向的管理政策体系,将安全指标作为薪酬奖惩、绩效考核、晋升选拔的基本依据,制定安全责任制的考核和奖惩机制,重视安全培训及学习型组织构建,形成良好的文化氛围;制定安全资源配备制度,保障水上机场设施设备的适航状态。④持续优化安全管理体系,重视突发事件应急响应及不安全事件调查,有效降低负面事件损失并查找原因进行持续改进;对标行业优秀企业,按照监管机构要求,建立安全绩效目标体系,并进行阶段性总结改进提升;强化水上机场决策层对安全问题的快速反应,保证 SMS 的持续优化改进。

(3) 规范起降作业过程

安全管理和人员因素是影响水上飞机起降作业风险的关键因素,且水上跑道侵入及冲突事件对"气象水文因素"变动较为敏感,有针对性地采取措施确保其运行安全十分有必要。

首先,做好航情收集,确保气象水文观测预报准确,设定"放行管制"和"通航管控"等"开关措施",杜绝在能见距离、风速、浪高等气象水文条件不具备的情况下进行起降作业,实施船舶与起降飞机间的物理隔离,保持安全会遇距离。

其次,水上机场应规范并及时优化水域航道布设,定期有专人保养维护助航设施,如航道浮标、标记牌等,并最大限度地增强其可视度,严格预防船舶等障碍物误入,为水上飞机提供安全的水域作业环境。

再次,优化塔台指挥和海事调度部门管理工作,完善塔台指挥人员及海事监管人员的培训、考核机制。规范地空通话,严格预防"错、忘、漏"事件;保证调度人员最大程度地熟悉起降水域布设、船舶作业特点、水域清净条件及气象水文特点等,优化完善起降水域交通监管及调度规则,在保障水上飞机起降安全的前提下,保证水域通行效率。

最后,重视人员及组织因素在安全管理中的能动性,通过培训提升飞行员、管制员的专业技能及安全意识,防止误操作和无效操作;完善安全管理体系,明确部分安全职责和协同流程,避免沟通障碍。

第 13 章
总结与展望

13.1 研究总结

本研究以水上机场建设和运营规范、场务保障安全风险、水上跑道侵入风险为研究对象,综合运用风险管理、安全科学、系统科学等多学科理论,开展安全管理规范、风险演化、风险预警等系统化研究。首先,借鉴国外水上机场建设运营经验,调研国内水上机场建设运营现状,总结和分析水上机场建设的问题及原因。其次,以国内外学者对于水上机场场务保障、预警模型、安全管理措施等方面的研究为基础,结合在广东某海事局及湖北某水上机场的深度调研,识别水上机场场务保障的安全风险,并构建风险预警指标体系。最后,识别水上跑道侵入风险影响因素,分别构建作业层混合概率风险分析模型、组织风险演化模型以及安全监管演化博弈模型,并整合模型实现侵入风险的动态预警。

本研究主要完成的研究工作如下:

(1) 构建了场务保障风险预警体系

运用扎根理论对水上机场场务保障安全风险进行了识别,确定了水上机场场务保障安全风险影响因素的层次结构。在预警指标体系的构建中,通过德尔菲法进行关键预警指标筛选,共筛选出 40 个三级指标,并且在充分征询专家意见的基础上,确定了这些指标的含义和阈值,构建了初步的预警指标体系。

(2) 识别了水上跑道侵入风险因素

对水上飞机起降作业流程、各参与主体职责划分、侵入事故场景以及作业特点进行了梳理和分析,结合安全会遇距离模型分析了水上跑道侵入情景,结合信息处理模型分析了飞行员认知失效的影响因素;依据 SHEL 模型从人员与硬件、软件、环境等互动界面分析水上跑道侵入风险因素;

基于扎根理论，进行开放式编码、主轴式编码和选择式编码，识别飞行员因素、管制员因素、机场客观环境因素、气象水文因素、设备设施因素、管理因素等 6 个主范畴和 24 个风险因素，以此为基础构建风险因素体系概念模型。

(3) 研究了水上跑道侵入作业层风险演化机理

围绕水上飞机起降作业过程，明确了事故因果链条和发生场景，构建了水上跑道侵入作业层风险的事故树模型，并进行割集、径集及结构重要度等定性分析。基于 FTA/BBN 分析及专家修正构建了贝叶斯网络模型，利用 RVC 和模糊集理论确定先验概率和条件概率分布，按照风险接受准则构建风险评估矩阵，评估船舶相关、漂浮物相关及综合风险等级，并计算"放行管控"和"通航管控"等风险管控策略下的风险变动情况，为决策者提供相应的风险管控参考。

(4) 研究了水上跑道侵入组织风险演化机理

通过识别组织安全文化、安全管理系统和安全绩效三者之间的反馈回路关系，分析安全、生产（业务量）和财务三重绩效目标共同作用下的组织安全风险形成过程，采用系统动力学方法对组织风险演化过程进行了定性建模和定量仿真分析。对系统初始状态和不同策略条件下人因差错率进行仿真，观测调整安全标准、响应周期、响应强度、初始资源等策略变量对安全绩效的实际作用效率。

(5) 开展了水上机场安全监管演化博弈分析

为了探究水上跑道侵入风险控制中安全监管机构、水上机场及作业层员工的博弈策略，构建了基于收益函数矩阵的三方演化博弈模型，为求得稳定演化均衡策略，运用系统动力学对演化博弈过程进行仿真分析。仿真结果显示，通过对事故追责力度、外部奖惩强度、安全实现成本及内部监管强度等变量的调整，可以实现监管体系的策略优化；通过演化博弈的 SD 模型，可以仿真员工违规概率、水上机场落实安规概率、安监机构监管强度等风险因素演化趋势。

(6) 构建了水上跑道侵入风险动态预警模型

通过整合水上机场运行的起降作业、组织安全管理、外部安全监管等各模块所建模型，构建了水上跑道侵入风险动态预警模型，以某水上机场为例进行预警仿真分析。通过建模仿真，分析了侵入风险预警等级、安监管强度和安全管理承诺的变化趋势，描述了作业层、组织层、监管层的作用演化过程，并基于对仿真结果的分析，提出了风险管控措施，从而为水上机场安全管理提供参考。

13.2 研究创新

本研究在以下几个方面取得了新的突破：

（1）基于扎根理论构建了水上机场场务保障安全风险预警指标体系

基于扎根理论对水上机场场务保障安全风险进行识别，揭示了水上机场场务保障安全风险影响因素的层次结构，并以该层次结构为基础，采用德尔菲法对预警指标进行筛选优化，将定性指标和定量指标相结合，得到符合水上机场场务保障实际的多层次预警指标体系，采用专家征询法确定了指标的定义和阈值，使其具有针对性和可操作性，其创新性探索可为通用航空领域安全风险评价体系研究提供借鉴。

（2）集成 FTA/BBN 揭示了水上跑道侵入作业层风险演化机理

针对作业层风险特点，基于风险在系统中的传播过程，集成 FTA/BBN 构建了混合概率风险分析框架。采用 FTA 确定水上跑道侵入的事件网络结构，利用 RVC 和模糊集理论确定 BBN 各节点之间的概率分布，RVC 用于确定风险网络中因素层到触发层的条件概率关系，模糊集和专家意见主要解决贝叶斯网络中其他节点的条件概率。依据先验概率和条件概率分布，进行作业层风险评估预警。在利用 RVC 确定风险因素层到触发层事件的条件概率分布，以及利用 BBN 进行风险管控"开关措施"的诊断推理方面有所创新，揭示了跑道侵入作业层风险演化规律。

（3）基于安全绩效框架和多绩效目标约束构建了组织风险演化模型

针对水上机场安全风险管理实践，聚焦组织管理层面，基于"安全文化—安全管理系统（SMS）—安全绩效"分析框架，以及安全、财务、生产三个绩效目标约束下，构建了组织风险演化模型。探讨了组织因素对安全绩效的影响机理，在此基础上，应用 SD 分别对组织安全文化、组织安全实践、个人安全绩效三个子系统分别建模并进行模型整合和仿真分析。模型揭示了组织安全标准、响应周期、响应强度、初始资源四类变量对人因差错率等安全绩效的作用机理。

(4) 从演化博弈视角研究了水上机场安全监管的多方动态博弈过程

将系统动力学与博弈论相结合，围绕外部监管机构、水上机场和作业层员工的安全策略选择，构建了基于收益函数矩阵的三方演化博弈模型，并运用系统动力学对演化博弈过程进行仿真分析。提出改进的动态奖惩策略，该条件下存在演化稳定均衡解；通过对事故追责力度、外部奖惩强度、安全实现成本及内部监管强度等变量的调整，可以实现监管体系的策略优化；通过演化博弈的 SD 模型，可以仿真员工违规概率、水上机场落实安规概率、安监机构监管强度等风险因素演化趋势。模型还着重分析了作业层员工和管理层在外部监管条件下"合谋"违规的行为策略。

(5) 整合作业层、管理层、监管层子系统模型实现风险动态预警

按照作业层、管理层、监管层之间变量联系，整合各层面子模型，并将系统动力学、贝叶斯网络、演化博弈仿真、RVM 等建模工具进行整合，实现了水上跑道侵入风险的动态预警。模型的动态性体现在依托系统动力学实现的时间维度上各模块因素间的相互作用，模型的评估预警功能是基于 BBN 所构建的各层次事件间的条件概率作用。该模型能够仿真分析水上跑道侵入相关因素（变量）演化趋势，实现侵入风险动态预警。

13.3 研究展望

本研究从风险预警管理的角度，以风险影响因素识别、预警指标体系构建为主体对水上机场场务保障安全风险做了较为深入的研究与探索，识别了水上跑道侵入风险因素，构建了基于 FTA/BBN 的混合概率风险分析模型，分析了水上跑道侵入组织风险演化过程，分析了水上机场安全监管各方博弈策略，整合各子系统和仿真工具，实现侵入风险的动态预警。但由于学术水平不足和研究条件所限，仍存在一些有待改进和进一步研究的问题。

(1) 增加调研访谈对象来源的多样性

在水上机场场务保障安全风险及水上跑道侵入风险识别阶段，以某水上机场为主要调研对象，与其中 10 多位不同岗位的工作人员进行了访谈，因此本研究的访谈对象除部分海事局工作人员外，几乎来源于同一机场，较为单一，会对风险影响因素识别的有效性产生一定影响。因此研究后期

可增加访谈对象来源的多样性，尽量在多个水上机场开展调研工作，对研究进行补充。

（2）增加对风险动态预警的数据支持

研究模型构建中，事故树结构、BBN 网络结构，以及节点间条件概率分布，均采用专家判断和模糊集理论，虽然是囿于数据样本短缺条件下的无奈选择，也具有一定程度的科学性，但无法从根源上消除个人判断的主观性和模糊性。在后续研究中，应着重探究在数据样本支持条件下，如何采用机器学习方法确定事故网络结构以及网络节点之间的条件概率分布，从而进一步提高 BBN 风险评估预警的准确性。

（3）拓宽水上跑道安全的研究视域

本研究中，将水上跑道侵入风险的研究视角限定在起降作业层、组织管理层、外部监管层，但还有更多外部因素没有纳入研究范畴。例如投资股东、消费群体对安全风险的影响，正如前文所述，安全只是水上机场运营目标之一，因为股东和消费群体的作用，财务在很多情境下被置于安全之上，后续研究应深化这两者在面临风险时的行为策略选择。另外，要研究过往船舶等水域共用方对起降安全的作用，第 8 章中，只是将之作为统计变量纳入评估，而实际运行中，起降安全与航道通行效率往往相悖，航道管制会影响过往船舶的通行便利，如何构建共用水域交叉作业各方调度策略也需要深入研究。

参 考 文 献

[1] 商可佳. 凝心聚力 务实创新 实现"十四五"通用航空高质量发展 [J]. 今日民航, 2021 (4): 4.

[2] 何运成, 钟育鸣. 建水上飞机基地, 促通航产业发展 [J]. 中国民用航空, 2016 (9): 35-37.

[3] 罗渝川, 韩新营, 罗晓利. 2006—2015 年间中国民航事故及事故征候的统计分析 [J]. 中国民航飞行学院学报, 2018 (3): 21-24, 29.

[4] 杨正泽. 我国通用航空的发展现状及对策 [J]. 宏观经济管理, 2015 (11): 74-75, 78.

[5] 翁建军, 周阳. 水上飞机与船舶碰撞风险因素建模 [J]. 中国航海, 2013 (3): 70-75.

[6] 刘亮亮, 黄文峰. 水上飞机水上保障设备设计通用要求 [J]. 中国科技信息, 2016 (10): 39-40.

[7] 田利军, 陈甜甜, 王景博. 内部控制、安全文化与航空安全 [J]. 中国安全科学学报, 2016, 26 (8): 1-6.

[8] Leveson N. A new accident model for engineering safer systems [J]. Safety Science, 2004, 42 (4): 237-270.

[9] Reason J. Human error [M]. Cambridge University Press, New York, 1990.

[10] INSAG. Summary report on the post-accident review meeting on the Chernobyl accident [C]. International Nuclear Safety Advisory Group, Safety Series 75-INSAG-1. International Atomic Energy Agency, Vienna. 1986.

[11] 王帆, 覃亚伟. 地铁区间施工周边环境安全风险评估方法研究 [J]. 土木工程与管理学报, 2013 (4): 87-92.

[12] Rice A K. The enterprise and its environment [M]. London, UK:

Tavistock Publications, 1963.

[13] Mohaghegh Z. On the theoretical foundations and principles of organizational safety risk analysis [D]. Maryland: University of Maryland, College Park, 2007.

[14] Saeed A, Hall J W. Performance monitoring of ultra-thin white topping at a general aviation airport [C]. Designing, Constructing, Maintaining, and Financing Today's Airport Projects. ASCE, 2002: 1-10.

[15] Mahmassani H S, Mcnerney M, Slaughter K, et al. Synthesis of literature and application to texas airport [J]. Airport Ground Transportation, 2000.

[16] Borowiec J D, Dresser G B. Development and application of criteria for optimization of the texas airport system [J]. 2009.

[17] Parr S A, Mitrovic N, Stevanovic A. Evaluating landside transportation operations for general aviation airports: Estimating vehicle efficiency and pedestrian safety [J]. World Review of Intermodal Transportation Research, 2013, 4 (1): 1-22.

[18] Wolfe H P, Upchurch J. Minimizing construction costs to enhance the financial viability of general aviation airports [J]. Transportation Research Circular, 1983: 61-63.

[19] Wolfe H P. Quantifying the benefits of a new general aviation airport: A return on investment approach [J]. Transportation Research Circular, 1983: 33-38.

[20] Guzhva V, Bazargan M, Byers D. Determinants of financial health of US general aviation airports [J]. Journal of Airport Management, 2008, 2 (2): 158-182.

[21] Majka A, Klepacki Z. Accessibility and suitability of the european airports and airfields [J]. Institute of Aviation, 2008, 15 (2): 288-294.

[22] 孟海涛. 通用机场建设规范解读 [J]. 中国工程咨询, 2012 (9): 21-23.

[23] 郭全全, 可飞, 李芊, 等. 卤阳湖通航机场规划与设计 [J]. 中国民航大学学报, 2015, 33 (2): 24-27.

[24] 冯晓平. 基于资源的区域通用航空机场发展研究 [J]. 南昌航

空大学学报（社会科学版），2012，14（2）：19-24.

［25］韦中利. 通用机场建设管理相关规定研究［J］. 中国工程咨询，2014（9）：40-45.

［26］陈红英. 通用飞机起飞着陆性能对通用机场选址的影响分析［C］. 中国通用航空发展论坛，2013.

［27］崔洋，桑建人，常倬林，等. 宁夏盐池通用机场预选场址气象条件可行性分析［J］. 宁夏工程技术，2014，13（2）：97-101.

［28］Bilski M. Selected human factors in marina design［J］. Procedia Manufacturing，2015（3）：1646-1653.

［29］Hermawan N C. Breakwater and dock design of port telaga bru, Tanjung Bumi Bang Kalan City, Madura［J］. Paper & Presentation of Civil Engineering，2012.

［30］Barrett X C, Das S, Wells R C, et al. Evaluation and design for wharf berth improvements［J］. Ports，2010：836-845.

［31］Shen B, Zhong-Kun X U. Solutions for key technical issues in Cezi Island 300000 DWT crude oil wharf design［J］. Port & Waterway Engineering，2008.

［32］邓少辰. 关于加快海南游艇码头建设的对策建议［J］. 新东方，2011（5）：31-34.

［33］赵彬彬，谢凌峰. 广东省游艇码头布局规划［J］. 水运工程，2012（5）：96-99.

［34］文涵，田良. 香港游艇码头发展的调查与分析［J］. 中国水运月刊，2013（2）：35-37.

［35］田大方，刘岩. 谈游艇码头规划设计［J］. 山西建筑，2013，39（9）：3-5.

［36］陈建勇. 游艇码头波浪防护标准及防波堤设计［J］. 中国港湾建设，2015，35（3）：41-44.

［37］Cristy J C. Fundamentals of Risk Management［M］. Property and Liability Insurance Handbook, Eds Long, JD; Gregg, DW, Homewood，1965：1085-1100.

［38］Glaser B G, Strauss A L. The Discovery of Grounded Theory: Strategies for Qualitative Research [M]. Aldine de Gruyter, 1967.

[39] Tamasi G, Demichela M. Risk assessment techniques for civil aviation security [J]. Reliability Engineering & System Safety, 2011, 96 (8): 892-899.

[40] Barker D C S W K. Statistical methods for modeling the risk of runway excursions [J]. Journal of Risk Research, 2014, 17 (7): 885-901.

[41] Doherty D. Operational safety implications on airfield services at a civilian airport [C]. Airfield Electrical Systems - Meeting the Safety Challenge. IEEE Xplore, 2000: 4/1-4/9.

[42] 吴峰. 浅析异地机场科研试飞的场务保障工作 [J]. 昌河科技, 2008 (2): 45-46.

[43] 张潮, 丰婷, 罗帆. 机场场务保障安全风险的主导因子分析 [J]. 武汉理工大学学报（社会科学版）, 2014 (3): 333-338.

[44] 张潮, 赵贤利, 罗帆. 基于证据推理的机场场务保障安全风险综合评价模型 [J]. 武汉大学学报（工学版）, 2014, 47 (3): 407-413.

[45] 方绍强, 卫克, 陈伟鹏, 等. 飞行保障过程 UML 建模与 ARENA 仿真 [J]. 系统工程理论与实践, 2008, 28 (11): 165-170.

[46] 叶菁. 机场场务保障信息管理系统分析与设计——以新郑机场为个案 [D]. 天津：南开大学, 2011.

[47] 林强, 郭新, 靳慧斌. 方法研究在机场场务定编中的应用 [J]. 天津大学学报（社会科学版）, 2013, 15 (5): 406-410.

[48] Ahlstrom U, Friedman-Berg F. Controller scan-path behavior during severe weather avoidance [J]. Eye Movements, 2006 (5): 45-50.

[49] Wybo J L. Large-scale photovoltaic systems in airports areas: Safety concerns [J]. Renewable & Sustainable Energy Reviews, 2013, 21 (21): 402-410.

[50] Mulinazzi T E, Zheng Z C. Wind farm turbulence impacts on general aviation airports in Kansas [J]. Case Studies, 2014, 2 (8): 52-58.

[51] Mazaheri A, Montewka J, Kujala P. Towards an evidence-based probabilistic risk model for ship-grounding accidents [J]. Safety Science, 2016 (86): 195-210.

[52] 杜红兵, 吴军. 基于 MMEM-ISM 方法的机场外来物风险影响因

素分析［J］. 安全与环境学报，2014，14（6）：8-11.

［53］陈现涛，伍毅，陈功. 爆炸攻击对通用航空的现实威胁［A］//中国航空学会. 2013年中国通用航空发展论坛论文集［C］. 中国航空学会，2013：4.

［54］王斌. 基于中小型船舶靠离码头操纵中锚的运用分析［J］. 中国水运月刊，2013，13（3）：12-13.

［55］Ginati A, Coppola A D. Fly safe：An early warning system to reduce risk of bird strikes［J］. Esa Bulletin European Space Agency, 2010（8）：46-55.

［56］Ahmet E. Oztekin, James T. Luxhøj. An inductive reasoning approach for building system safety risk models of aviation accidents［J］. Journal of Risk Research, 2010, 13（4）：479-499.

［57］Soukour A A, Devendeville L, Lucet C, et al. Staff scheduling in airport security service［J］. IFAC Proceedings Volumes, 2012, 45（6）：1413-1418.

［58］Cason B M, Lu C T, Schreckengast S. Are we secure? surveying FAA FAR 139 class IV general aviation airports［J］. Journal of Transportation Security, 2010, 3（2）：87-104.

［59］Lee S D, Tzeng C Y, Shu K Y. Design and experiment of a small boat auto-berthing control system［C］. International Conference on ITS Telecommunications. IEEE, 2012：397-401.

［60］许桂梅，黄圣国. 基于风险防御的机场跑道事故风险控制研究［J］. 中国安全生产科学技术，2010，6（3）：106-109.

［61］王永刚，杨传秀. 基于Multi-Agent的机场安全风险管理模型研究［J］. 安全与环境工程，2014，21（3）：76-79.

［62］闫金凤. 浅谈计算机技术在场务管理中的应用［J］. 中国民用航空，2009（9）：83-84.

［63］汪绪普，罗帆，张潮，等. 机场场务管理安全监控系统分析与设计［J］. 武汉理工大学学报（信息与管理工程版），2013，35（1）：81-85.

［64］尧丰，韩松臣，朱新平. 低空空域综合管理系统软件架构研究［J］. 武汉理工大学学报（信息与管理工程版），2010，32（2）：257-260.

[65] 沈振, 吕人力. 国际通用航空空管保障对我国的启示 [A] // 中国航空学会. 2013 年中国通用航空发展论坛论文集 [C]. 中国航空学会, 2013: 5.

[66] 杨絮, 张忠信, 杨志军. 浅析如何保障通用航空飞行安全 [J]. 空中交通, 2013 (4): 78-80.

[67] 胡馨如, 张旭, 江志杰. 通用航空机场安全管理信息系统分析与设计 [J]. 经营管理者, 2015 (22): 62-64.

[68] 潘卫军, 周广军, 陈宽明. 通用航空机场空管应急保障方案研究 [J]. 交通企业管理, 2015, 30 (10): 58-60.

[69] 张凤. 我国通用机场航油保障模式探析 [J]. 西安航空学院学报, 2016, 34 (2): 9-11.

[70] 彭鹏飞, 陶维功. 我国水上飞机的海事管理对策与建议 [J]. 中国海事, 2010 (4): 48-51.

[71] 黄建明. 三峡库区小型船舶安全管理对策 [J]. 中国水运, 2011 (4): 22-23.

[72] 王丹, 莫芝伟. 北海港小型旅游船舶安全管理措施探究 [J]. 中国水运 (下半月), 2017 (3): 30-31.

[73] Haynes J. Risk as an economic factor [J]. Quarterly Journal of Economics, 1895, 9 (4): 409-449.

[74] 王浩锋, 苗凌云, 赵爱军. 中国民航跑道侵入事件严重程度等级计算及预防措施 [J]. 中国民用航空, 2014 (11): 86-87.

[75] 周易之. 跑道侵入案例分析与预防措施 [J]. 中国民用航空, 2017 (3): 20-23.

[76] 霍志勤, 韩松臣. 跑道侵入的威胁与差错分析及控制研究 [J]. 安全与环境学报, 2012, 12 (4): 194-198.

[77] 张晓全, 杨文涛. 基于灰色理论的跑道侵入原因分析 [J]. 安全与环境学报, 2010, 10 (5): 160-162.

[78] 罗军, 代兰亭. 人因差错类型与跑道侵入严重等级的相关分析研究 [J]. 科学技术与工程, 2014, 14 (12): 306-309.

[79] Karen M. Feigh, Daniel P. J. Bruneau, Georgia Atlanta. Incorporating controller intent into a runway incursion prevention system [C]. IEEE Digital

Avionics Systems Conference, 2009: 1-13.

[80] Adam G L, Lentz R H, Bair R W. Study of the causes of runway incursions and related incidents [C]. The First IEEE Conference on Control Applications, 1992: 539-543.

[81] Yu-Hern Chang, Kin-Meng Wong. Human risk factors associated with runway incursions [J]. Journal of Air Transport Management, 2012: 25-30.

[82] 林雪宁. 跑道侵入成因机理及风险管理研究 [D]. 广汉: 中国民用航空飞行学院, 2013.

[83] 高扬, 雒旭峰. 基于 Bowtie 模型的机场安全风险分析 [J]. 中国安全生产科学技术, 2009, 5 (5): 83-87.

[84] Dohyun Kim, Hanmo Yang. Evaluation of the risk frequency for hazards of runway incursion in Korea [J]. Journal of Air Transport Management, 2012: 31-35.

[85] 田洁, 周沅. 基于跑道侵入场景仿真的危险分析方法 [J]. 中国安全科学学报, 2016, 26 (6): 111-116.

[86] Stroeve S H, Som P, Van Doorn B A, et al. Strengthening air traffic safety management by moving from outcome-based towards risk-based evaluation of runway incursions [J]. Reliability Engineering & System Safety, 2016, 147 (9): 93-108.

[87] Landry S J, Chen X W, Nof S Y. A decision support methodology for dynamic taxiway and runway conflict prevention [J]. Decision Support Systems, 2013, 55 (1): 165-174.

[88] 许晖. 基于 FSA 的航运公司安全风险评估 [J]. 世界海运, 2012, 35 (2): 1-4.

[89] Bain V, Sayers P, Adnitt C, et al. Marine Aggregate Extraction-Risk assessment (MARA) framework [C] //Proceedings of Aggregate Levy Sustainability Fund (ALSF) Conference: Helping to Determine Good Practice. 2006.

[90] 曹久华, 席永涛, 胡甚平, 等. 基于系统动力学的港口船舶通航风险成因耦合模型 [J]. 安全与环境学报, 2015, 15 (3): 65-71.

［91］薛伟. 大连港及其附近水域船舶碰撞事故风险分析［D］. 大连：大连海事大学，2013.

［92］杨田学. 船舶碰撞风险分析研究［D］. 大连：大连海事大学，2011.

［93］轩少永，胡甚平. 船舶水上交通相对风险随机性的贝叶斯分析［J］. 上海船舶运输科学研究所学报，2009（6）：71-75.

［94］张金奋. 船舶碰撞风险评价与避碰决策方法研究［D］. 武汉：武汉理工大学，2013.

［95］邱志雄. 海上船舶碰撞搁浅危险监管方法的研究［D］. 大连：大连海事大学，2009.

［96］汤国杰. 超大型船舶受限水域航行风险评价［J］. 中国航海，2010，33（3）：105-110.

［97］高霞. 贝叶斯网络模型在船舶碰撞事故中的应用研究［J］. 舰船科学技术，2016，38（6）：88-90.

［98］Fujii Y, Yamanouch. Some factors affecting frequency of accidents in marinetraffic［J］. Journal of Navigation，1974（2）：235-252.

［99］Tamura Y, Shinoda T. Practical Application of FSA to Collisions between Fishing Vessels and Cargo Vessels［C］//The Twenty-first International Offshore and Polar Engineering Conference. International Society of Offshore and Polar Engineers，2011.

［100］高万龙. 大鹏湾 LNG 船舶通航动态风险研究［D］. 武汉：武汉理工大学，2012.

［101］屠艳，任华胜，贾芹. 油轮碰撞事故的定量风险评估［J］. 江苏船舶，2013（4）：1-5.

［102］闫化然. 基于粗糙集的船舶碰撞受损的影响因素分析研究［D］. 大连：大连海事大学，2011.

［103］海司航保部. 1972 年国际海上避碰规则［M］. 北京：人民交通出版社，1981.

［104］朱亚妍. 大型水陆两栖飞机起降性能计算方法研究［D］. 南京：南京航空航天大学，2015.

［105］马增辉. 水陆两栖飞机波浪水面上降落动力特性研究［D］. 武

汉:武汉理工大学,2017.

[106] 刘勋,张彤.水上飞机起飞速度适航要求研究[J].飞行力学,2015(5).

[107] Zhou Y, Weng J, Daamen W, et al. Heterogeneous port traffic of general ships and seaplanes and its simulation[C]. Transportation Research Board 94th Annual Meeting, Washington DC, United States, 2015.

[108] 翁建军,秦雪儿,李亚攀.水上飞机起降移动安全区定量计算分析[J].中国航海,2016,39(3):87-92.

[109] 许树生,邓娇娇.城市安全视角下地下工程核心安全风险演化机理及其管控[J].城市发展研究,2017,24(7):41-48.

[110] Mohaghegh Z, Mosleh A. Incorporating organizational factors into probabilistic risk assessment of complex socio-technical systems: Principles and theoretical foundations[J]. Safety Science, 2009, 47(8): 1139-1158.

[111] Mohaghegh Z, Kazemi R, Mosleh A. Incorporating organizational factors into Probabilistic Risk Assessment (PRA) of complex socio-technical systems: A hybrid technique formalization[J]. Reliability Engineering & System Safety, 2009, 94(5): 1000-1018.

[112] Mohaghegh Z, Mosleh A. Measurement techniques for organizational safety causal models: Characterization and suggestions for enhancements[J]. Safety Science, 2009, 47(10): 1398-1409.

[113] 齐迹.基于突变理论的海上交通风险预测研究[D].大连:大连海事大学,2014.

[114] 许红军,田俊改.通用航空安全体系自组织演化动力学机制与模式研究[J].中国安全生产科学技术,2012,8(3):135-140.

[115] 王永刚,王灿敏,郑红运,等.基于系统动力学的航空公司不安全事件致因复杂性研究[J].中国安全科学学报,2013,23(8):71.

[116] 赵贤利,罗帆.基于系统动力学的跑道侵入风险演化博弈研究[J].工业工程,2015,18(2):73-79.

[117] 王帆.地铁施工安全风险建模及演化研究[D].武汉:华中科技大学,2013.

[118] 潘丹,罗帆.民航飞行员心理危机系统动力学仿真模型研究

[J]. 中国安全科学学报，2017（7）：7-12.

[119] 王永刚，江涛. 基于进化博弈论的不完全信息状况下的民航安全监管研究[J]. 安全与环境学报，2014，14（1）：61-64.

[120] 程敏，朱前程，董大旻. 基于系统动力学的建筑安全监管博弈研究[J]. 中国安全科学学报，2011，21（12）：73-81.

[121] 何叶荣，李慧宗，王向前. 煤矿安全管理多元风险辨识及演化机理[J]. 中国安全生产科学技术，2014，10（5）：180-185.

[122] 唐辛欣，罗帆. 基于SEIRS模型的机场飞行区人为风险传染过程研究[J]. 工业工程，2016，19（6）：56-63.

[123] Abbadi I. Digital asset protection in personal private networks[J]. European Journal of Operational Research[J]. 2006（10）：185-194.

[124] Neal C, Girina O, Senyukov S, et al. Russian eruption warning systems for aviation[J]. Natural Hazards, 2009, 2（51）：245-262.

[125] 董青. 建设我国民航空防安全预警智能体系[J]. 航空安全，2012（133）：56-59.

[126] 罗帆，贾刚. 航空公司组织管理预警指标及其因子分析[J]. 武汉理工大学学报（信息与管理工程版），2006，28（10）：93-96.

[127] 曹卫东. 基于贝叶斯网络的航班离港延误预警分析[J]. 计算机应用研究，2008，25（11）：25-28.

[128] 王岩韬，唐建勋，赵嶷飞. 航班运行风险因素耦合分析[J]. 中国安全科学学报，2017，27（7）：77-81.

[129] 高杨，王向章，郑涤滨. 机场终端区航空器飞行冲突风险预测方法研究[J]. 中国安全科学学报，2017，27（1）：157-162.

[130] Aghahowa Enoma, Stephen Allen. Developing key performance indicators for airport safety and security[J]. Journal of Air Transport Management, 2007, 25（7）：296-314.

[131] Jonkman J, Verhoeven P. From risk to safety: Implicit frames of third-party airport risk in Dutch quality newspapers between 1992 and 2009[J]. Safety Science, 2013, 58（10）：1-10.

[132] Barker D C S W K. Statistical methods for modeling the risk of runway excursions[J]. Journal of Risk Research, 2014, 17（7）：885-901.

[133] Shi L, Luo F. Research on risk early-warning model in airport flight area based on information entropy attribute reduction and bp neural network [J]. International Journal of Security & Its Applications, 2015, 9 (10): 313-322.

[134] 宫宝霖. 首都机场安全风险预警信息系统设计 [D]. 北京: 中国地质大学, 2005.

[135] 霍志勤, 罗帆. 空中交通安全预警管理研究 [J]. 中国安全科学学报, 2006, 16 (3): 60-64.

[136] 王洪德, 潘科. 基于 BP 神经网络的民航机场安全预警研究 [J]. 安全与环境学报, 2008, 8 (4): 139-143.

[137] 姚前. 民航机场安全预警评价体系研究 [J]. 交通运输研究, 2009 (15): 198-201.

[138] 刘俊勇, 高曙, 罗帆, 等. 基于 BA-WNN 的滑行道安全风险预警方法 [J]. 中国安全科学学报, 2017, 27 (8): 132-137.

[139] 梅军飞. 机场跑道入侵风险预警模型研究 [D]. 武汉: 武汉理工大学, 2013.

[140] 王本涛. 机场飞行区地面服务人员人为差错预警模型研究 [D]. 武汉: 武汉理工大学, 2014.

[141] 潘丹. 民用机场停机坪安全风险预警模型及仿真研究 [D]. 武汉: 武汉理工大学, 2017.

[142] Williams C A, Heins R M. Risk management & insurance [M]. South-Western College Publishing, 1998: 345-348.

[143] Di Gravio G, Mancini M, Patriarca R, et al. Overall safety performance of the air traffic management system: Indicators and analysis [J]. Journal of Air Transport Management, 2015, 44 (6): 5-9.

[144] 罗帆, 刘小平, 杨智. 基于系统动力学的空管安全风险情景预警决策模型仿真 [J]. 系统工程, 2014, 32 (1): 139-145.

[145] 刘佳宾. 关于影响空管安全的因素及预警问题解析 [J]. 中国新技术新产品, 2015 (6): 187.

[146] 汪绪普. 空管安全风险预警决策支持系统研究 [D]. 武汉: 武汉理工大学, 2013.

[147] 陈甜甜. 内部控制影响航空安全作用机理与实证研究 [D]. 中

国民航大学，2017.

［148］毛青彪. 国际民航组织安全管理手册的现状与发展［J］. 中国民用航空，2015（1）：45-46.

［149］Mitropoulos P, Abdelhamid T S, Howell G A. Systems model of construction accident causation［J］. ASCE Journal of Construction Engineering and Management, 2005, 131（7）：816-825.

［150］Eskesen S D, Tengborg P, Kampmann J, et al. Guidelines for tunnelling risk management: International tunnelling association, working group No. 2［J］. Tunnelling and Underground Space Technology, 2004, 19（3）：217-237.

［151］Oien K. Risk indicators as a tool for risk control［J］. Reliability Engineering and System Safety, 2001, 74（2）：129-145.

［152］Cox S J, Tait N R S. Reliability, Safety and Risk Management: An Integrated Approach［M］. Butterworth Heinemann, Oxford. 1991.

［153］Kennedy Kirwan B. Development of a hazard and operability-based method for identifying safety management vulnerabilities in high-risk systems［J］. Safety Science, 1998, 30（3）：249-274.

［154］FAA. Seaplane Bases［Z］. AC 150/5395-1A. 2013.

［155］中国民航局. 加拿大水上机场建设与运营［Z］. IB-CA-2016-02. 2016-11-28.

［156］中国民航局. 水上机场技术要求［Z］. AC-158-CA-2017-01. 2017-01-19.

［157］International Civil Aviation Organization. Manual for Preventing Runway Incursions［R］. Doc 9870 AN/463. 2006.

［158］赵贤利. 机场跑道风险演化机理研究［D］. 武汉：武汉理工大学，2017.

［159］高武，洪开荣，潘彬. 重大交通设施项目风险复杂动态交互演化机理与仿真分析［J］. 预测，2016，35（3）：69-74.

［160］潘丹，罗帆. 民航机场停机坪安全风险预警阈值界定［J］. 安全与环境学报，2018，18（3）：853-859.

［161］Molloy G J, O'boyle C A. The SHEL model: A useful tool for analyzing and teaching the contribution of Human Factors to medical error [J]. Academic Medicine, 2005, 80 (2): 152-155.

[162] Reason J. Managing the risks of organizational accidents [M]. Ashgate, Aldershot, Hants, England; Book Field, VT, USA. 1997.

[163] 张攀科, 罗帆. 水上机场航道冲突风险机制的 FTA-BN 建模 [J]. 中国安全科学学报, 2018, 28 (9): 177-182.

[164] Rasmussen J. Market economy, management culture and accident causation: New research issues? In Proceedings Second International Conference on Safety Science [C]. Meeting Budapest Organizer Ltd. Budapest. 1993.

[165] Howell G A, Ballard G, Abdelhamid T S, et al. Rethinking safety: Learning to work near the edge [C]. Construction Research Congress, March 19-21, Honolulu, Hawaii. 2003.

[166] Rasmussen J. Risk management in a dynamic society: A modelling problem [J]. Safety Science, 1997, 27 (2-3): 183-213.

[167] 缑变彩, 覃亚伟, 王帆. 系统安全理论与模型发展研究综述 [J]. 土木工程与管理学报, 2014 (4): 83-87.

[168] 缑变彩, 李婧琳, 王帆. 基于 STAMP 的地铁施工安全控制结构研究 [J]. 山西建筑, 2013, 39 (34): 269-271.

[169] 祝楷. 基于系统论的 STAMP 模型在煤矿事故分析中的应用 [J]. 系统工程理论与实践, 2018, 38 (4): 1069-1081.

[170] Bacharach S. Organizational theories: Some criteria for evaluation [J]. The Academy of Management Review, 1989, 14 (4): 496-515.

[171] Pate-Cornell M E, Murphy D M. Human and management factors in probabilistic risk analysis: The SAM approach and observations from recent applications [J]. Reliability Engineering and System Safety, 1996, 53 (2): 115-126.

[172] Leveson N. Safeware: System Safety and Computers [M]. Reading, MA, Addison-Wesley, 1995.

[173] Johnson W G. MORT: The management oversight and risk tree [J]. Journal of Safety Research, 1975, 29 (1): 4-15.

[174] Stroeve S H, Sharpanskykh A, Kirwan B. Agent-based organiza-

tional modelling for analysis of safety culture at an air navigation service provider [J]. Reliability Engineering and System Safety, 2011, 96 (5): 515-533.

[175] 饶俪琳, 梁竹苑, 李纾. 迫选规则体验法: 检验规范性和描述性风险决策理论的新尝试 [J]. 心理学报, 2009, 41 (8): 726-736.

[176] Heinrich H W. Industrial accident prevention [M]. McGraw-Hill, New York, 1936.

[177] Rasmussen N. Reactor safety study, an assessment of accident risks in US nuclear power plants [R]. Washington, DC: US Nuclear Regulatory Commission. 1975.

[178] 刘清, 单聪聪, 韩丹丹, 等. 长江干线宜昌段船舶通航风险耦合研究 [J]. 安全与环境学报, 2018 (3).

[179] Turner B A. Man-made disasters [M]. W Keham Publications (London); Crane, Russak; 1978.

[180] Perrow C. Normal accidents: Living with high-risk technologies [M]. New York: BasicBooks; Roberts; 1984.

[181] K H. Managing high-reliability organizations [J]. California Management Review, 1990, 32 (4): 101-113.

[182] Marais K, Dulac N, Leveson N. Beyond normal accidents and high reliability organizations: Lessons from the space shuttle [C]. Paper Presented at the ESD External Symposium, Cambridge, MA; 2004.

[183] Sterman J. Business dynamics: System thinking and modeling for complex world [M]. Mc Graw-Hill Companies, 2000.

[184] 林苹. 工程项目作业层组织研究——以中铁×局为例 [D]. 成都: 西南交通大学, 2014.

[185] Stroeve S H, Blom H A P, Bakker G J. Systemic accident risk assessment in air traffic by Monte Carlo simulation [J]. Safety Science, 2009, 47 (2): 238-249.

[186] 陈俊锋, 翁建军, 吴兵, 等. 基于熵权-TOPSIS 的水上机场选址研究 [J]. 交通信息与安全, 2018, 36 (2): 112-119.

[187] 王秉, 吴超. 组织安全文化评价的基础性问题及方法论 [J]. 中国安全生产科学技术, 2017, 13 (9): 5-12.

[188] 张津嘉,许开立,王贝贝,等.瓦斯爆炸事故风险耦合演化机理研究[J].中国安全科学学报,2016,26(3):81-85.

[189] 晏碧华,姬鸣,赵小军,屠金路,游旭群.根植于航空安全文化的内隐安全态度的预测效应[J].心理学报,2015,47(1):119-128.

[190] 王璐,高鹏.扎根理论及其在管理学研究中的应用问题探讨[J].外国经济与管理,2010,32(12):10-18.

[191] 潘丹,罗帆.基于结构方程模型的建筑施工项目安全绩效评价[J].安全与环境学报,2018(2).

[192] 焦媛媛,付轼辉,刘亚光.基于扎根理论的产品设计对用户感知的影响机理研究[J].管理学报,2018(8).

[193] 陈农田,马婷,李瑞.基于THERP+HCR的航空维修差错人误概率计算[J].人类工效学,2016,22(6):59-63.

[194] Nazari T, Rabiee A, Ramezani A. Human Error Probability Quantification using SPAR-H Method: Total Loss of Feedwater case study for VVER-1000[J]. Nuclear Engineering & Design, 2018(331):295-301.

[195] 杨世军,贾志永,陆绍凯.跨国工程项目安全绩效与安全文化关系模型研究[J].中国安全科学学报,2013,23(1):3-9.

[196] 唐辛欣,罗帆.基于灰色聚类的机场跑道侵入人为风险综合评价[J].电子科技大学学报(社会科学版),2015,17(2):27-33.

[197] Furnham A. Personality at work: The role of individual differences in the workplace[M]. London &New York: Routledge, 1992.

[198] Surry J. Industrial accident research: A human engineering appraisal[D]. University of Toronto, Department of Industrial Engineering, 1969.

[199] 张孟春.建筑工人不安全行为产生的认知机理及应用[D].北京:清华大学,2012.

[200] 张孟春,方东平.建筑工人不安全行为产生的认知原因和管理措施[J].土木工程学报,2012(s2):297-305.

[201] Zhang M, Fang D. A cognitive analysis of Chinese scaffolders do not use safety harnesses in construction[J]. Construction Management&Economics, 2013, 31(3):207-222.

[202] 邵道杰,马志刚,刘玉红.地面人员、车辆以及动物跑道入侵

案例分析［J］. 中国民用航空，2008（1）：61-62.

［203］董晓璐，丁超，刘鹏，凌礼恭. 核电人员可靠性分析方法综述和发展趋势［J］. 核安全，2017，16（1）：48-55.

［204］Glaser B G, Strauss A L. The discovery of grounded theory: Strategies for qualitative research［M］. Chicago: Aldine Publishing Company, 1967: 21-44.

［205］张敬伟. 扎根理论研究法在管理学研究中的应用［J］. 科技管理研究，2010，30（1）：235-237.

［206］Miles M B, Huberman A M. Qualitative data analysis: An expanded sourcebook［M］. California: Sage Publications, 1994.

［207］李琰，于瑾慧. 矿工不安全行为成本和收益因素识别与分析：基于扎根理论的探索性研究［J］. 中国安全科学学报，2017，27（9）：152-157.

［208］Lee C, Lee K J. Application of Bayesian network to the probabilistic risk assessment of nuclear waste disposal［J］. Reliability Engineering and System Safety, 2006, 91（5）: 515-532.

［209］Marhavilas P K, Koulouriotis D, Gemeni V. Risk analysis and assessment methodologies in the work sites: On a review, classification and comparative study of the scientific literature of the period 2000-2009［J］. Journal of Loss Prevention in the Process Industries, 2011, 24（5）: 477-523.

［210］黄宏伟，陈龙，胡群芳，等. 隧道及地下工程的全寿命风险管理［M］. 北京：科学出版社，2010.

［211］郑恒，周海京. 概率风险评价［M］. 北京：国防工业出版社，2011.

［212］王春雪，吕淑然. 城市燃气管道泄漏致灾混合概率风险评估研究［J］. 中国安全科学学报，2016，26（12）：146-151.

［213］姬志伟，杨英宝，孙益祥. 基于贝叶斯网络的航空公司安全风险评估研究［J］. 中国民航飞行学院学报，2016，27（6）：25-28.

［214］钟茂华，田向亮，刘畅，何理. 基于结构方程模型的地铁乘客安全行为影响因素分析［J］. 中国安全生产科学技术，2018，14（1）：5-11.

［215］Mosleh A, Wang C, Groth K, Mohagehgh Z. Integrated methodology foridentification, classification and assessment of aviation system risk [R]. Prepared for Federal Aviation Administration (FAA). Center for Risk and Reliability, 2005.

[216] Pearl J. Probabilistic reasoning in intelligent systems: Networks of plausible inference [M]. Morgan Kaufmann Publishers Inc, San Francisco, USA; 1988.

[217] Weber P, Medina-Oliva GS Simon C, et al. Overview on Bayesian networks applications for dependability, risk analysis and maintenance areas [J]. Engineering Applications of Artificial Intelligence, 2012, 25 (4): 671-682.

[218] 黄家骏, 徐瑞华, 洪玲, 黄肇红. 动态不确定性环境下的地铁车站应急疏散仿真建模 [J]. 交通运输系统工程与信息, 2018, 18 (2): 164-170.

[219] Ren J, Jenkinson I, Wang J, et al. A methodology to model causal relationships on offshore safety assessment focusing on human and organizational factors [J]. Journal of Safety Research, 2008, 39 (1): 87-100.

[220] Luu V T, Kim S Y, Tuan N V, et al. Quantifying schedule risk in construction projects using Bayesian belief networks [J]. International Journal of Project Management, 2009, 27 (1): 39-50.

[221] 王广彦, 马志军, 胡起伟. 基于贝叶斯网络的故障树分析 [J]. 系统工程理论与实践, 2004, 24 (6): 78-83.

[222] 董留群. 基于故障树分析法的建筑施工安全管理研究 [J]. 工程管理学报, 2017, 31 (2): 131-135.

[223] 赵宁宁, 赵宇婷. 基于事故树和贝叶斯网络的飞机偏冲出跑道风险分析 [J]. 安全与环境学报, 2014, 14 (3).

[224] 王瑶, 孙秦. 一种不改变RBD拓扑结构的三态贝叶斯网络 [J]. 系统工程理论与实践, 2017, 37 (2): 486-495.

[225] Martin J E, Rivas T, Matias J M, et al. A Bayesian network analysis of workplace accidents caused by falls from a height [J]. Safety Science, 2009, 47 (2): 206-214.

[226] Bobbio A, Portinale L, Minichino M, et al. Improving the analysis

of dependable systems by mapping fault trees into Bayesian networks [J]. Reliability Engineering and System Safety, 2001, 71 (3): 249-260.

[227] 张亚东. 高速铁路列车运行控制系统安全风险辨识及分析研究 [D]. 成都: 西南交通大学, 2013.

[228] Zaden L A. Fuzzy sets [J]. Information and Control, 1965, 8 (3): 338-353.

[229] Huang D, Chen T, Wang M J. A fuzzy set approach for event tree analysis [J]. Fuzzy Sets and Systems, 2001, 118 (1): 153-165.

[230] 李兴春, 李兴高. 基于神经模糊推理系统的盾构施工地表沉降预测 [J]. 北京交通大学学报, 2018, 42 (1).

[231] 肖蒙, 张友鹏. 小数据集条件下的多态系统贝叶斯网络参数学习 [J]. 计算机科学, 2015, 42 (4): 253-257.

[232] 马德仲, 刘圣楠, 费晓雨, 等. 地下建筑火灾风险的贝叶斯网络评估系统设计 [J]. 哈尔滨理工大学学报, 2013, 18 (4): 103-107.

[233] Tipping M E. Sparse Bayesian learning and the relevance vector machine [J]. Journal of Machine Learning Research, 2001, 1 (3): 211-244.

[234] 杨树仁, 沈洪远. 基于相关向量机的机器学习算法研究与应用 [J]. 计算技术与自动化, 2010, 29 (1): 43-47.

[235] 赵春晖, 张燚. 相关向量机分类方法的研究进展与分析 [J]. 智能系统学报, 2012, 7 (4): 294-301.

[236] 石荣. 基于最优组合赋权的航空公司飞行安全风险评估 [J]. 交通运输工程与信息学报, 2014 (2): 36-41.

[237] 刘健锋, 涂辉招, 毕玉峰, 等. 基于事故数据模糊信息分配与风险评估的高速公路路段安全性评价方法 [J]. 武汉理工大学学报 (交通科学与工程版), 2016, 40 (1): 158-163.

[238] 俞素平. 基于风险矩阵法的公路高边坡风险评估 [J]. 长春工程学院学报 (自然科学版), 2018 (1).

[239] 邹德均, 周诗建, 宫良伟. 风险矩阵评估法在矿井安全生产中的应用 [J]. 煤矿安全, 2017, 48 (2): 234-236.

[240] 潘丹, 罗帆. 民用机场停机坪安全三维风险预警模型研究 [J]. 安全与环境学报, 2018, 18 (4): 1258-1265.

[241] 中国民用航空总局. GB-18432-2001 民用航空地面事故等级[M]. 北京：中国标准出版社, 2002.

[242] 仝跃, 黄宏伟, 张东明, 陈亮, 李彦杰, 张恺锐. 高放废物处置地下实验室建设期风险接受准则[J]. 中国安全科学学报, 2017, 27 (2): 151-156.

[243] 李红英, 谭跃虎. 滑坡灾害风险可接受准则计算模型研究[J]. 地下空间与工程学报, 2013, 9 (S2): 2047-2052.

[244] Pidgeon N, O'Leary M. Man-made disasters: Why technology and organizations (sometimes) fail [J]. Safety Science, 2000, 34 (1-3): 15-30.

[245] 陈力田, 许庆瑞, 吴志岩. 战略构想、创新搜寻与技术创新能力演化——基于系统动力学的理论建模与仿真研究[J]. 系统工程理论与实践, 2014, 34 (7): 1705-1719.

[246] 陈芳, 郑红运, 耿浩. 基于系统动力学的空管单位安全与发展研究[J]. 安全与环境学报, 2014, 14 (2): 499.

[247] Forrester J W, Mass N J, Ryan C J. The system dynamics national model: Understanding socio-economic behavior and policy alternatives [J]. Technological Forecasting & Social Change, 1976, 9 (1): 51-68.

[248] 王其藩. 系统动力学[M]. 上海：上海财经大学出版社, 2009: 48-65.

[249] Fernandez-Muniz B, Montes-Peon J M, Vazquez-Ordas C J. Safety culture: Analysis of the causal relationships between its key dimensions [J]. Journal of Safety Research, 2007, 38 (6): 627-641.

[250] Guldenmund F W. The nature of safety culture: A review of theory and research [J]. Safety Science, 2000, 34 (1-3): 215-257.

[251] Mearns K, Whitaker S M, Flin R. Safety climate, safety management practice and safety performance in offshore environments [J]. Safety Science, 2003, 41 (8): 641-680.

[252] Fernandez-Muniz B, Montes-Peon J M, Vazquez-Ordas C J. Safety management system: Development and validation of a multidimensional scale [J]. Journal of Loss Prevention in the Process Industries, 2007, 20 (1): 52-68.

[253] Fernandez-Muniz B, Montes-Peon J M, Vazquez-Ordas C J. Relation between occupational safety management and firm performance [J]. Safety Science, 2009, 47 (7): 980-991.

[254] Petersen D. Safety Management 2000. Our Strengths&Weaknesses [J]. Professional Safety, 2000 (January): 16-19.

[255] 梁振东. 组织及环境因素对员工不安全行为影响的 SEM 研究 [J]. 中国安全科学学报, 2012, 22 (11): 16-22.

[256] Cooke D L. A system dynamics analysis of the Westray mine disaster [J]. System Dynamics Review, 2010, 19 (2): 139-166.

[257] Zhang P K, Luo F. Influencing factors of runway incursion risk and their interaction mechanism based on DEMATEL-ISM [J]. Tehnicki Vjesnik-Technical Gazette, 2017, 24 (6): 1853-1861.

[258] Altman E I, Iwanicz-Drozdowska M, Laitinen E K, et al. Financial distress prediction in an international context: A review and empirical analysis of altman's Z-Score Model [J]. Journal of International Financial Management & Accounting, 2017, 28 (2): 131-171.

[259] McCabe R M. Why airlines succeed or fail: A system dynamics synthesis [J]. Ph. D Thesis, The Claremont Graduate University, 1998.

[260] 何旭洪, 黄祥瑞. 工业系统中人的可靠性分析:原理、方法与应用 [M]. 北京: 清华大学出版社, 2007.

[261] Kirwan B, Gibson H, Kennedy R, et al. Nuclear action reliability assessment (NARA): A data-based HRA tool [J]. Safety & Reliability, 2005, 25 (2): 38-45.

[262] 陈东锋, 罗帆, 张国正. 军事飞行作业风险管理的综合集成模型 [J]. 中国安全科学学报, 2015, 25 (11): 25.

[263] 王黎静, 王彦龙. 人的可靠性分析:人因差错风险评估与控制 [M]. 北京: 航空工业出版社, 2015.

[264] 文军. 航空运输安全监管的博弈分析 [J]. 中国安全科学学报, 2008, 18 (3): 83-87.

[265] 陶俊勇, 王勇, 陈循. 复杂大系统动态可靠性与动态概率风险评估技术发展现状 [J]. 兵工学报, 2009, 30 (11): 1533-1539.

[266] 卢珂，周晶，林小围．基于三方演化博弈的网约车出行市场规制策略［J］．北京理工大学学报（社会科学版），2018（5）．

[267] 王永刚，吴立鹏，陈芳．基于SD的航空公司不安全事件处罚机制演化博弈研究［J］．安全与环境学报，2016，16（2）：169-173.

[268] 刘全龙，李新春，关福远．煤矿安全国家监察演化博弈的系统动力学分析［J］．科技管理研究，2015（5）：175-179.

[269] 谢识予．经济博弈论［M］．上海：复旦大学出版社，2002.

[270] 申亮，王玉燕．公共服务外包中的协作机制研究：一个演化博弈分析［J］．管理评论，2017，29（3）：219-230.

[271] 贾璐．基于SD的工程建设安全监管演化博弈研究［J］．南昌大学学报（工科版），2012，34（1）：42-48.